航空类专业职业教育系列教材

简明工程力学

符双学　李家宇　乔　娟　康国兵　编著

西北工业大学出版社

西安

【内容简介】 本书主要介绍静力学基本概念与受力分析,平面力系与平衡方程、空间力系与平衡方程、轴向拉伸与压缩、剪切与挤压、扭转、弯曲、应力状态与强度理论、组合变形、压杆稳定等内容。

本书可作为应用型本科院校、高职高专院校航空类、机电类各专业教材,也可供相关工程技术人员参考、学习。

图书在版编目(CIP)数据

简明工程力学 / 符双学等编著. -- 西安:西北工

业大学出版社,2024.8. -- ISBN 978 - 7 - 5612 - 9499 - 4

Ⅰ. TB12

中国国家版本馆 CIP 数据核字第 2024JD0949 号

JIANMING GONGCHENG LIXUE

简 明 工 程 力 学

符双学 李家宇 乔娟 康国兵 编著

责任编辑:华一瑾	策划编辑:华一瑾	
责任校对:朱晓娟	装帧设计:高永斌 董晓伟	

出版发行:西北工业大学出版社

通信地址:西安市友谊西路 127 号　　邮编:710072

电　　话:(029)88493844,88491757

网　　址:www.nwpup.com

印 刷 者:兴平市博闻印务有限公司

开　　本:787 mm×1 092 mm　　1/16

印　　张:17.5

字　　数:437 千字

版　　次:2024 年 8 月第 1 版　　2024 年 8 月第 1 次印刷

书　　号:ISBN 978 - 7 - 5612 - 9499 - 4

定　　价:68.00 元

前　　言

　　本书是为了适应我国高等职业教育大力发展的需要,并完善本科层次职业教育教材的配套建设,参照教育部关于本科层次职业教育基础课程教学基本要求和专业人才培养目标及规格的主要精神组织编写的,可作为航空类、机电类各专业的基础课程教材。

　　本书除绪论外共12章,其中:第1～5章是刚体静力学部分,主要介绍静力学基本概念与受力分析、平面力系与平衡方程、空间力系与平衡方程等;第6～12章是变形体静力学部分,主要介绍轴向拉伸与压缩、剪切与挤压、扭转、弯曲、应力状态与强度理论、组合变形、压杆稳定等。

　　笔者广泛吸取了航空、机电、汽车类院校近年来力学课程教学改革的经验,围绕培养高素质技术技能型人才的目标,本着必需、够用为度,理论推导从简,突出工程实用的原则编写本书。本书文字叙述简明,内容精炼,例题和习题选择与工程实际联系密切。本书在贯彻素质教育和应用性能力培养方面,具有以下鲜明特点:

　　(1)笔者贯穿了建立"力学模型"这条主线,突出了力学建模在课程内容中的主导作用,注重工程实例与力学模型的关联,对力学建模的重要性及工程应用意义进行了必要的阐述,弥补了现行教材中"理论模型"与"工程应用"结合不紧密的不足。

　　(2)例题和课后习题的选取特色鲜明,对课本知识基本上实现了覆盖,而且具有代表性。

　　(3)为了激发学生的学习兴趣,培养学生正确的人生观和价值观,拓展学生的力学专业知识,本书增添了特色鲜明的扩展阅读内容。

　　参加本书编写工作的均是多年从事力学教育教学,具有丰富一线教学经验的教师。全书由符双学统稿,吴一沛高级工程师主审。本书具体编写分工如下:符双学负责编写绪论、第6～8章、第10章,李家宇负责编写第4章、第9章、第12章,乔娟负责编写第1～3章、第11章,康国兵负责编写第5章及附录部分。

　　在编写本书的过程中,得到了广东轻工职业技术大学梁仁建教授,广州民航职业技术学院田巨教授、袁忠大副教授,长沙航空职业技术学院陈律教授,江苏航空职业技术学院师平教授,广州师兄师弟汽车科技有限公司吴一沛高级工程师的大力支持和帮助,在此表示衷心感谢。

　　在编写本书的过程中,曾参阅了相关文献资料,在此谨对其作者一并表示感谢。

　　由于水平有限,书中难免有不足之处,欢迎广大读者批评指正。

编著者

2024 年 4 月

目　　录

第0章 绪 论

0.1 工程力学的研究对象

工程力学是研究物体机械运动的一般规律以及构件承受载荷能力的一门学科。机械运动是人们生活和生产实践中最常见的一种运动。平衡是机械运动的特殊情况。

工程中的结构元件、机器零部件等都可称为构件。构件在承受载荷或传递运动时,能够正常工作而不被破坏,也不发生过大的变形,并能保持原有的平衡形态而不失稳,这就要求构件具有足够的强度、刚度和稳定性。

0.2 工程力学的研究内容和任务

工程力学的任务是研究构件的几何组成规律,以及在荷载的作用下构件的强度、刚度和稳定性问题。构件正常工作必须满足强度、刚度和稳定性的要求。

强度是指构件抵抗破坏的能力。满足强度要求就是要求构件在正常工作时不发生破坏。

刚度是指构件抵抗变形的能力。满足刚度要求就是要求构件在正常工作时产生的变形不超过允许范围。

稳定性是指构件保持原有的平衡状态的能力。满足稳定性要求就是要求构件在正常工作时不突然改变原有平衡状态,以免因变形过大而破坏。

本书包含刚体静力学和变形体静力学两部分。

刚体静力学研究力作用于物体时的外部效应,主要研究:①受力物体平衡时作用力应满足的条件;②物体受力的分析方法,以及力系简化的方法等。

变形体静力学研究物体在力作用下的内部效应,研究对象是变形固体。其主要内容有:①研究构件在外力作用下的内部受力、变形和失效的规律;②提出保证构件具有足够强度、刚度和稳定性的设计准则和方法。

0.3　工程力学的研究方法

　　研究科学的过程,就是认识客观世界的过程,任何正确的科学研究方法,一定要符合辩证唯物主义的认识论。人们也正是遵循这个正确的认识规律对工程力学进行研究。

　　工程力学对生产实践起着重要的指导作用,为工程中构件的设计和计算提供了简便、实用的方法,同时又为生产技术的发展所推动,两者是相互促进、共同发展的。对于工程实际中的问题,应该运用科学、抽象的方法,加以综合分析,再通过实验与严密的数学推理,从而得到工程中适用的理论公式,以指导实践,并为实践所检验,即从实践到理论,再由理论回到实践,通过实践进一步补充和发展理论,然后再回到实践,循环往复,逐步发展。

0.4　工程力学在专业学习中的地位和作用

　　工程力学是航空、机械、汽车、化工、轻工、纺织、电力、冶金、地质、金属加工工艺、建筑学、环境工程等专业的技术基础课程。这门课程讲述力学的基础理论和基本知识,以及处理工程中力学问题的基本方法,在专业课与基础课之间起桥梁作用。

　　学习工程力学不仅要深刻理解力学的基本概念和基本定律,还要熟练地掌握由基本概念和基本定律推导出的解决工程力学问题的定理和公式,同时要注意培养自己处理工程力学问题的能力。认真学习理论,演算一定数量的习题,注意联系专业中的力学问题是学好工程力学的重要途径。

　　"实践是检验真理的唯一标准",工程力学的全部理论是前人经过长期实践总结出的客观规律,我们的任务是认识它、掌握它,让它为社会主义建设事业服务。它将通过我们在各个实际工程中的应用和实践,得到进一步的补充和完善。

第1章 静力学基本概念与受力分析

本章将介绍静力学的基本概念、基本公理,并阐述工程中几种常见的典型约束和约束力分析,最后介绍构件受力分析的基本方法及受力图。本章是解决力学问题的重要环节,必须予以重视。

1.1 力的基本概念和公理

1.1.1 刚体

刚体是指在力的作用下不变形的物体,即刚体内部任意两点间的距离保持不变。刚体是一个理想化的模型。实际上,任何物体在力的作用下,都会或多或少地产生变形。在工程实际中,构件的变形一般都非常微小,在很多情况下,当变形对所研究的问题没有实质性影响时,可以忽略不计。将物体抽象为刚体,这将使所研究的问题大为简化。静力学的主要研究对象是刚体,因此又称为刚体静力学。

1.1.2 平衡

平衡是物体机械运动的一种特殊状态。平衡只是相对的、暂时的,这是因为一切物体无不在永远运动着。在一般工程技术问题中,**平衡就是指物体相对于地球保持静止或做匀速直线运动的状态**。例如,房屋、桥梁、工厂中的各种固定设备以及做匀速直线运动的车辆等,都处于平衡状态。

1.1.3 力的概念

1. 力的定义

力是物体间相互的机械作用,它可以使物体的机械运动状态改变或使物体产生变形。前者称为力的外效应或运动效应,例如使物体由静止到运动;后者称为力的内效应或变形效应,例如使梁发生弯曲。

2. 力的三要素

力的三要素分别是力的大小、方向、作用点。大量实践证明,力对物体的作用效应取决于力的三个要素,当其中任意一个要素发生改变时,力的作用效应都将改变。

力是矢量,可以用带箭头的线段表示,如图 1.1 所示。该线段的长度按一定的比例尺绘出,表示力的大小,线段的箭头指向表示力的方向;线段的起点或终点表示力的作用点;矢量所在的直线表示力的作用线。一般规定用黑体字母 **F** 表示力矢量,而用普通字母 F 表示力的大小。在国际单位制(SI)中,力的单位是牛顿(N)或千牛(kN),1 kN=1 000 N。

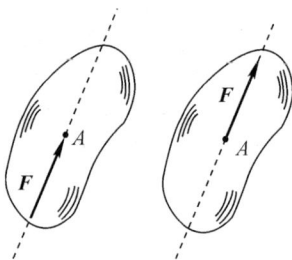

图　1.1

力的大小表示物体间相互机械作用的强度,它可以通过力的作用效应的大小来度量。力的方向指的是静止质点在该力的作用下开始运动的方向。力的作用点是指力作用在物体上的位置。实际上,当两个物体相互作用时,接触处总有一定的面积,因此力总是作用在一定的面积上的。

如果力的作用面积相对于物体的几何尺寸很小,可以抽象为一个点,那么这种作用于一点的力称为**集中力**,该点称为力的作用点。如图 1.2(a)所示,绳索作用在箱子上的拉力,可以抽象为集中力,力的作用点为绳索与箱子的接触点 A。如果力的作用面积比较大,就称为**分布力**,如图 1.2(b)所示,梁受到楼板的均匀压力作用。分布力作用的强度用单位面积上力的大小 q 来度量,称为载荷集度,其单位为 N/m^2 或 kN/m^2。如果力是分布在狭长面积或体积上的,那么这种力称为线分布力,其载荷集度 q 的单位为 N/m 或 kN/m。分布力的分布规律一般比较复杂,在研究问题时需要进行简化。

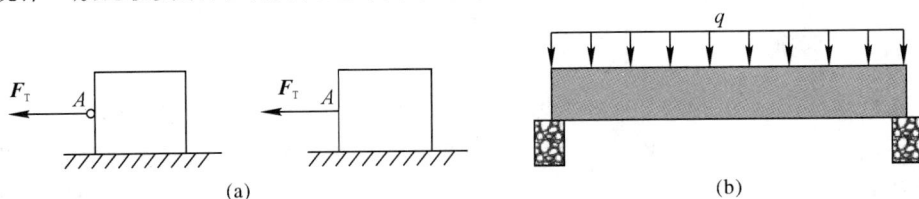

(a)　　　　　　　　　　　　　　(b)

图　1.2

3. 力系

力系是作用在物体上的若干个力的总称。如果物体在一力系的作用下保持平衡状态,那么该力系称为平衡力系。若两个力系分别作用于同一物体而效应相同,则这两个力系称为等效力系。若力系与一个力等效,则此力称为该力系的合力,而力系中的每个力称为该合力的分力。合力用 **F**$_R$ 表示。

1.1.4　静力学基本公理

公理是人们在长期的生活和生产实践中,经过反复观察和实验总结出来的客观规律。

它可以在实践中得到验证,无须证明而为大家所公认。静力学公理是力的基本性质的概括和总结,静力学的全部理论都是以这些公理为基础的。

公理一　二力平衡公理

作用在同一刚体上的两个力使刚体保持平衡的充分必要条件是:这两个力大小相等,方向相反,并作用在同一条直线上(简称等值、反向、共线)。

两个平衡力构成了最简单的平衡力系。图 1.3 表示了二力平衡的两种情形。刚体在 A、B 两点分别受到 F_1、F_2 的作用而处于平衡,那么 F_1、F_2 的作用线一定过 A、B 两点的连线,且大小相等,方向相反。工程实际中,一些构件的自重和它所承受的载荷比较起来很小,可以忽略不计。本书中的构件没有特别说明或没有表示出自重的,一律按不计自重处理。

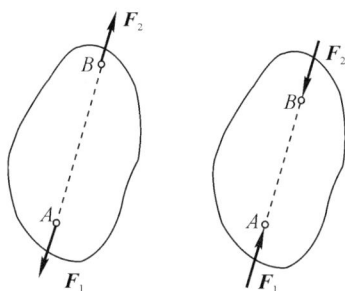

图　1.3

工程中,将受到两个力而平衡的构件称为**二力构件或二力杆**。由公理一可知,作用在二力构件上的两个力一定沿作用点的连线,如图 1.4(a)所示的刚架,当忽略重力时,BC 杆就可以看作二力构件,其受力如图 1.4(b)所示。

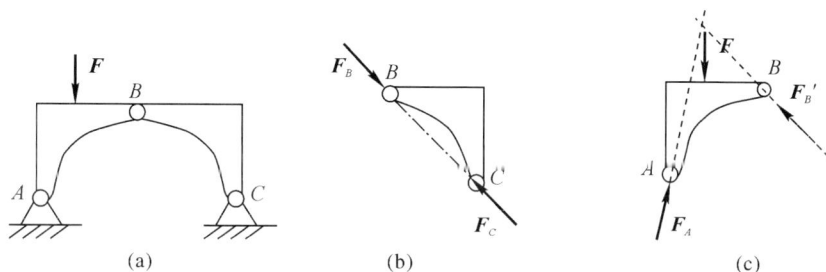

(a)　　　　　　(b)　　　　　　(c)

图　1.4

公理二　加减平衡力系公理

在作用于刚体上的任何一个力系上加上或减去任何平衡力系,并不改变原力系对刚体的外效应。如图 1.5(a)所示,小车在 A 点的力 F 作用下保持匀速直线运动;在小车的 B、C 两点加上一平衡力系 $F'=F''$,小车的运动状态没有改变,如图 1.5(b)所示;令 $F=F'=F''$,在小车上减去平衡力系 F 和 F'',小车在 B 点力 F' 的作用下仍保持原有的匀速直线运动状态,如图 1.5(c)所示。

这是因为一个平衡力系对刚体的平衡或运动状态没有影响。该公理是简化力系的重要理论依据。根据这一公理,可以导出一个重要的推论。

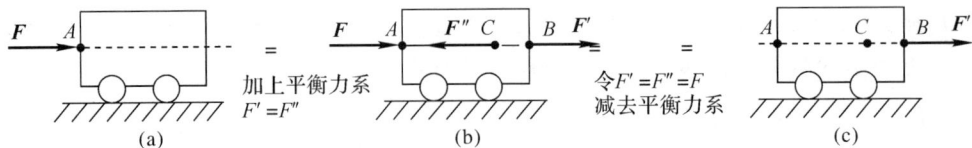

图　1.5

推论　力的可传性原理

作用于刚体上的力,可沿其作用线移动至刚体内的任一点,而不改变该力对刚体的外效应。由图 1.5 可以看出,A 点的力 F 沿其作用线移动到 B 点,小车仍保持原来的匀速直线运动状态。

由此原理可知,力对刚体的外效应,取决于力的大小、方向、作用线。必须指出,公理二及其推论只适用于刚体。

公理三　作用与反作用公理

两物体间的作用力与反作用力,总是大小相等、方向相反、作用线相同,分别作用在两个物体上,简述为等值、反向、共线。

作用力与反作用力是互相依存、同时出现、共同消失的,它们分别作用在不同物体上。因此,在分析物体受力时,必须明确施力物体和受力物体。这与同一刚体上作用有两个力的平衡条件问题完全不同,不能把作用力和反作用力视为一组平衡力。

公理四　平行四边形公理

作用于物体上同一点的两个力,可以合成为仍作用于该点的一个合力,合力的大小和方向由此二力为邻边所构成的平行四边形的对角线矢量来表示。

如图 1.6(a)所示,合力矢量 F_R 等于两个力 F_1、F_2 的矢量和,即

$$F_R = F_1 + F_2$$

力的平行四边形也可以作成力三角形,如图 1.6(b)(c)所示。

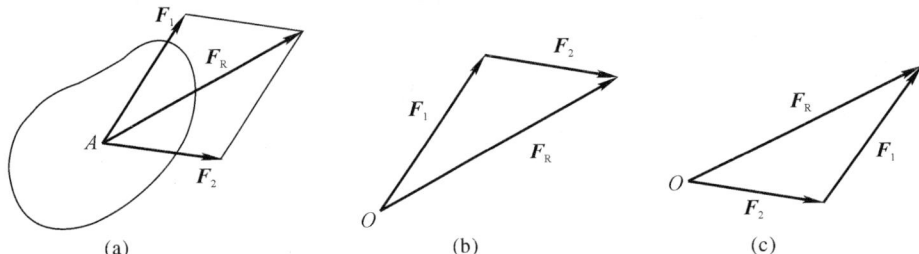

图　1.6

推论　三力平衡汇交原理

作用于刚体上同一平面内互不平行的三个力使其平衡的必要条件是:三个力的作用线汇交于同一点。

工程中,将作用三个力而处于平衡的构件称为三力构件。三力构件三个力的作用线交于一点。若已知两个力的作用线,则可以确定另一个未知力的作用线必过前两个力作用线的交点。

图 1.4(a)中 AB 为三力构件,其在 B 点所受的力与 BC 构件在 B 点所受的力互为作用

力与反作用力,所以,通过延长力 $\boldsymbol{F}$ 和 $\boldsymbol{F}'_B$ 的作用线可找到交点,则 A 点的力的作用线也通过该交点,这样就可以确定 $\boldsymbol{F}_A$ 的作用线了。AB 构件的受力如图 1.4(c)所示。

1.2　常见约束及其力学模型

凡可以在空间做任意运动的物体称为自由体,如在空中飞行的飞机、火箭等。凡因受到周围物体的阻碍、限制而不能做任意运动的物体称为非自由体,如工程和实际生活中的大多数物体。所谓**约束**,又称为约束体,就是限制物体运动的周围物体。例如,书放在光滑的桌面上,桌面就是书的约束,它阻碍了书沿重力方向向下运动。约束对物体的作用实质上就是力的作用。约束作用在物体上的力称为**约束力或约束反力**。除约束力外,物体上受到的各种载荷(如重力、风力、切削力等),都是促使物体运动或有运动趋势的力,称为主动力。

下面介绍工程中常见的几种约束类型和确定约束力的方法。

1.2.1　柔体约束

工程中的绳子、钢索、链条等柔体都属于这一类约束。如图 1.7(a)所示,由于柔软的绳索本身只能承受拉力,而不能承受压力,所以它给物体的约束反力也只能是拉力,如图 1.7(b)所示。因此,**柔体对物体的约束力作用在接触点,方向沿着柔体背离受力物体**。通常用 $\boldsymbol{F}_\mathrm{T}$ **表示柔体约束力。**

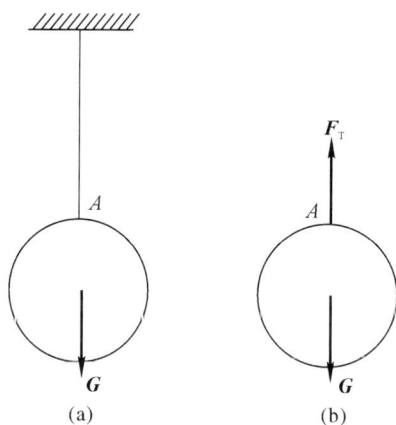

图　1.7

链传动或皮带传动中,链条和皮带也只承受拉力,当它们绕过轮子时,约束力沿轮缘的切线方向背离轮子,如图 1.8 所示。

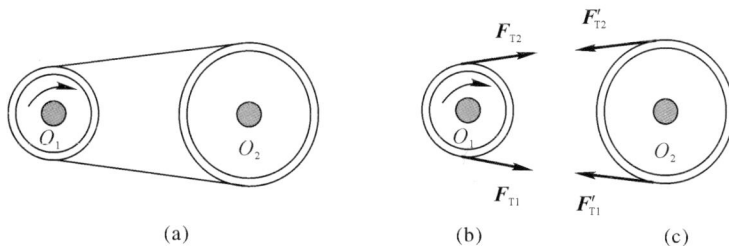

图　1.8

1.2.2 光滑面约束

工程中,当物体接触面间的摩擦力远小于物体所受的其他力时,摩擦力可以略去不计,这样的接触面被看作光滑面。当物体与光滑面约束接触时,不论接触面是平面还是曲面,都只能限制物体沿接触面的公法线方向的运动,而不能限制物体沿接触面切线方向的运动。因此,光滑面约束对物体的约束力作用在接触点处,方向沿接触面的公法线并指向受力物体,通常用 F_N 表示,如图 1.9 所示。当两个物体的接触点处有一物体无法线时,约束力沿另一物体的法线方向,如图 1.10 所示。

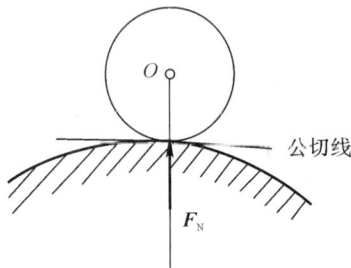 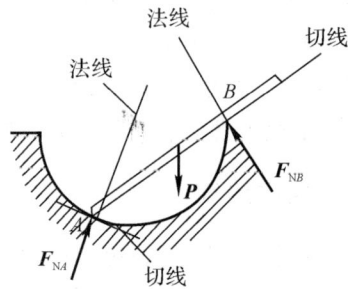

图 1.9   图 1.10

1.2.3 铰链约束

用来连接两构件的装置或零件称为铰链,如图 1.11(a)中的销钉。忽略销孔和销钉的变形及摩擦力,得到刚性光滑铰链。铰链约束通常用图 1.11(b)所示的平面简图表示。

(1)中间铰。销钉只限制两构件的相对移动,而不限制构件绕销钉的相对转动。

(2)固定铰支座。将销钉连接的两构件中的一个固定于地面(或机架)上,就构成了固定铰支座。如图 1.11(c)所示,固定铰支座限制了构件销孔端的移动,而不限制构件绕销钉的转动。

图 1.11(d)所示的销钉与销孔在构件主动力作用下,是两个圆柱光滑面在 K 点的点接触,其约束力必沿接触面在 K 点的公法线过铰链的中心。由于主动力的作用方向不同,构件销钉的接触点 K 就不同,所以约束力的方向不能确定。

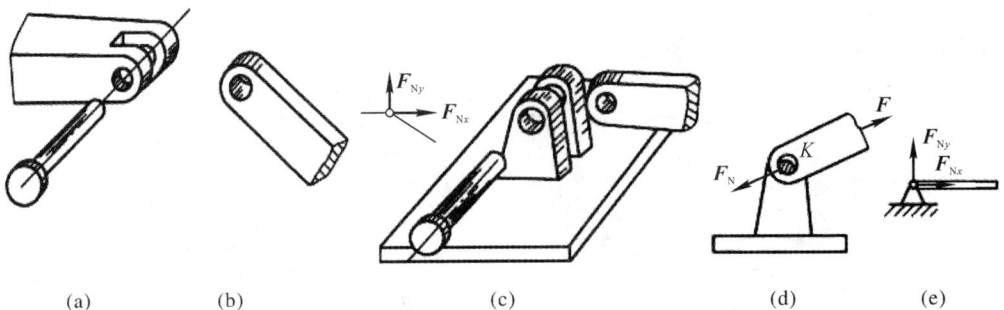

(a)   (b)   (c)   (d)   (e)

图 1.11

　　综上所述,中间铰链和固定铰支座约束的约束力过铰链的中心,但方向不确定。通常用两个正交的分力 F_{Nx}、F_{Ny} 来表示,如图 1.11(e)所示。

　　必须指出的是,当中间铰和固定铰支座约束的是二力构件时,其约束力满足二力平衡条件,沿两约束力作用点的连线,方向是确定的。

　　为了方便分析计算,当中间铰或固定铰支座约束的是三力构件时,无论其约束力是否确定,都用正交分力表示。如图 1.12(a)所示结构,AB 杆中点作用外力 F,AB、BC 杆均不计自重。BC 杆在 B 端受到中间铰约束,约束力的方向不确定,在 C 端受到固定铰支座约束,约束力的方向不确定,但 BC 杆受此两力作用处于平衡,是二力构件,该二力必过 B、C 两点的连线,如图 1.12(b)所示。

　　AB 杆在 A、B 两点受力并受外力 F 作用,处于平衡,是三力构件。力 F 的方向已确定,AB 杆在 B 点受到 BC 杆 B 端的反作用力 F'_{NB} 方向也确定。A 端固定铰支座的约束力用正交分力 F_{Ax} 和 F_{Ay} 表示,如图 1.12(c)所示。

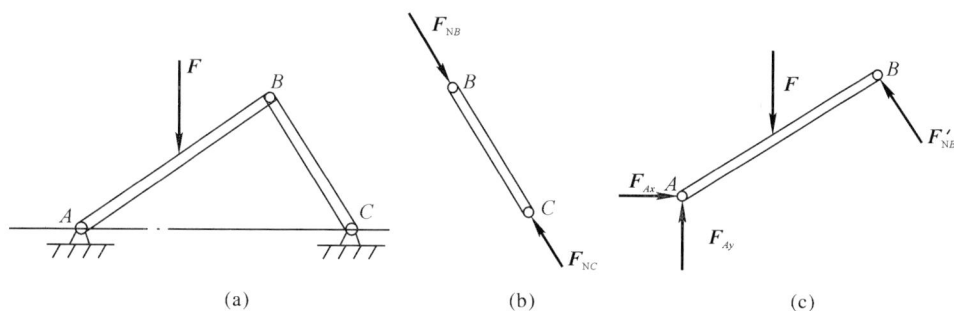

图　1.12

　　(3)活动铰支座。如图 1.13(a)所示,在固定铰支座的下边安装上滚珠称为**活动铰支座**。活动铰支座只限制构件沿支撑面法线方向的运动,因此**活动铰支座约束力的作用线过铰链中心,垂直于支撑面**,一般按指向构件画出,用符号 F_N 表示。图 1.13(b)为活动铰支座的几种力学简图及约束力画法。

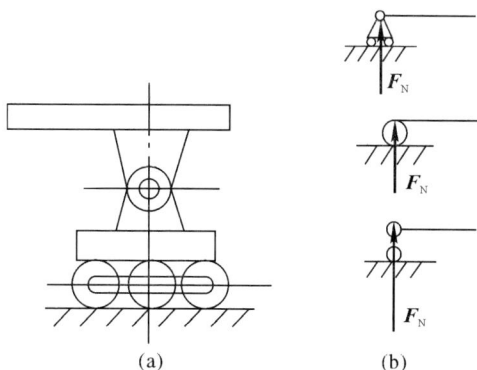

图　1.13

　　图 1.14(a)所示 AB 杆在主动力 F 作用下,其 A、B 两端铰支座的约束力如图 1.14(b)所示。

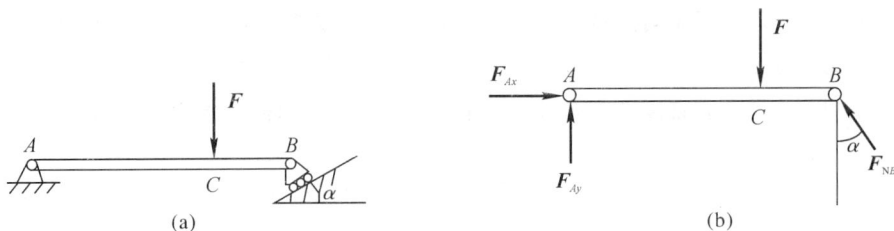

图　1.14

1.2.4　固定端约束

构件的一端是固定的,既不能移动,也不能转动,这样的约束称为固定端约束,其表示方法如图 1.15(a)所示,例如电线杆埋入地下的一段受到地面对它的固定端约束。

在主动力的作用下,固定端的约束力是十分复杂的,构件与约束相接触的各点上受力的大小和方向均不相同,若主动力系是一个平面力系,将此约束力系向 A 点简化,可以得到一个作用在 A 点处的约束力 F_A 和一个约束力偶 M_A,如图 1.15(c)所示,F_A 限制了构件的随意移动,而 M_A 限制了构件的转动。一般来说,F_A 的大小、方向都是未知的,因此可以用两个正交分力 F_{Ax}、F_{Ay} 来表示,于是,固定端约束的约束力可以简化成图 1.15(d)所示形式。

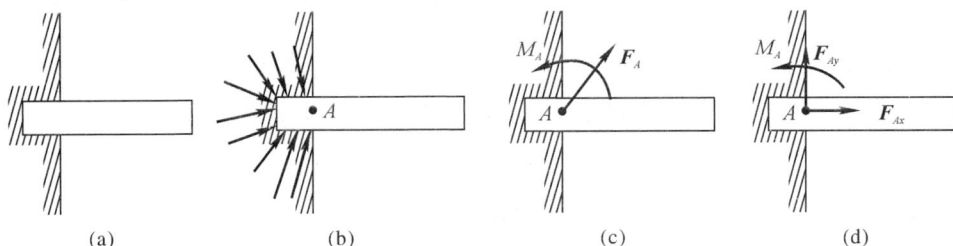

图　1.15

1.3　构件的受力分析

在工程实际中,通常将作用于物体上的力分为两类:一类是使物体运动或产生运动趋势的力,称为**主动力**,如物体的重力、风力等,这种力一般是已知的;另一类是约束对物体的约束力,是未知的被动力,一般需根据已知力求出。因此,必须分析物体的受力情况,研究物体受到哪些力的作用,明确每个力的作用点和方向,哪些力是已知的,哪些力是未知的,这一过程称为**构件的受力分析**。

构件受力分析的基本方法是将构件从约束中脱离出来,取出分离体,以相应的约束力代替约束,然后再画上所有的主动力,这样得到的图称为构件的受力图。画构件受力图的步骤如下:

(1)确定研究对象;

(2)解除构件受到的约束,取出分离体;

(3)画出作用于构件上的全部主动力和约束力。

注:有时要利用二力平衡公理、三力平衡汇交原理来确定某些约束力的作用线。

受力分析的最终结果就是得出受力图。画受力图时要注意:一般不考虑研究对象的自重;每画一个力都要有依据,不多画力,也不漏画力;两构件间的相互约束力应符合作用与反作用公理。下面举例说明构件受力分析的方法。

【例 1-1】　如图 1.16(a)所示,水平梁 AB 用斜杆 CD 支承,A、C、D 三处均为光滑铰链连接,梁上放置一重力为 P_2 的电动机。已知梁的重力为 P_1,不计杆 CD 的自重,试分别画出杆 CD 和梁 AB(包括电动机)的受力图。

　　解　(1)取杆 CD 为研究对象。若杆 CD 自重不计,只在杆的两端分别受到铰链的约束力 F_C 和 F_D 的作用,则杆 CD 为二力构件。根据二力平衡公理,F_C 和 F_D 两力大小相等、作用线沿铰链中心 C、D 的连线且方向相反。杆 CD 的受力图如图 1.16(b)所示。

　　(2)取梁 AB(包括电动机)为研究对象。它受 P_1、P_2 两个主动力的作用;梁在 D 点受杆 CD 给它的反作用力 F_D' 的作用,根据作用与反作用公理,$F_D = F_D'$;梁 AB 在 A 点受固定铰支座的约束力,由于方向未知,可用两个正交分力 F_{Ax} 和 F_{Ay} 表示。梁 AB 的受力图如图 1.16(c)所示。

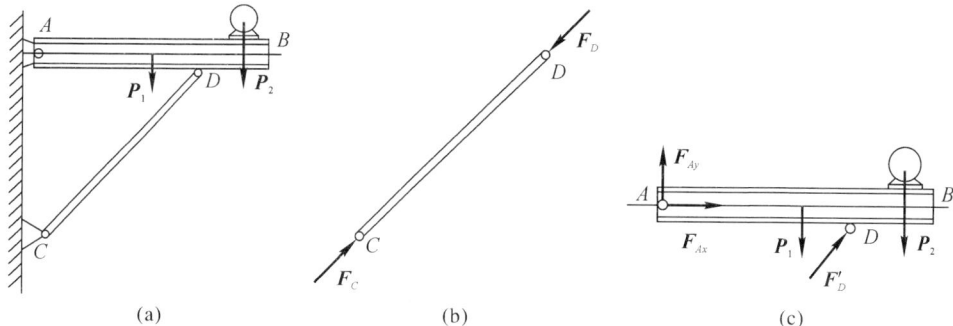

图　1.16

【例 1-2】　绞车通过钢丝绳牵引重力为 G 的矿车沿斜面轨道匀速上升,如图 1.17(a)所示。略去车轮与轨道之间的摩擦,试画出矿车的受力图。

　　解　取矿车为研究对象,解除约束,画出其分离体图。作用于矿车上的主动力有重力 G,铅垂向下;钢丝绳的柔体约束力 F_T 沿绳的中心线背离矿车;斜面轨道为光滑面约束,其约束反力 F_{NA} 和 F_{NB} 分别过车轮与轨道的接触点 A、B,沿轨道的法线方向指向矿车。受力图如图 1.17(b)所示。

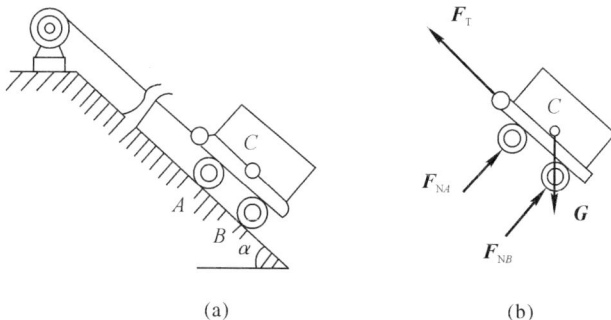

图　1.17

【例 1-3】 图 1.18(a)所示三铰刚架,其自重忽略不计,A、B、C 三处都是铰链约束,在主动力 F_1 和 F_2 作用下平衡。试分别画出构件 ADC、BEC 的受力图。

解 三铰结构中的构件 ADC、BEC 均不是二力构件,因此,A、B、C 三点的约束力方向都不能确定,可用正交分力来表示。

(1)取构件 ADC 为研究对象,如图 1.18(b)所示。先画主动力 F_1,再画出 A、C 两点的约束力,分别用 F_{Ax}、F_{Ay} 和 F_{Cx}、F_{Cy} 表示,方向可假设。

(2)取构件 BEC 为研究对象,如图 1.18(c)所示。先画主动力 F_2,C 点的约束力为 F'_{Cx}、F'_{Cy},方向与 F_{Cx}、F_{Cy} 相反,B 点的约束力用 F_{Bx}、F_{By} 表示,方向可假设。

综合以上例题,画受力图时应注意以下几点:

(1)首先确定研究对象并画出分离体图,分离体的大小、形状、方位必须和原物体保持一致;

(2)分离体上作用的主动力应按已知的作用点、方向画出,不要画出分离体对其他物体的作用力;

(3)凡是和研究对象直接相关的物体均有约束力作用其上,要根据各种约束性质画出相应的约束力,约束力的方向应与物体可能的运动方向相反;

(4)同一约束处的约束力在不同受力图中的表示方法应保持一致。

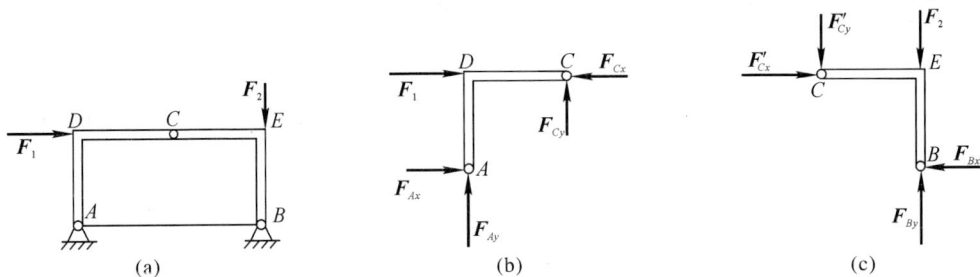

图 1.18

小 结

本章讨论了静力学的基本概念、基本公理、常见约束和约束力、构件受力分析的基本方法。

1.基本概念

(1)刚体。刚体指在力的作用下不变形的物体,即刚体内部任意两点间的距离保持不变。

(2)力。力是物体之间相互的机械作用,其作用的效应是使物体的运动状态发生改变或使物体产生变形。力使物体运动状态发生改变的效应称为力的外效应,力使物体产生变形的效应称为力的内效应。

(3)力系。力系是作用在物体上的若干个力的总称。如果物体在一力系的作用下保持平衡状态,那么该力系称为平衡力系。

2.基本公理

(1)二力平衡公理。作用在同一刚体上的两个力使刚体保持平衡的充分必要条件是:这两个力大小相等、方向相反,并作用在同一条直线上(简称等值、反向、共线)。

(2)加减平衡力系公理。在作用于刚体上的任何一个力系上加上或减去任何平衡力系,并不改变原力系对刚体的外效应。

(3)作用与反作用公理。两物体间的作用力与反作用力,总是大小相等、方向相反、作用线相同,分别作用在两个物体上,简述为等值、反向、共线。

(4)平行四边形公理。作用于物体上同一点的两个力,可以合成为仍作用于该点的一个合力,合力的大小和方向由以此二力为邻边所构成的平行四边形的对角线矢量来表示。

3. 常见约束和约束力

(1)柔体约束。约束力作用在接触点,方向沿着柔体背离受力物体,通常用 F_T 表示柔体约束力。

(2)光滑面约束。约束力作用在接触点处,方向沿接触面的公法线并指向被约束物体,通常用 F_N 表示。

(3)铰链约束。中间铰和固定铰支座约束的约束力过铰链的中心,方向不确定,通常用两个正交的分力 F_{Nx}、F_{Ny} 来表示。当中间铰和固定铰支座约束的是二力构件时,其约束力满足二力平衡条件,沿两约束力作用点的连线,方向是确定的。

活动铰支座的约束力作用线过铰链中心,垂直于支撑面,一般按指向构件画出,用符号 F_N 表示。

(4)固定端约束。约束力用正交分力 F_{Ax}、F_{Ay} 和约束力偶 M_A 表示。

4. 构件受力分析的一般步骤

(1)确定研究对象;

(2)解除构件受到的约束,取出分离体;

(3)画出作用于构件上的全部主动力和约束力。

▲拓展阅读

静力学发展简史

随着古代建筑技术的发展和简单机械的广泛应用,静力学逐渐发展完善。静力学从公元前 3 世纪开始发展,直到 16 世纪伽利略奠定了动力学的基础。在此期间,经历了西欧奴隶社会后期、封建时代和文艺复兴初期。农业和建筑业的需求以及与贸易发展相关的精确测量的需求推动了力学的发展。在使用简单工具和机器的基础上,人们逐渐总结出力学的概念和公理。

公元前 5~4 世纪,在中国的《墨经》中已有关于水力学的叙述。静力学作为一门真正的科学,其创始人是古希腊的数学家阿基米德,公元前 3 世纪,他在《平面图的平衡和重心》一书中,创立了杠杆理论,并奠定了静力学的主要原理。阿基米德是第一个用严密的推理找到平行四边形、三角形和梯形物体重心位置的人。他还用逼近法找到了抛物线段的重心。

意大利著名艺术家、物理学家和工程师列奥纳多·达·芬奇是文艺复兴时期第一批跳出中世纪传统科学的人之一,他认为实验和用数学解决机械问题具有重要意义,他用力矩法解释了滑轮的工作原理,应用虚位移原理的概念分析了提升机构中的滑轮和杠杆系统。在他的一份草稿中,他还分析了垂直力的分解,对物体的斜面运动和滑动摩擦力进行了研究,首先得出了滑动摩擦力与物体的摩擦接触面大小无关的结论。

16 世纪,荷兰学者西蒙·斯蒂文解决了非平行力情况下的杠杆问题,发现了力的平行四边形法则。他还提出了著名的"黄金定则",这是虚位移原理的萌芽。这一原理的现代提法是瑞士学者约翰·伯努利于 1717 年提出的。

分析力学的概念是由拉格朗日提出的。他在大型著作《分析力学》中,根据虚位移原理,用严格的分析方法描述了整个力学理论。伯努利早在 1717 年就指出了虚位移原理,但应用这一原理解决力学问题的方法的进一步发展及其数学研究的人是拉格朗日。

习 题 一

一、填空题

1. 平衡就是指物体相对于地球保持＿＿＿＿＿＿＿＿＿＿的状态。

2. 力是物体间相互的＿＿＿＿作用,这种作用使物体的＿＿＿＿＿和＿＿＿＿＿＿发生改变。

3. 在两个力的作用下处于平衡的构件称为＿＿＿＿＿,这两个力的作用线必过这两个力作用点的＿＿＿＿。

4. 在三个力的作用下处于平衡的构件称为＿＿＿＿＿;若已知其中两个力的作用线,则第三个力的作用线必过前两个力作用线的＿＿＿＿。

5. 物体间的作用力和反作用力总是大小＿＿＿＿、方向＿＿＿＿、作用线＿＿＿＿,分别作用在＿＿＿＿个物体上。

6. 限制物体运动的周围物体称为该物体的＿＿＿＿。促使物体运动或有运动趋势的力称为＿＿＿＿,限制物体运动或运动趋势的力称为＿＿＿＿,约束力的方向与物体运动或运动趋势的方向＿＿＿＿。

7. 常见的约束类型有＿＿＿＿约束、＿＿＿＿约束、＿＿＿＿约束和＿＿＿＿约束。

8. 柔体约束的约束力作用在＿＿＿＿,沿柔体＿＿＿＿受力物体。

9. 光滑面约束的约束力沿接触面的＿＿＿＿,＿＿＿＿受力物体。

10. 铰链约束可分为＿＿＿＿铰、＿＿＿＿铰支座、＿＿＿＿铰支座。中间铰和固定铰支座限制了两构件之间的＿＿＿＿,不限制其＿＿＿＿。当中间铰或固定铰支座约束二力构件时,约束力方向＿＿＿＿,沿二力构件两力＿＿＿＿的连线;当中间铰或固定铰支座约束的不是二力构件时,约束力方向＿＿＿＿,用＿＿＿＿表示。活动铰支座的约束力垂直于＿＿＿＿,＿＿＿＿受力物体。

11. 构件受力分析的基本方法是将构件从约束中脱离出来,称为＿＿＿＿,以相应的＿＿＿＿代替约束,然后再画上所有的＿＿＿＿,这样得到的图称为构件的受力图。

二、单项选择题

1. 图 1.19 所示构件中(　　)是二力构件。

A. *AB* 杆　　　　B. *BC* 杆　　　　C. *CD* 杆　　　　D. *BC* 杆、*CD* 杆

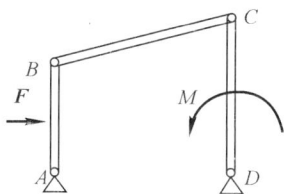

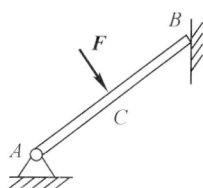

图　1.19　　　　　　　　　　　　　图　1.20

2.在图 1.20 中,杆件 A、B 两点处所受的约束类型分别为(　　)。

A.柔体,光滑面　　　　　　　　　　B.柔体,铰链

C.固定铰支座,光滑面　　　　　　　D.光滑面,中间铰

3.某刚体连续加上或减去若干平衡力系,对该刚体的作用效应(　　)。

A.不变　　　　　B.不一定改变　　　C.改变　　　　　D.一定改变

4.刚体受共面的三个力作用而处于平衡状态,则此三力的作用线(　　)。

A.必汇交于一点　B.必互相平行　　　C.必都为零　　　D.必位于不同平面

5.二力平衡公理的适用范围是(　　)。

A.变形体　　　　B.刚体系统　　　　C.刚体　　　　　D.任何物体或物体系

6.光滑面对物体的约束力,作用在接触点处,方向沿接触面的(　　),(　　)受力物体。

A.公法线,背离　B.公法线,指向　　C.公切线,指向　　D.公切线,背离

7.运用哪个公理或推论可将力的三要素中的作用点改为作用线?(　　)

A.平行四边形公理　　　　　　　　　B.力的可传性原理

C.二力平衡公理　　　　　　　　　　D.作用与反作用公理

8.只限制构件沿支撑面法线方向的运动,不限制构件转动的约束称为(　　)。

A.固定铰支座　　B.固定端约束　　　C.活动铰支座　　D.光滑面约束

9.根据二力平衡公理中两个力应该满足的条件,下列说法错误的是(　　)。

A.作用在同一刚体上　　　　　　　　B.大小相等,方向相反

C.沿同一条直线　　　　　　　　　　D.这两个力是作用力与反作用力

10.加减平衡力系公理和力的可传性原理只适用于(　　)。

A.任何物体　　　B.变形体　　　　　C.弹性体　　　　D.刚体

三、解答题

1.指出图 1.21 所示的结构中哪些构件是二力构件,哪些是三力构件。其约束力的方向能否确定?

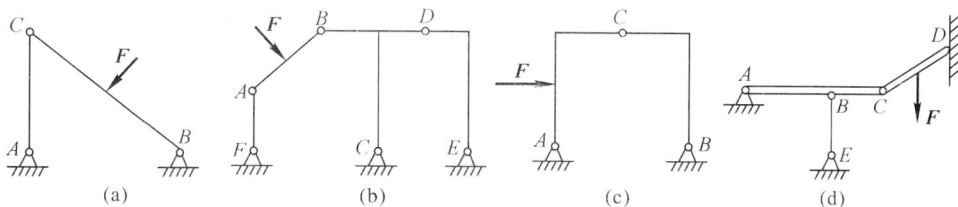

(a)　　　　　　　(b)　　　　　　　(c)　　　　　　　(d)

图　1.21

2.画出图 1.22 中各球体的受力图。

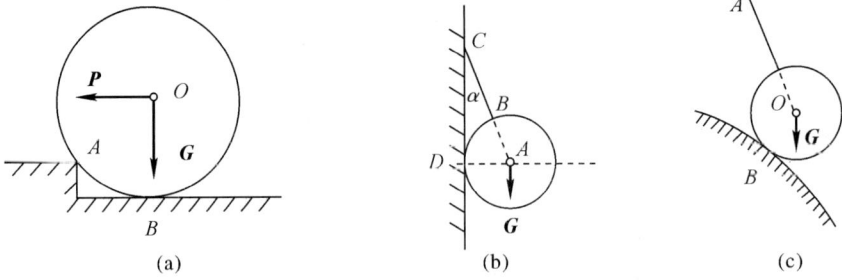

图　1.22

3.画出图 1.23 中各杆件的受力图。

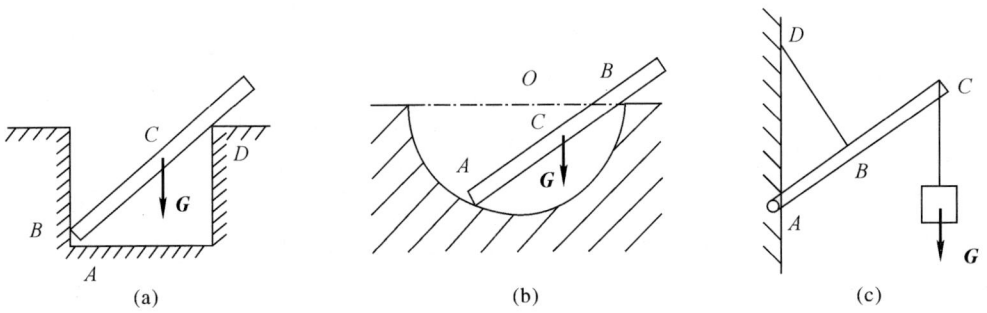

图　1.23

4.分别画出图 1.24(a)中杆 AC、BC,图 1.24(b)中杆 AB、BC,图 1.24(c)中杆 AB、CD 的受力图。

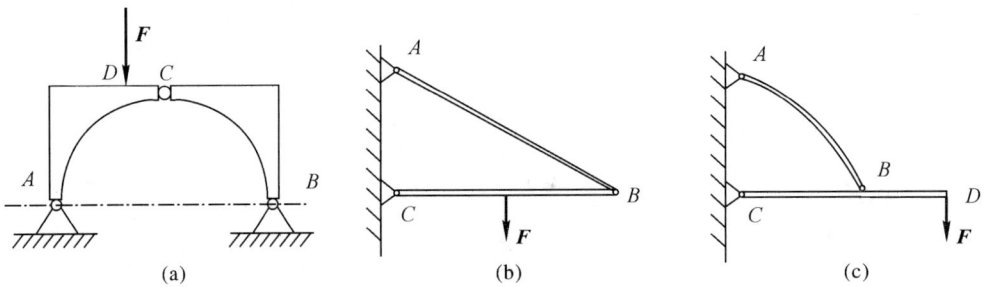

图　1.24

5.分别画出图 1.25(a)中球 C 和杆 AB,图 1.25(b)中棘轮 O,图 1.25(c)中管件 O 和杆 AC、BC,图 1.25(d)中杆 AB 和 AC 的受力图。

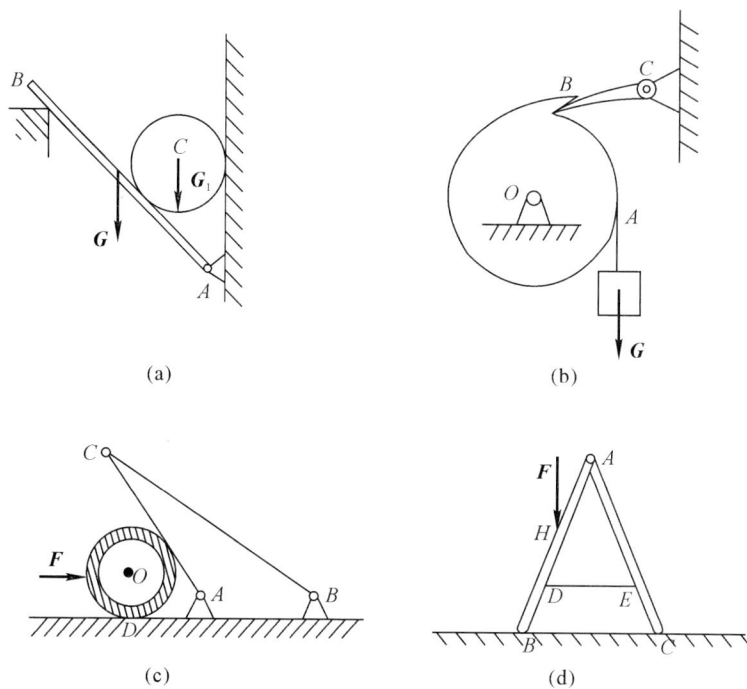

(a)　　　　　　　　　　　　(b)

(c)　　　　　　　　　　　　(d)

图　1.25

第 2 章 平面汇交力系与平面力偶系

本章主要介绍力在平面直角坐标轴上的投影、力矩和平面力偶的性质,以及平面汇交力系和平面力偶系的合成与平衡,为研究平面任意力系的简化和求解工程构件的平衡问题提供依据。

2.1 力的投影和力的分解

2.1.1 力在平面直角坐标轴上的投影

1. 投影的定义

过力 $\boldsymbol{F}$ 的两端点分别向 x 轴作垂线,垂足 a、b 在 x 轴上截下的线段 ab 就称为力 $\boldsymbol{F}$ 在 x 轴的投影,记作 F_x;同理可得出力 $\boldsymbol{F}$ 在 y 轴的投影,记作 F_y,如图 2.1 所示。

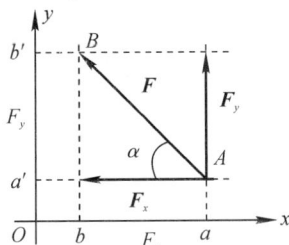

图 2.1

2. 投影的正负规定

投影是代数量,若投影 ab 的指向与坐标轴正方向一致,则投影为正,反之为负。

若已知力 $\boldsymbol{F}$ 和 x 轴所夹的锐角为 α,则力 $\boldsymbol{F}$ 在 x 轴和 y 轴上的投影的大小分别为

$$F_x = \pm F\cos\alpha, \quad F_y = \pm F\sin\alpha \tag{2-1}$$

3. 已知投影求力

若已知一个力的投影为 F_x、F_y,根据勾股定理则可求出力 $\boldsymbol{F}$ 的大小和方向为

$$F = \sqrt{F_x^2 + F_y^2}, \quad \tan\alpha = \left| \frac{F_y}{F_x} \right| \tag{2-2}$$

式中:α 为力 $\boldsymbol{F}$ 与 x 轴所夹的锐角,力 $\boldsymbol{F}$ 的具体指向由 F_x、F_y 的正负号决定,但不能获得力的作用点。

2.1.2　力沿坐标轴方向正交分解

根据平行四边形公理的逆过程,可将力 F 沿坐标轴进行正交分解为两个力 F_x、F_y,如图 2.1 所示,正交分力的大小等于力沿其正交轴投影的绝对值,即

$$|F_x| = F\cos\alpha = |F_x|, \quad |F_y| = F\sin\alpha = |F_y| \tag{2-3}$$

必须指出,分力是力矢量,而投影是代数量。若分力的指向与坐标轴同向,则投影为正,反之为负。分力的作用点在原力作用点上,而投影与力的作用点位置无关。

力沿坐标轴方向正交分解符合矢量分解的法则,学会力的分解方法,对于正确理解和掌握矢量分解的法则很有帮助,也为以后各章节,如合力矩定理和空间力系等内容的学习打下了基础。

2.1.3　合力投影定理

如图 2.2 所示,由力 F_1 和 F_2 组成的力系,其合力 F_R 等于力 F_1 和 F_2 的矢量和,它们在 x 轴的投影分别为 $F_{1x}=ab$,$F_{2x}=ac$,$F_{Rx}=ad$,由图 2.2 可得

$$F_{Rx} = ad = ab + bd = ab + ac = F_{1x} + F_{2x}$$

同理可得

$$F_{Ry} = F_{1y} + F_{2y}$$

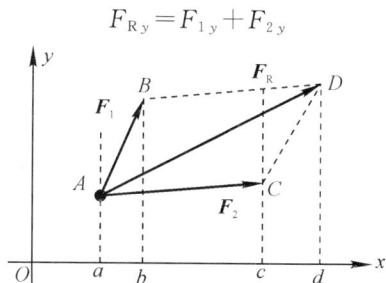

图　2.2

对于有 n 个力作用的力系,有同样的结论,即

$$\left. \begin{array}{l} F_{Rx} = F_{1x} + F_{2x} + \cdots + F_{nx} = \sum F_x \\ F_{Ry} = F_{1y} + F_{2y} + \cdots + F_{ny} = \sum F_y \end{array} \right\} \tag{2-4}$$

由式(2-4)可知,合力在某一轴上的投影等于力系中各分力在同一轴上投影的代数和,此即合力投影定理。式中 $\sum F_x$ 是求和式 $\sum\limits_{i=1}^{n} F_{ix}$ 的简便表示法,本书中的求和式都采用这种简便表示法。

2.2　平面汇交力系的合成与平衡

工程实际中,作用于构件上的力有各种不同类型。若按力系中各力的作用线是否在同一平面来分,力系可分为平面力系和空间力系;若按力系中各力的作用线是否相交于一点或是否平行来分,力系可分为汇交力系、力偶系、平行力系和任意力系。

作用于同一平面内且各力的作用线汇交于一点的力系称为平面汇交力系。平面汇交力

系在工程问题中是很常见的。图 2.3(a)所示为起重机吊装横梁时的示意图,起重机吊钩所受的各力就组成一个平面汇交力系,如图 2.3(b)所示。

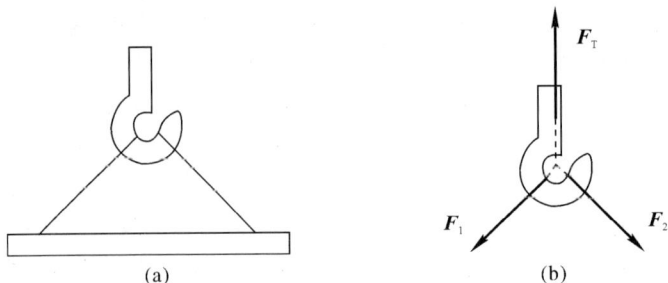

图　2.3

2.2.1　平面汇交力系的合成

如图 2.4(a)所示,物体上作用了一个由 F_1、F_2、F_3 组成的平面汇交力系,作用点分别为 A、B、C 三点,作用线汇交于 O 点。根据力的可传性原理,可将三个力沿其作用线分别平移至 O 点,再根据平行四边形公理,依次将各力进行合成,得到力系的合力 F_R,其作用点为 O 点,如图 2.4(b)所示。

若已知平面汇交力系的各分力,由合力投影定理可知,合力 F_R 在坐标轴上的投影为 $F_{Rx} = \sum F_x$,$F_{Ry} = \sum F_y$,则可得出

$$F_R = \sqrt{\left(\sum F_x \right)^2 + \left(\sum F_y \right)^2}, \quad \tan\alpha = \left| \frac{\sum F_y}{\sum F_x} \right| \qquad (2-5)$$

式中:α 为合力 F_R 与 x 轴所夹的锐角。

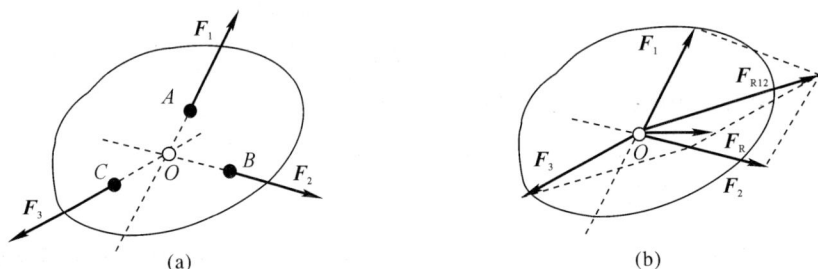

图　2.4

2.2.2　平面汇交力系的平衡方程及其应用

如果物体受到一个平面汇交力系的作用而处于平衡,那么力系的合力 F_R 为零,由式(2-5)可得出平面汇交力系的平衡方程为

$$\left. \begin{array}{l} \sum F_x = 0 \\ \sum F_y = 0 \end{array} \right\} \qquad (2-6)$$

使用平面汇交力系平衡方程解题的一般步骤为:

(1)根据已知条件,确定研究对象;

（2）画出受力分析图；

（3）建立坐标系，列平衡方程并求解。

应用平衡方程求解问题时，由于坐标轴是可以任意选取的，因此可以列出无数个平衡方程，但是独立的平衡方程只有两个，所以只能求解出两个未知量。

【例 2-1】　如图 2.5 所示，固定环作用有四根绳索，绳索的拉力大小分别为 $F_{T1}=0.2$ kN，$F_{T2}=0.3$ kN，$F_{T3}=0.5$ kN，$F_{T4}=0.4$ kN，它们与 x 轴的夹角分别为 $\alpha_1=30°$，$\alpha_2=45°$，$\alpha_3=0°$，$\alpha_4=60°$，试求它们的合力大小和方向。

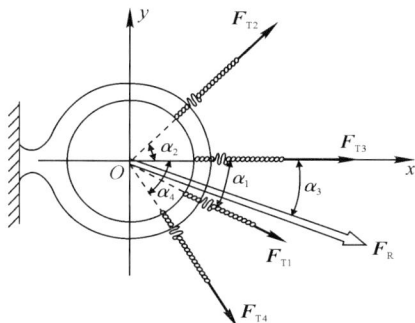

图　2.5

解　建立图 2.5 所示的直角坐标系，先求出合力的投影。

$$F_{Rx}=\sum F_x=F_{T1}\cos\alpha_1+F_{T2}\cos\alpha_2+F_{T3}+F_{T4}\cos\alpha_4$$

$$=\left(0.2\times\frac{\sqrt{3}}{2}+0.3\times\frac{\sqrt{2}}{2}+0.5+0.4\times\frac{1}{2}\right)\text{kN}\approx1.1\text{ kN}$$

$$F_{Ry}=\sum F_y=-F_{T1}\sin\alpha_1+F_{T2}\sin\alpha_2+0-F_{T4}\sin\alpha_4$$

$$=\left(-0.2\times\frac{1}{2}+0.3\times\frac{\sqrt{2}}{2}-0.4\times\frac{\sqrt{3}}{2}\right)\text{kN}\approx-0.2\text{ kN}$$

求合力：$F_R=\sqrt{\left(\sum F_x\right)^2+\left(\sum F_y\right)^2}=\sqrt{1.1^2+(-0.2)^2}\text{ kN}\approx1.12\text{ kN}$

$$\tan\alpha=\left|\frac{\sum F_y}{\sum F_x}\right|-\left|\frac{-0.2}{1.1}\right|\approx0.181\ 8,\quad \alpha\approx10°$$

【例 2-2】　如图 2.6(a) 所示，重力为 $P=100$ N 的球体放在光滑斜面上，并用绳 AB 系住，且绳 AB 与斜面平行。试求绳 AB 的拉力及球对斜面的压力。

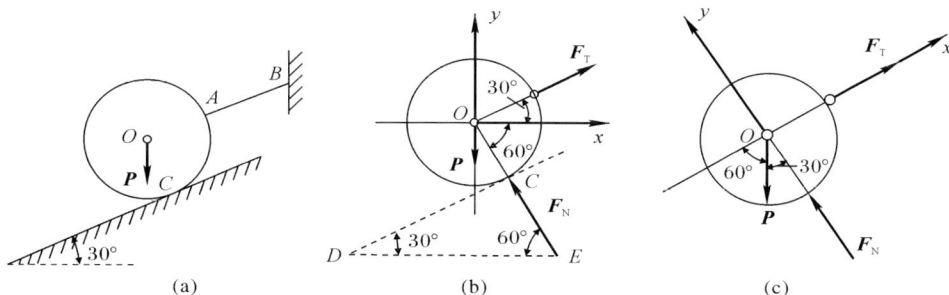

图　2.6

解 (1)以球体为研究对象,取出分离体,画出受力图。

(2)建立直角坐标系,如图 2.6(b)所示,列出平衡方程,即

$$\sum F_x = 0, \quad F_T\cos30° - F_N\cos60° = 0$$

$$\sum F_y = 0, \quad F_T\sin30° + F_N\sin60° - P = 0$$

解得
$$F_T = 50 \text{ N}, \quad F_N \approx 86.6 \text{ N}$$

(3)若沿斜面建立坐标系,如图 2.6(c)所示,列出平衡方程,即

$$\sum F_x = 0, \quad F_T - P\sin30° = 0$$

则

$$F_T = P\sin30° = 100 \times \frac{1}{2} \text{ N} = 50 \text{ N}$$

$$\sum F_y = 0, \quad F_N - P\cos30° = 0$$

则

$$F_N = P\cos30° = 100 \times \frac{\sqrt{3}}{2} \text{ N} \approx 86.6 \text{ N}$$

因此,绳 AB 的拉力为 50 N,球对斜面的压力为 86.6 N。

由此可见,列平衡方程求解力系平衡问题时,坐标轴应尽量选在与未知力垂直的方向上,这样可以列一个平衡方程求解一个未知力,避免了求解联立方程,使计算更简便。

【例 2-3】 如图 2.7(a)所示,支架由杆 AB、BC 组成,A、B、C 处均为光滑铰链,在销钉 B 上悬挂重物 $G = 10$ kN,不计杆件自重,试求杆件 AB、BC 所受的力。

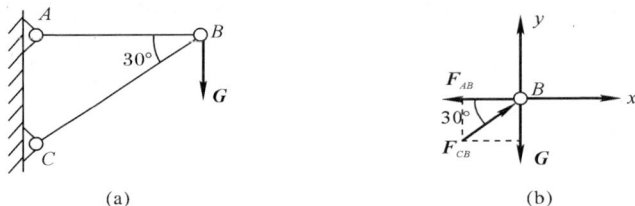

图 2.7

解 取销钉 B 为研究对象,画出受力图,建立坐标系,如图 2.7(b)所示,列出平衡方程,即

$$\sum F_x = 0, \quad F_{BC}\cos 30° - F_{AB} = 0$$

则

$$F_{AB} = F_{BC}\cos30° = 20 \times \frac{\sqrt{3}}{2} \text{ kN} = 17.3 \text{ kN}$$

$$\sum F_y = 0, \quad F_{BC}\sin 30° - G = 0$$

则

$$F_{BC} = \frac{G}{\sin 30°} = 2G = 2 \times 10 \text{ kN} = 20 \text{ kN}$$

2.3　力对点之矩、合力矩定理

2.3.1　力对点之矩

经验告诉我们,用扳手转动螺母时,作用于扳手一端的力 F 使扳手绕 O 点转动的效应不仅与力 F 的大小有关,而且与 O 点到力 F 作用线的垂直距离 d 有关,如图 2.8 所示。点 O 称为矩心,点 O 到力 F 作用线的垂直距离 d 称为**力臂**。在力学上以乘积 Fd 作为度量力 F 使物体绕 O 点转动效应的物理量,称为**力对点之矩**,简称力矩,以符号 $M_O(F)$ 表示,即

$$M_O(F) = \pm Fd \tag{2-7}$$

平面内力对点之矩为代数量,但有正负之分。通常规定:**力使物体绕矩心逆时针转动时力矩为正,反之为负。**

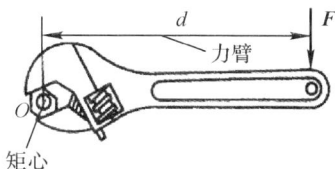

图　2.8

在国际单位制中,力矩的单位是牛·米(N·m)或千牛·米(kN·m)。**当力的大小等于零或力的作用线通过矩心时,力矩等于零。**

2.3.2　合力矩定理

如图 2.9 所示,将作用于 A 点的作用力 F 沿其作用线滑移到 B 点(B 点为矩心 O 到力 F 作用线的垂足),不改变力 F 对物体的外效应(力的可传性原理)。在 B 点将力 F 沿坐标轴方向正交分解为两个分力 F_x、F_y,力 F 的力臂为 d,力 F 和水平方向的夹角(锐角)为 α,则力 F、F_x、F_y 对 O 点的力矩分别为

$$M_O(F) = Fd$$

$$M_O(F_x) = F\cos\alpha \cdot d\cos\alpha = Fd\cos^2\alpha$$

$$M_O(F_y) = F\sin\alpha \cdot d\sin\alpha = Fd\sin^2\alpha$$

由此可得

$$M_O(F) = M_O(F_x) + M_O(F_y)$$

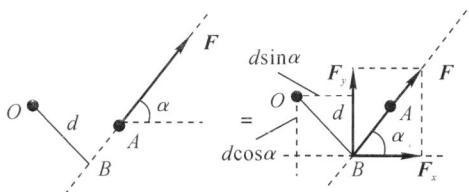

图　2.9

由前文可知,合力矩定理总结为:**合力对某一点的力矩等于力系中各分力对同点力矩的**

代数和。该定理不仅适用于简单的正交分解力系,且对任何力系均成立。若某一力系由 n 个力组成,其合力为 $\boldsymbol{F}_R$,则有

$$M_O(\boldsymbol{F}_R)=M_O(\boldsymbol{F}_1)+M_O(\boldsymbol{F}_2)+\cdots+M_O(\boldsymbol{F}_n)=\sum M_O(\boldsymbol{F}) \qquad (2-8)$$

综上所述,求平面内力对点之矩,一般采用下列两种方法:

(1)用力矩的定义求解,即力矩=力×力臂;

(2)用合力矩定理求力矩。

当力臂的几何关系较复杂,无法通过简单计算求得时,一般采用合力矩定理米求力矩,且一般可将力进行正交分解。

【例 2-4】 作用于齿轮上的啮合力 $F=1\,000$ N,齿轮的分度圆(啮合圆)直径 $D=160$ mm,压力角 $\alpha=20°$,如图 2.10 所示。求啮合力 F 对轮心 O 之矩。

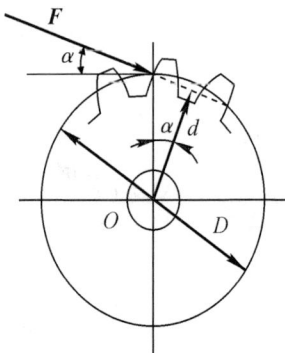

图 2.10

解 由图 2.10 可得,$\boldsymbol{F}$ 对 O 点的力臂大小为

$$d=\frac{D}{2}\cos\alpha=\frac{0.16}{2}\times\cos20° \text{ m}=0.075\,2 \text{ m}$$

由力矩的定义可得

$$M_O(\boldsymbol{F})=-Fd=-1\,000\times0.075\,2 \text{ N}\cdot\text{m}=-75.2 \text{ N}\cdot\text{m}$$

【例 2-5】 如图 2.11(a)所示,刚架 $ABCD$ 在 D 点受力 $\boldsymbol{F}$ 的作用。已知力 $\boldsymbol{F}$ 的方向角为 α。求:

(1)力 $\boldsymbol{F}$ 对 A 点的力矩;

(2)B 点约束力对 A 点的力矩。

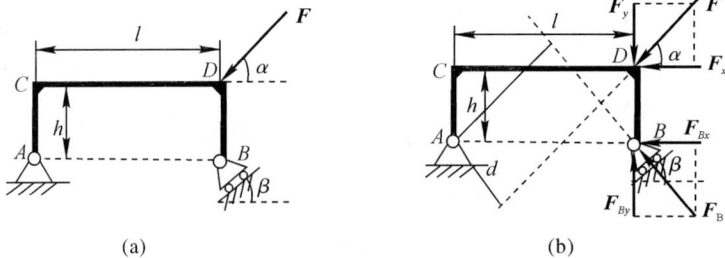

(a)　　　　　(b)

图 2.11

解 (1)求力 $\boldsymbol{F}$ 对 A 点的力矩 $M_A(\boldsymbol{F})$。

力 $\boldsymbol{F}$ 对 A 点的力臂 d 的几何关系较复杂,不宜确定,故采用合力矩定理。

$$M_A(\boldsymbol{F}) = M_A(\boldsymbol{F}_x) + M_A(\boldsymbol{F}_y)$$
$$= F\cos\alpha \cdot h - F\sin\alpha \cdot l$$
$$= F(\cos\alpha \cdot h - \sin\alpha \cdot l)$$

（2）求 B 点的约束力对 A 点的力矩 $M_A(\boldsymbol{F}_B)$。

同理，力 $\boldsymbol{F}_B$ 对 A 点的力臂 d_1 的几何关系复杂，不宜确定，故采用合力矩定理。

$$M_A(\boldsymbol{F}_B) = M_A(\boldsymbol{F}_{Bx}) + M_A(\boldsymbol{F}_{By})$$
$$= F_B\sin\beta \cdot 0 + F_B\cos\beta \cdot l$$
$$= F_B l \cos\beta$$

2.4 力偶、力偶系的合成与平衡

2.4.1 力偶

1. 力偶的概念

在生活和生产实践中，常见到某物体同时受到大小相等、方向相反、作用线互相平行的两个力的作用。例如：司机驾驶汽车时两手作用于方向盘上的力，如图 2.12(a) 所示；工人用丝锥攻螺纹时两手加在扳手上的力，如图 2.12(b) 所示；用两个手指拧动水龙头时所加的力，如图 2.12(c) 所示；旋紧钟表发条所加的力；等等。

由于这样的两个力不满足二力平衡条件，显然不会平衡。在力学上，**把大小相等、方向相反、作用线互相平行的两个力称为力偶**，如图 2.13 所示。力偶中两个力所在的平面叫力偶的作用平面；两力作用线间的垂直距离叫力偶臂，用 d 表示。

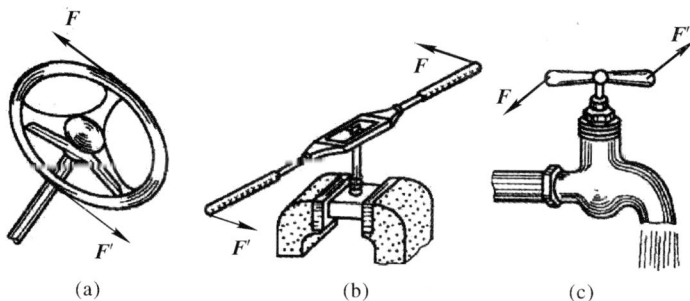

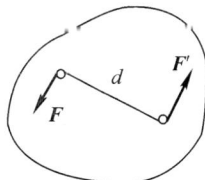

| (a) | (b) | (c) |

图 2.12   图 2.13

力偶是一对特殊平行力，对物体只产生转动效应。力偶对物体的转动效应用力偶矩来衡量。力偶矩的大小为力偶中两个力对其作用面内的任一点的力矩的代数和，用 $M(\boldsymbol{F}, \boldsymbol{F}')$ 或 M 表示，即

$$M(\boldsymbol{F}, \boldsymbol{F}') = Fd \qquad (2-9)$$

在国际单位制中，力偶矩的单位是牛·米(N·m)或千牛·米(kN·m)。

力偶矩和力矩一样是代数量，其正负号表示力偶的转向，通常规定：力偶为逆时针转向时，力偶矩为正，反之为负。工程中常用图 2.14 所示的符号表示力偶矩。力偶的大小、转向、作用平面称为**力偶的三要素**，三要素中的任何一个发生改变，力偶对物体的转动效应就

会改变。

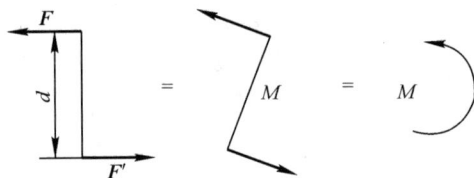

图 2.14

2.力偶的性质

(1)力偶无合力,在坐标轴上的投影之和为零。力偶不能与一个力等效,也不能用一个力来平衡,力偶只能用力偶来平衡。

(2)力偶对其作用平面内任一点的力矩,恒等于其力偶矩,而与矩心的位置无关。

如图 2.15 所示,在力偶作用面内任取一点 O 为矩心,设 O 点与力 F 的距离为 x,则力偶的两个力对 O 点的力矩之和为

$$M_O(\boldsymbol{F})+M_O(\boldsymbol{F}')=-Fx+F'(x+d)=F'd$$

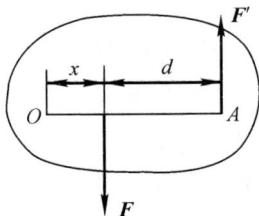

图 2.15

(3)力偶可在其作用平面内任意平移,而不改变它对物体的转动效应。

(4)只要保持力偶矩的大小和力偶的转向不变,就可以同时改变力偶中力的大小和力臂的长短,而不会改变力偶对物体的转动外效应,如图 2.16 所示。

值得注意的是,性质(3)和(4)仅适用于刚体,不适用于变形体。

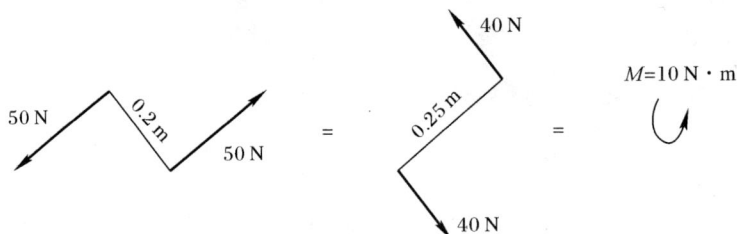

图 2.16

3.力线平移定理

由力的可传性原理可知,作用于物体上的力可沿其作用线在物体内移动,而不改变力对物体的外效应。那么能否在不改变作用外效应的前提下,将力平行移动到物体的任意点呢?

图 2.17 描述了力 F 向作用线外任意一点平行移动的过程。要将作用于 A 点的力 F 平行移动到物体内任一点 O,可在 O 点加上一对平衡力 $\boldsymbol{F}'$、$\boldsymbol{F}''$,并使 $F'=F''=F$,F 和 F'' 为一对等值、反向、不共线的平行力,它们组成了一个力偶,称为**附加力偶**,其力偶矩为

$$M(\boldsymbol{F},\boldsymbol{F}'')=\pm Fd=M_O(\boldsymbol{F})$$

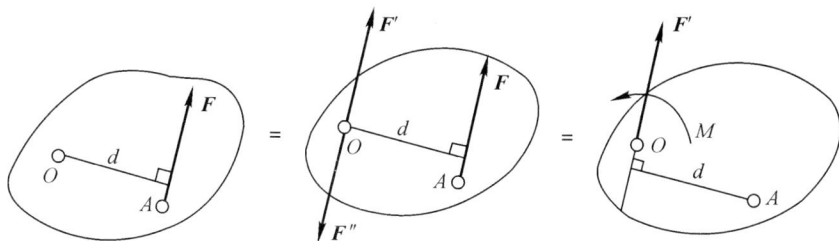

图　2.17

上式表示,附加力偶矩等于原力 F 对平移点 O 的力矩。于是,作用于 O 点的平移力 F' 和附加力偶 M 的共同作用就与作用于 A 点的力 F 等效。

由此可得出力线平移定理的内容为:**作用于物体上的力,可平移到物体上的任一点,但必须附加一力偶,其附加力偶矩等于原力对平移点的力矩。**

2.4.2　平面力偶系的合成与平衡

1. 平面力偶系的合成

作用于刚体上同一平面内的两个或两个以上的力偶形成的力偶系称为平面力偶系。

设作用在刚体上同一平面内的两个力偶分别为 (F_1, F_1') 和 (F_2, F_2'),力偶臂分别为 d_1、d_2,如图 2.18(a)所示,则各力偶矩分别为

$$M_1 = F_1 d_1, \quad M_2 = -F_2 d_2$$

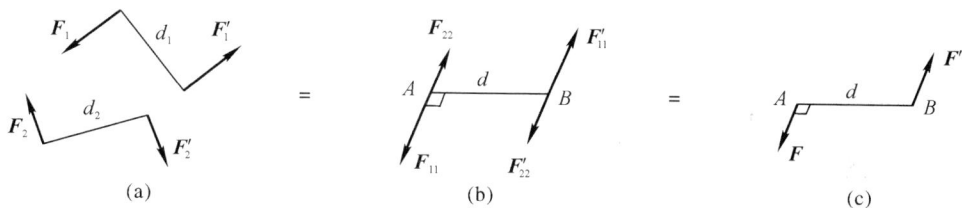

图　2.18

在力偶作用面内任取一线段 $AB = d$,在保持力偶矩不变的条件下,将各力偶的力偶臂都化为 d,于是各力偶中力的大小变为

$$F_{11} = F_1 d_1 / d, \quad F_{22} = -F_2 d_2 / d$$

然后平移各力偶,使它们的力偶臂都与 AB 重合,则原平面力偶系变换为作用于点 A、B 的两个共线力系,如图 2.18(b)所示,再将这两个共线力系分别合成,得

$$F = F_{11} - F_{22}, \quad F' = F_{11}' - F_{22}'$$

可见,力 F 与 F' 等值、反向、作用线互相平行,组成一力偶 (F, F'),如图 2.18(c)所示。力偶 (F, F') 称为原力偶系的合力偶,其力偶矩为

$$M = Fd = (F_{11} - F_{22})d = F_{11}d - F_{22}d = F_1 d_1 - F_2 d_2$$

所以
$$M = M_1 + M_2$$

若在同一平面内作用有 n 个力偶,则上式可推广为

$$M = M_1 + M_2 + \cdots + M_n = \sum M_i \tag{2-10}$$

由此可知,**平面力偶系可以合成为一个合力偶,合力偶矩的大小等于力偶系中各力偶矩**

的代数和。

2.平面力偶系的平衡条件

由平面力偶系的合成结果可知,力偶系平衡时,其合力偶矩等于零。因此,平面力偶系平衡的充分必要条件是:力偶系中各分力偶矩的代数和等于零,即

$$\sum M_i = 0 \qquad\qquad (2-11)$$

式(2-11)称为**平面力偶系的平衡方程**。应用该平衡方程可求解一个未知数。

【例2-6】 如图2.19所示,电动机轴通过联轴器与工作轴相连接,联轴器上4个螺栓 A、B、C、D 的孔心均匀地分布在同一圆周上,此圆的直径 $d=150$ mm,电动机轴传给联轴器的力偶矩 $M=2.5$ kN·m,试求每个螺栓所受的力。

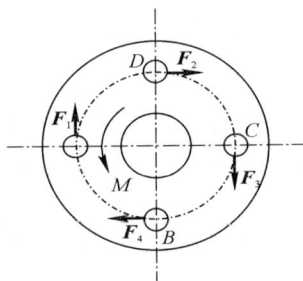

图 2.19

解 取联轴器为研究对象,作用于联轴器上的力有电动机传给联轴器的力偶、每个螺栓的反力,受力图如图2.19所示。假设4个螺栓的受力均匀,即 $F_1=F_2=F_3=F_4=F$,这四个力组成两对力偶并与电动机传给联轴器的力偶平衡。

由平面力偶系的平衡方程 $\sum M_i = 0$,可得

$$M - 2Fd = 0$$

解得

$$F = \frac{M}{2d} = \frac{2.5}{2 \times 0.15} \text{ kN} = 8.33 \text{ kN}$$

【例2-7】 图2.20(a)所示为四连杆机构,已知 $AB \parallel CD$,$AB=l=50$ cm,$BC=70$ cm,$\alpha=30°$,作用于杆 AB 上的力偶矩 $M_1=60$ N·m,试求维持机构平衡时作用于杆 CD 上的力偶矩 M_2。

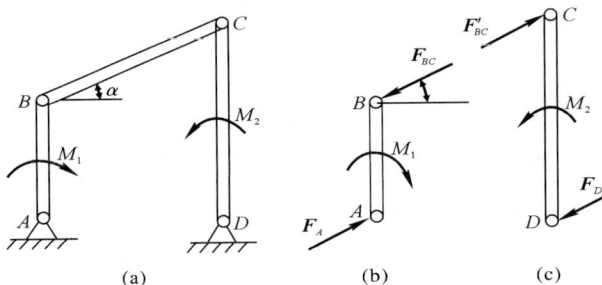

(a)   (b)   (c)

图 2.20

解 (1)受力分析。杆 BC 两端为铰链连接,不计自重,则杆 BC 是二力杆。

(2)分别取杆 AB、CD 为研究对象,取出分离体,画出受力图,如图2.20(b)(c)所示。杆 AB、CD 作用有力偶,只能用力偶来平衡,分别列出平衡方程,即

杆 AB：

$$\sum M_A = 0, \quad F_{BC}\cos30°l - M_1 = 0$$

杆 CD：

$$\sum M_D = 0, \quad -F_{BC}\cos30°CD + M_2 = 0$$

解得
$$M_2 = F_{BC}\cos30°CD = \frac{M_1}{l}(l + BC\sin30°) = \frac{60}{0.5} \times 0.85 \text{ N·m} = 102 \text{ N·m}$$

小　　结

1. 力的投影和分解

(1)力的投影。过力 F 的两端点分别向坐标轴作垂线，垂足 a、b 在 x 轴上截下的线段 ab 被冠以相应的正号或负号就称为**力 F 在 x 轴的投影**，记作 F_x。投影是代数量，有正负之分。

(2)力的正交分解。过力 F 的两端作坐标轴的平行线，平行线相交点构成的矩形的两条边，是力沿坐标轴的两个正交分力，分别记作 F_x 和 F_y，正交分力的大小等于力在同轴上投影的绝对值。

分力是力矢量，而投影是代数量。若分力的指向与坐标轴同向，则投影为正，反之为负。

(3)合力投影定理。合力在某一轴上的投影等于力系中各分力在同一轴上投影的代数和。

2. 平面汇交力系的合成与平衡

(1)合成。平面汇交力系总可以合成为一个合力，其合力 F_R 的大小和方向分别是

$$F_R = \sqrt{\left(\sum F_x\right)^2 + \left(\sum F_y\right)^2}, \quad \tan\alpha = \left|\frac{\sum F_y}{\sum F_x}\right|$$

(2)平衡方程。平面汇交力系平衡的充分必要条件是力系的合力等于零，即力系中各分力在坐标轴上投影的代数和为零，即

$$\begin{cases} \sum F_x = 0 \\ \sum F_y = 0 \end{cases}$$

应用平衡方程求解问题时，只能列出两个独立的平衡，所以只能求解出两个未知量。同时，坐标轴应尽量选在与未知力垂直的方向上，这样可使计算更简便。

3. 力对点之矩、合力矩定理

(1)力矩。力使物体产生转动效应的度量称为力矩。力矩的大小等于力乘以力臂。力矩是代数量，有正负之分。

(2)合力矩定理。合力对某一点的力矩等于力系中各分力对同一点力矩的代数和。

4. 力偶、力偶系的合成与平衡

(1)力偶。大小相等、方向相反、作用线互相平行的两个力称为力偶。力偶的大小、转向、作用平面称为力偶的三要素。

(2)力偶的性质。

1)力偶无合力，在坐标轴上的投影之和为零。力偶不能与一个力等效，也不能用一个力来平衡，力偶只能用力偶来平衡。

2)力偶对其作用平面内任一点的力矩，恒等于其力偶矩，而与矩心的位置无关。

3）力偶可在其作用平面内任意平移，而不改变它对刚体的转动效应。

4）只要保持力偶矩的大小和力偶的转向不变，就可以同时改变力偶中力的大小和力臂的长短，而不会改变力偶对物体的转动外效应。

（3）力线平移定理。作用于物体上的力，可平移到物体上的任一点，但必须附加一力偶，附加力偶矩等于原力对平移点的力矩。

（4）平面力偶系的合成。平面力偶系可以合成为一个合力偶，合力偶矩的大小等于力偶系中各力偶矩的代数和，即

$$M=M_1+M_2+\cdots+M_n=\sum M_i$$

（5）平面力偶系的平衡。平面力偶系平衡的充分必要条件是：力偶系中各分力偶矩的代数和等于零，即 $\sum M_i=0$。

▲拓展阅读

牛顿三大运动定律

艾萨克·牛顿是人类历史上出现过的最伟大、最有影响的科学家之一，他同时也是物理学家、数学家和哲学家。他在 1687 年 7 月 5 日发表的著作《自然哲学的数学原理》里用数学方法阐明了宇宙中最基本的法则——万有引力定律和三大运动定律。这四条定律构成了一个统一的体系，被认为是"人类智慧史上最伟大的一个成就"，由此奠定了之后三个世纪中物理界的科学观点，并成为现代工程学的基础。

牛顿第一运动定律，简称牛顿第一定律，又称惯性定律、惰性定律。常见的表述为：任何物体都要保持匀速直线运动或静止状态，直到外力迫使它改变运动状态为止。牛顿第一定律只适用于惯性参考系。在惯性参考系中，质点不受外力作用时，其状态为静止或做匀速直线运动。牛顿第一定律在有加速度的非惯性参考系中是不适用的，这是因为不受外力的物体在非惯性参考系中也可能具有加速度，这与牛顿第一定律相悖。非惯性系中，要用非惯性系中的力学方程解力学问题。

牛顿第二运动定律，简称牛顿第二定律，又称加速度定律。常见表述为：物体的加速度跟物体所受的合外力成正比，跟物体的质量成反比，加速度的方向跟合外力的方向相同。牛顿第二定律是力的瞬时作用规律，力和加速度同时产生、同时变化、同时消失。$F=ma$ 是一个矢量方程，应用时应规定正方向，凡与正方向相同的力或加速度均取正值，反之取负值，一般常取加速度的方向为正方向。牛顿第二定律只适用于质点的运动。

牛顿第三运动定律，简称牛顿第三定律，又称作用力和反作用力定律。常见表述是：相互作用的两个物体之间的作用力和反作用力总是大小相等、方向相反、作用在同一条直线上。该定律表明：①力的作用是相互的，同时出现，同时消失；②相互作用力一定是相同性质的力；③作用力和反作用力作用在两个物体上，产生的作用不能相互抵消；④作用力也可以叫作反作用力，只是选择的参照物不同；⑤作用力和反作用力因为作用点不在同一个物体上，因此不能求合力。

习　题　二

一、填空题

1. 已知一个力的两个投影为 F_x 和 F_y，则这个力的大小 $F=$ ＿＿＿＿＿＿＿＿＿＿，方向角 $\alpha=$ ＿＿＿＿＿＿＿＿＿＿（α 为力 F 的作用线与 x 轴所夹的锐角）。

2. 平面汇交力系的合力 F_R 在坐标轴上的投影等于 ＿＿＿＿＿＿＿＿＿＿ 在坐标轴上投影的 ＿＿＿＿＿＿＿＿＿＿，即 $F_{Rx}=$ ＿＿＿＿＿＿＿＿，$F_{Ry}=$ ＿＿＿＿＿＿＿＿。

3. 平面汇交力系的合力为 F_R，已知其投影分别为 $F_{Rx}=\sum F_x$，$F_{Ry}=\sum F_y$，则合力的大小 $F_R=$ ＿＿＿＿＿＿＿＿＿＿＿，合力 F_R 的方向角 $\alpha=$ ＿＿＿＿＿＿＿＿＿＿。

4. 平面汇交力系平衡的充分必要条件是力系的 ＿＿＿＿＿＿＿＿，由平衡条件可得到 ＿＿＿＿＿＿ 个独立的平衡方程，即 ＿＿＿＿＿＿＿＿，＿＿＿＿＿＿＿＿，可以解出 ＿＿＿＿＿＿＿＿ 个未知力。

5. 列平衡方程求解平面汇交力系平衡问题时，坐标轴应尽量选在与未知力 ＿＿＿＿＿＿＿＿ 的方向上，这样可以列一个方程求解出一个未知力，避免了求解联立方程组，使计算简便。

6. 力矩是指 ＿＿＿＿＿＿＿＿＿＿＿＿＿＿＿＿＿＿＿，力矩的单位是 ＿＿＿＿＿＿＿＿＿，力矩用符号 ＿＿＿＿＿＿＿＿ 表示。力矩有正负之分，＿＿＿＿＿＿＿＿ 转向规定为正。

7. 求力 F 对某点 O 的力矩时，若力臂不易确定，可用合力矩定理，力矩大小等于力 F 的两个正交分力对 O 点力矩的 ＿＿＿＿＿＿＿＿＿，用公式表示为 ＿＿＿＿＿＿＿＿＿＿＿＿＿＿＿。

8. 力偶的定义是 ＿＿＿＿＿＿＿＿＿＿＿＿＿＿＿＿＿＿＿＿＿＿＿＿＿＿＿＿＿＿＿＿。

9. 力偶在坐标轴上的投影等于 ＿＿＿＿＿＿＿＿，力偶不能与一个 ＿＿＿＿＿＿＿＿ 等效，力偶只能用 ＿＿＿＿＿＿＿＿ 来平衡。

10. 力偶对物体的转动外效应与作用在平面内的 ＿＿＿＿＿＿＿＿ 无关，可以在其 ＿＿＿＿＿＿＿＿ 上任意平移。

11. 作用于物体上的力，可平移到物体上的 ＿＿＿＿＿＿＿＿＿＿，但必须附加一个 ＿＿＿＿＿＿，附加力偶矩等于 ＿＿＿＿＿＿＿＿＿＿＿＿＿＿＿。

12. 平面力偶系总可以合成为一个 ＿＿＿＿＿＿＿＿，其合力偶矩等于各分力偶矩的 ＿＿＿＿＿＿＿＿。

13. 平面力偶系平衡的充分必要条件是 ＿＿＿＿＿＿＿＿＿＿＿＿＿＿＿＿＿。

二、单项选择题

1. 力偶对物体产生的运动效应为（　　　）。

A. 只能使物体转动

B. 只能使物体移动

C. 既能使物体转动，又能使物体移动

D. 它与力对物体产生的运动效应有时相同，有时不同

2. 如图 2.21 所示，半径为 r 的鼓轮上作用有一力偶 M，与鼓轮左边重力为 P 的重物使鼓轮处于平衡，轮的状态表明（　　　）。

A. 力偶可以与一个力平衡　　　　　　　B. 力偶不能与力偶平衡

C. 力偶只能与力偶平衡　　　　　　　　D. 一定条件下，力偶可以与一个力平衡

3. 平面汇交力系平衡的充分必要条件是该力系的（　　　）为零。

A.合力偶   B.合力   C.主矢   D.主矢和主矩

4.平面力偶系合成的结果是一个( )。

A.合力   B.合力偶   C.力矩   D.主矢和主矩

5.如图 2.22 所示,力 $F=2$ kN 对 A 点之矩为( )。

A.2 kN·m   B.4 kN·m   C.−2 kN·m   D.−4 kN·m

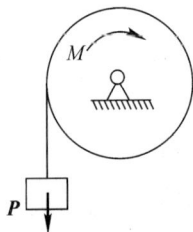 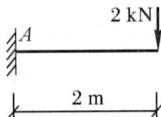

图 2.21   图 2.22

6.力在某轴上的投影和沿某轴方向上的分力( )。

A.两者都是矢量   B.两者都是代数量

C.投影为代数量,分力为矢量   D.投影为矢量,分力为代数量

7.关于力偶性质的下列说法中,表达有错误的是( )。

A.力偶无合力

B.力偶对其作用平面内任一点的力矩均相等,与矩心位置无关

C.若力偶矩的大小和力偶的转向不变,可同时改变力的大小和力偶臂的长度,而不会改变力偶对物体的转动外效应

D.改变力偶在其作用面内的位置,将改变它对物体的作用效果

8.关于力偶,下列说法中正确的是( )。

A.组成力偶的两个力大小相等、方向相反,是一对作用力与反作用力

B.组成力偶的两个力大小相等、方向相反,是平衡力系

C.力偶对其作用平面内任一点之矩恒等于其力偶矩

D.力偶在任一坐标轴的投影,等于该力偶矩的大小

三、作图题

1.在图 2.23(a)所示结构中,在销钉 B 上作用有一外力 F,画出销钉 B 的受力图。

2.图 2.23(b)所示为一夹具增力机构,画出物块 A、物块 B 的受力图。

3.图 2.23(c)所示为四连杆机构,销钉 B、C 上分别作用有外力 F_1、F_2,画出销钉 B、C 的受力图。

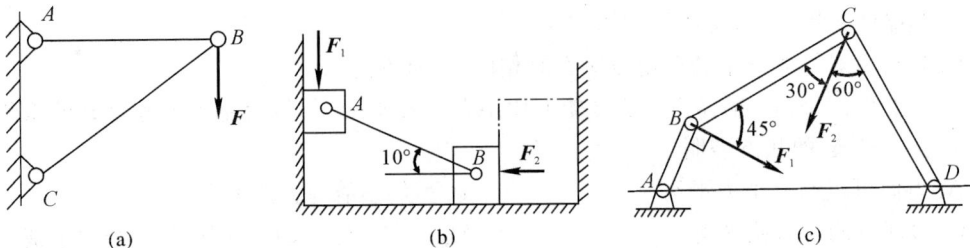

(a)   (b)   (c)

图 2.23

四、计算题

1. 在桁架节点 O 上作用着四个力，$F_1=60$ kN，$F_2=50$ kN，$F_3=30$ kN，$F_4=40$ kN，方向如图 2.24 所示。试求合力的大小和方向。

2. 环形螺栓上受三根绳索拉力作用，三个力的大小分别为 $F_1=2$ kN，$F_2=2.5$ kN，$F_3=1.5$ kN，方向如图 2.25 所示，求合力的大小和方向。

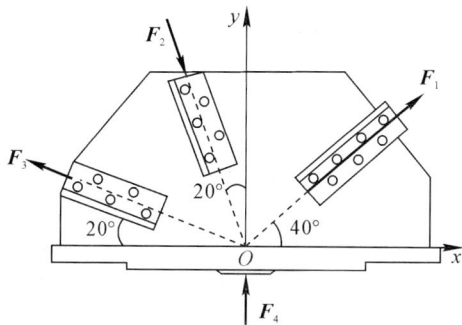

图　2.24

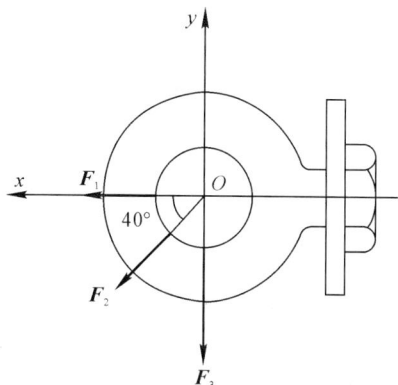

图　2.25

3. 计算图 2.26 中各力 F 对点 O 的力矩。

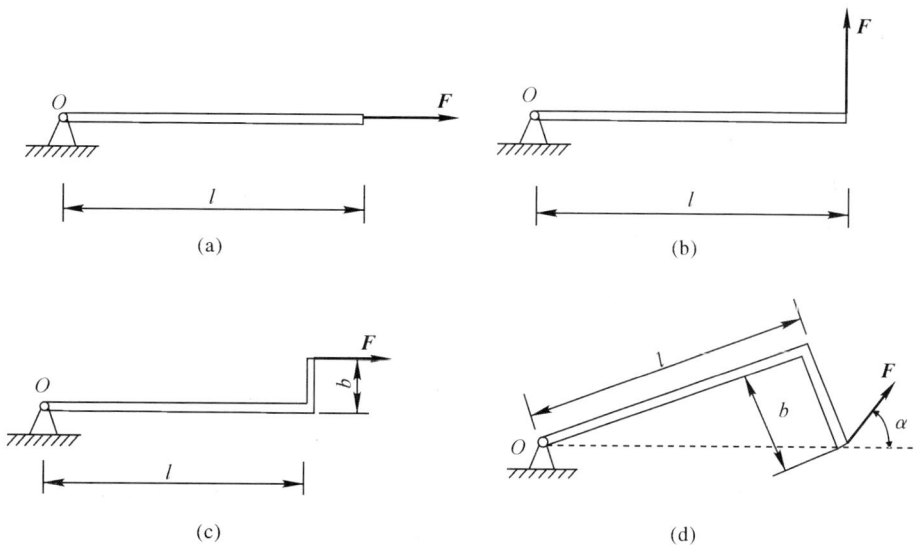

图　2.26

4. 如图 2.27 所示，圆柱直齿轮受到啮合力 F 的作用。设 $F=1\,400$ N，压力角 $\alpha=20°$，齿轮的节圆（啮合圆）直径 $D=120$ mm，求力 F 对齿轮轴心 O 的力矩。

5. 如图 2.28 所示，平面机构 $ABCD$ 中的 $AB=10$ cm，$CD=22$ cm，杆 AB、CD 上各作用有一个力偶，在图示位置处于平衡。已知 $M_1=0.4$ kN·m，不计杆重，求 A、D 两处的约束力及力偶矩 M_2。

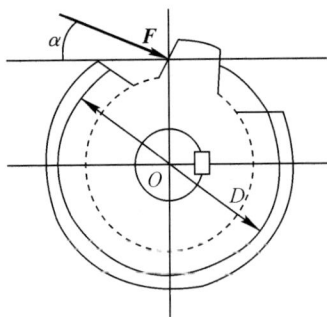

图 2.27

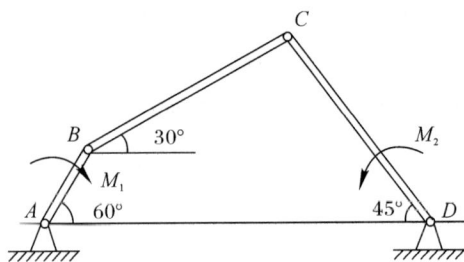

图 2.28

6.已知梁 AB 上作用有一力偶,力偶矩为 M,梁长为 l,不计梁重。求在图 2.29(a)～(c)三种情况下支座 A 和 B 的约束力。

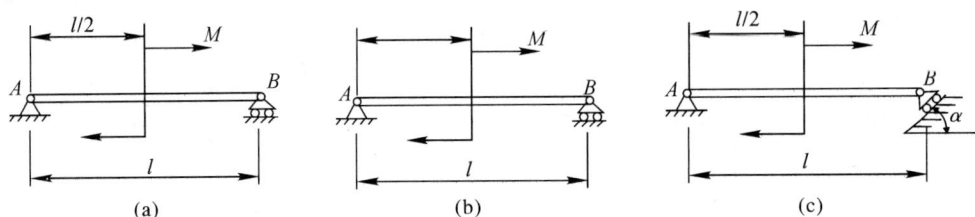

(a)　　　　　　(b)　　　　　　(c)

图　2.29

7.如图 2.30 所示,杆 AB 和杆 AC 铰接于点 A,在销钉 A 上挂一重力为 G 的物体,求杆 AB、AC 所受力的大小。

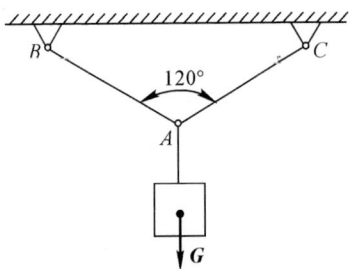

图　2.30

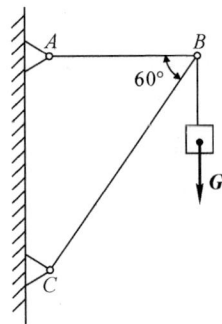

图　2.31

8.如图 2.31 所示支架,在销钉 B 上挂一重力为 G 的物体,求杆 AB、BC 所受的力。

9.如图 2.32 所示的连杆增力机构,在滑块 A 上作用一力 F 使工件夹紧,杆 AB 与水平方向的夹角 $\alpha=15°$,不计杆 AB 及滑块自重,求工件所受的夹紧力 F_Q 的大小。

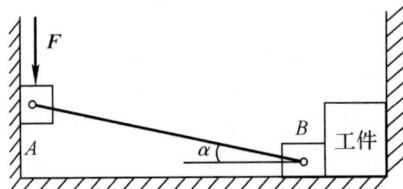

图　2.32

第3章 平面任意力系

本章主要研究平面任意力系的简化及平衡方程的应用问题,介绍均布载荷、物体系统的平衡以及静定与超静定问题。

各力的作用线位于同一平面内,既不平行又不汇交于一点的力系,称为**平面任意力系**。图 3.1 所示的悬臂吊车的横梁 AB 的受力就是平面任意力系的工程实例。

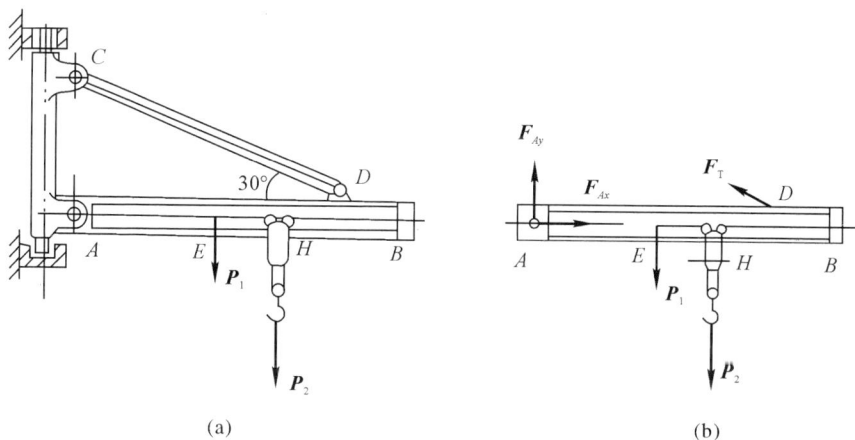

(a)　　　　　　　　　　　　(b)

图　3.1

3.1　平面任意力系的简化

3.1.1　平面任意力系向平面内任一点简化

设作用于刚体上的平面任意力系为 $F_1, F_2, \cdots, F_n$,如图 3.2(a)所示。在力系所在平面内任取一点 O 为**简化中心**,根据力线平移定理,将力系中各力依次分别平移至点 O,得到作用于点 O 的平面汇交力系 $F_1', F_2', \cdots, F_n'$ 和一个平面力偶系 $M_1, M_2, \cdots, M_n$,如图 3.2(b)所示。

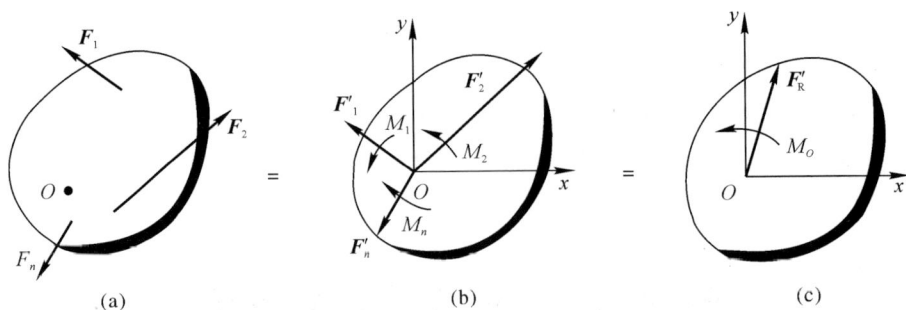

图　3.2

1. 力系的主矢 F_R'

平移力 $F_1', F_2', \cdots, F_n'$ 组成的平面汇交力系的合力 F_R'，称为**平面任意力系的主矢**。由平面汇交力系的合成可知，主矢 F_R' 等于各分力的矢量和，作用在简化中心 O 上，如图3.2(c)所示。主矢 F_R' 的大小和方向为

$$F_R' = \sqrt{\left(\sum F_x'\right)^2 + \left(\sum F_y'\right)^2} = \sqrt{\left(\sum F_x\right)^2 + \left(\sum F_y\right)^2}$$

$$\tan\alpha = \left|\frac{\sum F_y}{\sum F_x}\right| \tag{3-1}$$

2. 力系的主矩 M_O

附加力偶 $M_1, M_2, \cdots, M_n$ 组成的平面力偶系的合力偶矩 M_O，称为**平面任意力系的主矩**。由平面力偶系的合成可知，主矩等于各附加力偶矩的代数和。由于每一附加力偶矩都等于原力对简化中心的力矩，所以主矩等于各分力对简化中心力矩的代数和，作用在力系所在的平面上，如图 3.2(c)所示，即

$$M_O = \sum M = \sum M_O(F) \tag{3-2}$$

综上所述，**平面任意力系向平面内任一点简化，得到一主矢 F_R' 和一主矩 M_O，主矢的大小等于原力系中各分力投影代数和的二次方和再开方，作用在简化中心上，其大小和方向都与简化中心的选取无关。主矩的大小等于原力系各分力对简化中心力矩的代数和**，其值一般与简化中心的选取有关。

3.1.2　平面任意力系的简化结果分析

平面任意力系向平面内任一点简化，得到一主矢和一主矩，但这并不是力系简化的最终结果，因此有必要进一步分析。

(1)若 $F_R' \neq 0, M_O \neq 0$，根据力线平移定理的逆过程，可将主矢 F_R' 和主矩 M_O 合成为一个力 F_R，这个力就是任意力系的合力。因此，力系简化的最终结果是力系的合力 F_R，其大小和方向与主矢 F_R' 相同，其作用线与主矢的作用线平行，且二者的距离为 $d = M_O/F_R'$。合成过程如图 3.3 所示。

(2)若 $F_R \neq 0, M_O = 0$，力系的简化中心正好选在了力系合力 F_R 的作用线上，主矩等于零，则主矢 F_R' 就是力系的合力 F_R，作用线通过简化中心。

（3）若 $F'_R=0,M_O\neq0$，表明力系与一个力偶系等效，原力系为一平面力偶系，其合力偶矩等于原力系的主矩，且主矩与简化中心的位置无关。

（4）若 $F'_R=0,M_O=0$，则原力系简化后得到的汇交力系和力偶系都平衡，所以原力系为平衡力系。

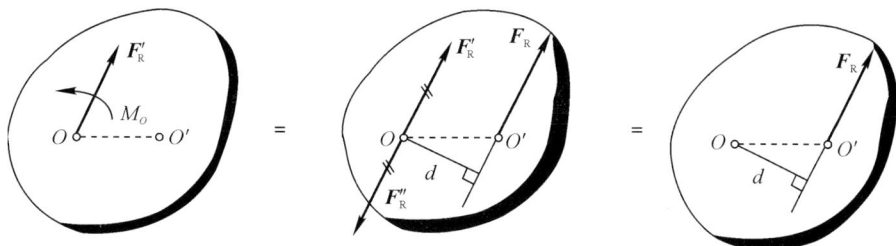

图　3.3

【例 3-1】　图 3.4(a)所示的正方形平面板的边长为 $4a$，其上 A、O、B、C 四点处的作用力分别为 $F_1=F,F_2=2\sqrt{2}F,F_3=2F,F_4=3F$。求作用在板上该力系的合力 $\boldsymbol{F}_R$。

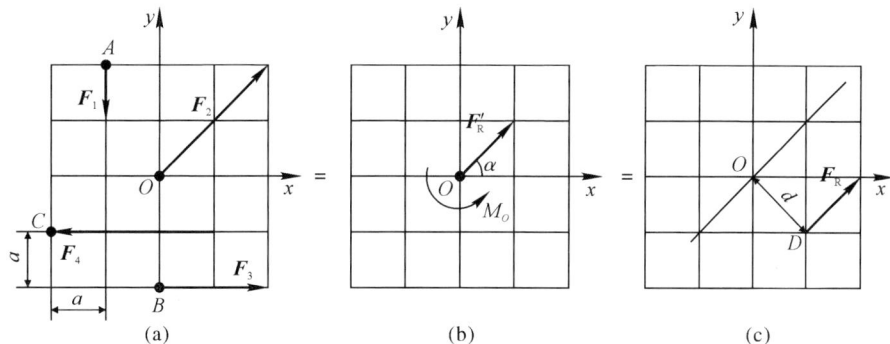

图　3.4

解　（1）选 O 点为简化中心，建立图 3.4(a)所示的坐标系，求力系的主矢和主矩。有

$$\sum F_x=F_{1x}+F_{2x}+F_{3x}+F_{4x}=0+2F+2F-3F=F$$

$$\sum F_y=F_{1y}+F_{2y}+F_{3y}+F_{4y}=-F+2F+0+0=F$$

主矢的大小为

$$F'_R=\sqrt{\left(\sum F_x\right)^2+\left(\sum F_y\right)^2}=\sqrt{F^2+F^2}=\sqrt{2}F$$

主矢的方向为

$$\tan\alpha=\left|\frac{\sum F_y}{\sum F_x}\right|=\frac{F}{F}=1,\quad \alpha=45°$$

主矩的大小为

$$M_O=\sum M_O(\boldsymbol{F})=F_1a+F_3\times2a-F_4a=Fa+4Fa-3Fa=2Fa$$

主矩的方向为逆时针。

力系向 O 点简化的结果如图 3.4(b)所示。

（2）由于 $F'_R\neq0,M_O\neq0$，所以力系可以合成为一个合力 $\boldsymbol{F}_R$，即

$$F_R = F'_R = \sqrt{2} F$$

合力 $\boldsymbol{F}_R$ 的作用线到 O 点的距离为

$$d = \frac{M_O}{F'_R} = \frac{2Fa}{\sqrt{2}F} = \sqrt{2}a$$

如图 3.4(c)所示,力系的合力 F_R 的作用线通过 D 点。

3.2 平面任意力系的平衡方程及其应用

3.2.1 平衡条件和平衡方程

由 3.1 节的简化结果分析可知,当平面任意力系简化后的主矢和主矩都为零时,力系处于平衡。同理,若力系是平衡力系,则该力系向平面内任一点简化的主矢和主矩必然为零。因此,平面任意力系平衡的必要与充分条件为: $F'_R = 0, M_O = 0$,即

$$F'_R = \sqrt{\left(\sum F_x\right)^2 + \left(\sum F_y\right)^2} = 0, \quad M_O = \sum M_O(\boldsymbol{F}) = 0$$

由此可得,平面任意力系的平衡方程为

$$\left.\begin{array}{l} \sum F_x = 0 \\ \sum F_y = 0 \\ \sum M_O(\boldsymbol{F}) = 0 \end{array}\right\} \tag{3-3}$$

式(3-3)是**平面任意力系平衡方程的基本形式**,也称为**一矩式方程**。这是一组三个独立的方程,故只能求解出三个未知数。另外,平面任意力系的平衡方程还可写成其他两种形式。

若三个平衡方程中有两个力矩方程和一个投影方程,则称为**二矩式方程**,即

$$\left.\begin{array}{l} \sum F_x = 0 \\ \sum M_A(\boldsymbol{F}) = 0 \\ \sum M_B(\boldsymbol{F}) = 0 \end{array}\right\} \tag{3-4}$$

应用二矩式方程时,所选坐标轴 x 不能与矩心 A、B 的连线垂直。

若三个平衡方程都是力矩方程,则称为**三矩式方程**,即

$$\left.\begin{array}{l} \sum M_A(\boldsymbol{F}) = 0 \\ \sum M_B(\boldsymbol{F}) = 0 \\ \sum M_C(\boldsymbol{F}) = 0 \end{array}\right\} \tag{3-5}$$

应用三矩式方程时,所选矩心 A、B、C 三点不能在同一条直线上。

3.2.2 平衡方程的应用

应用平面任意力系平衡方程求解工程实际问题,首先要为工程结构和构件选择合适的

简化平面,画出其平面简图;其次确定研究对象,取出分离体,画出其受力图;最后列平衡方程求解。

　　列平衡方程时要注意坐标轴的选取和矩心的选择。为使求解简便,坐标轴一般选在与未知力垂直的方向上,矩心可选在未知力的作用点(或交点)上。

　　【例 3 - 2】　悬臂式起重机如图 3.5(a)所示,水平梁 AB 受钢索的拉力 $\boldsymbol{F}_\mathrm{T}$ 和 A 点的固定铰支座约束力作用。已知梁 AB 的自重 $G_1 = 4$ kN,电葫芦与重物总重 $G_2 = 20$ kN,梁 AB 的长度 $l = 2$ m,电葫芦距 A 点的距离 $x = 1.5$ m,钢索的倾角 $\alpha = 30°$,求钢索的拉力 $\boldsymbol{F}_\mathrm{T}$ 和 A 点处固定铰支座的约束力。

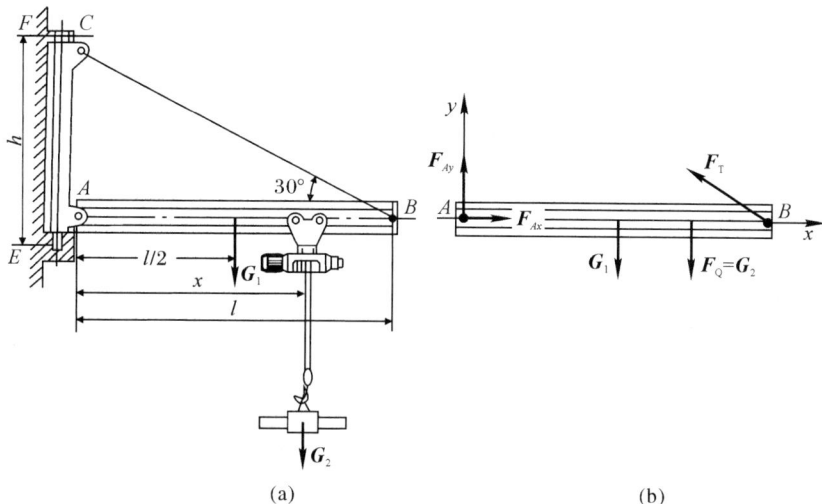

(a)　　　　　　　　　　　　　　　　(b)

图　3.5

　　解　(1)以水平梁 AB 为研究对象,取出分离体,画出受力图,如图 3.5(b)所示。

(2)建立直角坐标系,矩心选在 A 点,列平衡方程,即

$$\sum M_A(\boldsymbol{F}) = 0, \quad F_\mathrm{T}\sin30°l - G_1\frac{l}{2} - G_2 x = 0$$

$$F_\mathrm{T} = G_1 + \frac{2G_2 x}{l} = 34 \text{ kN}$$

$$\sum F_x = 0, \quad F_{Ax} - F_\mathrm{T}\cos30° = 0$$

$$F_{Ax} = F_\mathrm{T}\cos30° = 29.4 \text{ kN}$$

$$\sum F_y = 0, \quad F_{Ay} - G_1 - G_2 + F_\mathrm{T}\sin30° = 0$$

$$F_{Ay} = G_1 + G_2 - F_\mathrm{T}\sin30° = 7 \text{ kN}$$

　　本题也可采用三矩式方程来求解,受力图如图 3.5(b)所示,分别选取 A、B、C 三点为矩心,列平衡方程,即

$$\sum M_A(\boldsymbol{F}) = 0, \quad F_\mathrm{T}\sin30°l - G_1\frac{l}{2} - G_2 x = 0$$

$$F_\mathrm{T} = G_1 + \frac{2G_2 x}{l} = 34 \text{ kN}$$

$$\sum M_B(\boldsymbol{F}) = 0, \quad G_1\frac{l}{2} + G_2(l - x) - F_{Ay}l = 0$$

$$F_{Ay} = \frac{G_1}{2} + \frac{G_2(l-x)}{l} = 7 \text{ kN}$$

$$\sum M_C(\boldsymbol{F}) = 0, \quad F_{Ax}l\tan30° - G_1\frac{l}{2} - G_2x = 0$$

$$F_{Ax} = \frac{G_1\dfrac{l}{2} + G_2x}{l\tan30°} = 29.4 \text{ kN}$$

【例 3-3】 图 3.6(a)所示为高炉送料小车的平面简图,小车由钢索牵引沿倾角为 α 的轨道匀速上升,已知小车的重力 **G** 和尺寸 a、b、h、α,不计小车和轨道之间的摩擦,试求钢索的拉力 **F**_T 和轨道对小车的约束力。

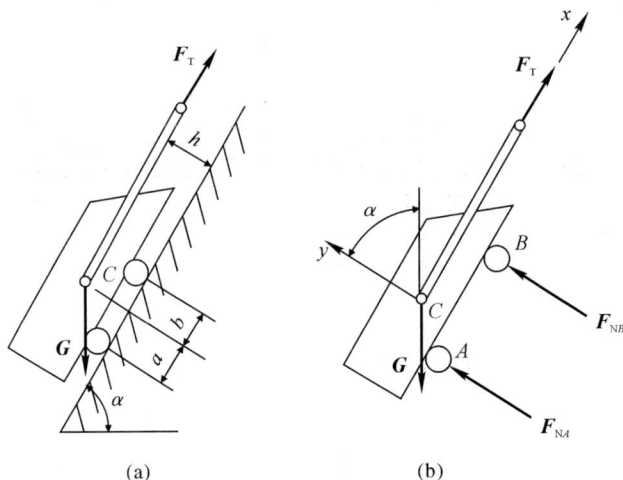

图 3.6

解 (1)以小车为研究对象,取出分离体,画出受力图,如图 3.6(b)所示。

(2)沿斜面方向建立坐标系,坐标轴与未知力垂直。本题中未知力无交点,矩心可选在未知力 F_{NA} 或 F_{NB} 的作用点上,列平衡方程,即

$$\sum F_x = 0, \quad F_T - G\sin\alpha = 0$$

$$F_T = G\sin\alpha$$

$$\sum M_A(\boldsymbol{F}) = 0, \quad F_{NB}(a+b) - F_T h + G\sin\alpha h - G\cos\alpha a = 0$$

$$F_{NB} = \frac{Ga\cos\alpha}{a+b}$$

$$\sum F_y = 0, \quad F_{NA} + F_{NB} - G\cos\alpha = 0$$

$$F_{NA} = G\cos\alpha - \frac{Ga\cos\alpha}{a+b} = \frac{Gb\cos\alpha}{a+b}$$

由以上例题可知,列平衡方程求解平面任意力系平衡问题时,与列方程的先后次序无关。在选取了适当的坐标系和矩心后,要注意分析所要列出的投影方程或力矩方程中包含几个未知力,一般先列出只含一个未知力的方程,从而解出一个未知力,避免了联立求解方程组,使求解过程更简单。

3.2.3　平面平行力系的平衡方程

各力的作用线共面且相互平行的力系称为**平面平行力系**。平面平行力系是平面任意力系的特例，也满足平面任意力系的平衡方程。如图 3.7 所示，若选取 x 轴与各力垂直，则不论力系是否平衡，各力在 x 轴上的投影恒为零，即 $\sum F_x \equiv 0$。恒等式显然不能表示平衡条件，因此，平面平行力系的独立平衡方程只有两个。

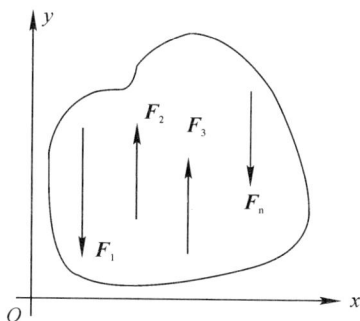

图　3.7

1. 基本形式

由式(3-3)，去掉恒等式 $\sum F_x \equiv 0$，得

$$\left.\begin{array}{l} \sum F_y = 0 \\ \sum M_O(\boldsymbol{F}) = 0 \end{array}\right\} \tag{3-6}$$

2. 二矩式

由式(3-4)，去掉恒等式 $\sum F_x = 0$，得

$$\left.\begin{array}{l} \sum M_A(\boldsymbol{F}) = 0 \\ \sum M_B(\boldsymbol{F}) = 0 \end{array}\right\} \tag{3-7}$$

注意：应用此二矩式方程时，矩心 A、B 的连线不能与各力的作用线平行。

3.3　均　布　载　荷

3.3.1　均布载荷的定义

载荷集度为常量的分布载荷，称为**均布载荷**。这里只讨论在构件某一段长度上均匀分布的载荷，其载荷集度 q 是每单位长度上作用力的大小，单位是 N/m。

均布载荷可简化为一合力，常用 $\boldsymbol{F}_Q$ 表示，合力的大小 F_Q 等于载荷集度 q 与其分布长度 l 的乘积，即 $F_Q = ql$。合力 $\boldsymbol{F}_Q$ 的作用点在其分布长度的中点处，方向与 q 同向。

3.3.2　均布载荷求力矩

由合力矩定理可知，均布载荷对平面上任一点 O 的力矩等于均布载荷的合力 $\boldsymbol{F}_Q$ 与分

布长度中点到 O 点距离的乘积，如图 3.8 所示，即 $M_O(\boldsymbol{F}_Q)=ql\left(\dfrac{l}{2}+x\right)$。

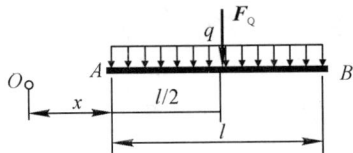

图 3.8

【例 3-4】 图 3.9(a)所示为一水平外伸梁。若均布载荷 $q=20$ kN/m，外力 $F=20$ kN，力偶矩 $M=16$ kN·m，$a=0.8$ m，求 A、B 两点的约束力。

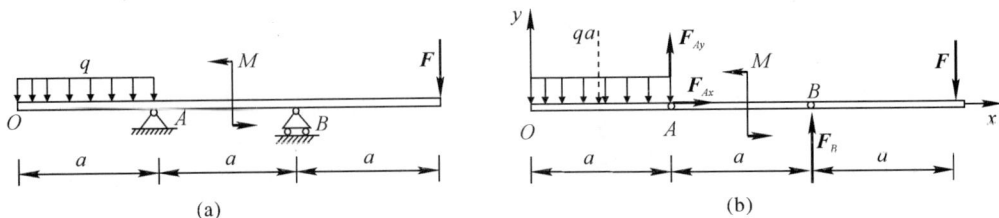

图 3.9

解 (1)选取梁为研究对象，取出分离体，画出受力图，如图 3.9(b)所示，其中均布载荷的合力为 qa，作用于 OA 的中点。

(2)建立坐标系，选取点 A 为矩心，列平衡方程，即

$$\sum M_A(\boldsymbol{F})=0,\quad qa\cdot\frac{a}{2}+M+F_B\cdot a-F\cdot 2a=0$$

$$\sum F_x=0,\quad F_{Ax}=0$$

$$\sum F_y=0,\quad F_{Ay}+F_B-qa\quad F=0$$

解得 $\qquad F_{Ax}=0,\quad F_{Ay}=24$ kN，$\quad F_B=12$ kN

3.4 物体系统的平衡

3.4.1 静定与静不定(超静定)问题的概念

从前面的讨论中可以看出，每一种力系的独立平衡方程的数目都是一定的：平面任意力系有三个，平面汇交力系和平面平行力系各有两个，平面力偶系则只有一个独立平衡方程。因此，对每一种力系来说，能求解的未知量的数目也是一定的。如果所研究的问题的未知力的数目等于对应的独立平衡方程的数目，未知力就可全部由平衡方程求得，这类问题称为**静定问题**。图 3.10(a)(c)所示为静定问题。

在工程实际中，有时为了提高结构的刚度和坚固性，常常增加多余的约束，因而使这些结构的未知力的数目多于独立平衡方程的数目，这类问题就称为**静不定问题**，也叫超静定问题，图 3.10(b)(d)所示为静不定问题。对于静不定问题，必须考虑物体因受力作用而产生的变形，列出补充方程才能求解。

静力学中把物体抽象为刚体,略去了物体的变形。显然静不定问题已超出刚体静力学的范围,这类问题将在后面的材料力学部分讨论。

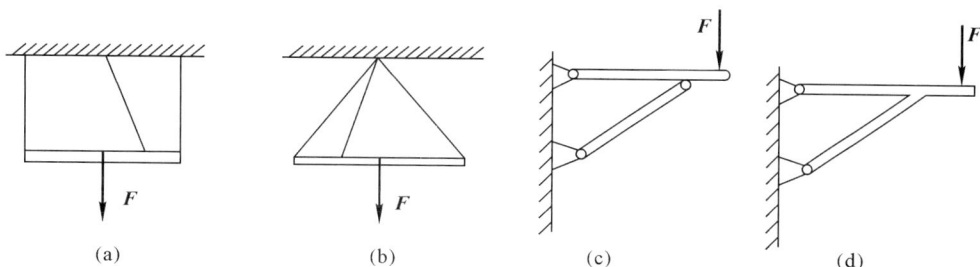

图　3.10

3.4.2　物体系统的平衡

工程机械和结构都是由若干个构件通过一定约束连接组成的系统,叫作**物体系统**,简称**物系**。求解物系的平衡问题时,不仅要考虑系统以外物体对系统的作用力,同时还要分析系统内各构件之间的作用力。系统以外的物体对系统的作用力,称为**物系的外力**;系统内部各构件之间的相互作用力,称为**物系的内力**。物系的外力与内力是个相对的概念。当研究整个物系的平衡时,由于内力总是成对出现、相互抵消,因此可以不予考虑;当研究系统中某一构件或部分构件的平衡时,系统中其他构件对其作用力就成为这一构件或这部分构件的外力,必须予以考虑。

若整个物系处于平衡,那么组成物系的各个构件也平衡。因此在求解时,既可以选整个系统为研究对象,也可以选单个构件或部分构件为研究对象。对于所选的每一种研究对象,一般情况下(平面任意力系)可列出三个独立的平衡方程,分别取物系中 n 个构件为研究对象,最多可列出 $3n$ 个独立平衡方程,解出 $3n$ 个未知量。若所选的研究对象中有平面汇交力系(或平行力系、力偶系),独立平衡方程的数目将相应地减少。

【**例 3 - 5**】　如图 3.11(a)所示,人字形折梯放在光滑地面上,重力为 $P=800$ N 的人站在梯子 AC 边的中点 H 处,C 是中间铰。已知 $AC=BC=2$ m,$AD=EB=0.5$ m,不计梯子的自重。求地面 A、B 两处的约束力和绳 DE 的拉力。

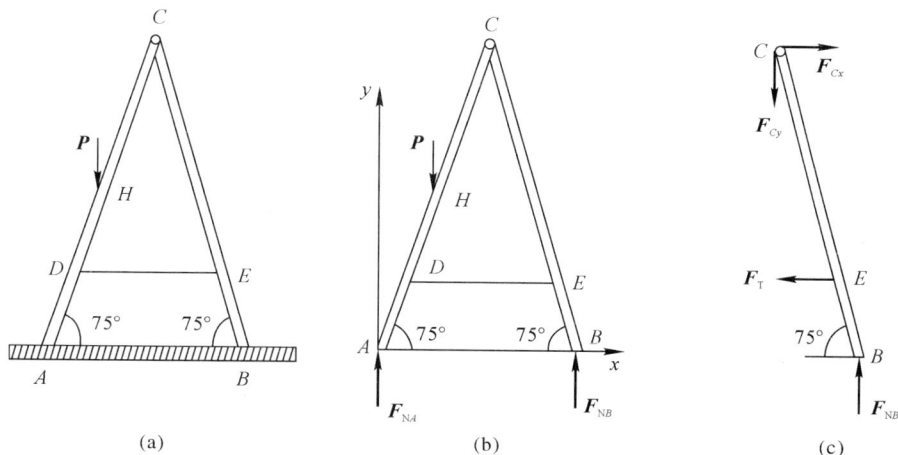

图　3.11

解 (1)首先取梯子整体为研究对象,受力图如图 3.11(b)所示。

(2)建立坐标系,取点 A 为矩心,列平衡方程求解,即

$$\sum M_A(\boldsymbol{F})=0, \quad F_{NB}(AC+BC)\cos75°-\frac{1}{2}P \cdot AC\cos75°=0$$

$$F_{NB}=\frac{P \cdot AC}{2(AC+BC)}=200 \text{ N}$$

$$\sum F_y=0, \quad F_{NA}+F_{NB}-P=0$$

$$F_{NA}=P-F_{NB}=600 \text{ N}$$

(3)为求出绳子 DE 的拉力,取 BC 为研究对象,受力图如图 3.11(c)所示,选 C 点为矩心,列出平衡方程,即

$$\sum M_C(\boldsymbol{F})=0, \quad F_{NB} \cdot BC\cos75°-F_T \cdot EC\sin75°=0$$

$$F_T=\frac{F_{NB} \cdot BC\cos75°}{EC\sin75°}=\frac{200\times2\times\cos75°}{1.5\times\sin75°} \text{ N}=71.5 \text{ N}$$

【例 3 - 6】 如图 3.12(a)所示,组合梁由 AB 和 BC 组成,B 点为中间铰,A 点为固定端,已知 $F=20 \text{ kN}$,$q=5 \text{ kN/m}$,$\alpha=45°$,求 A、B、C 三点的约束力。

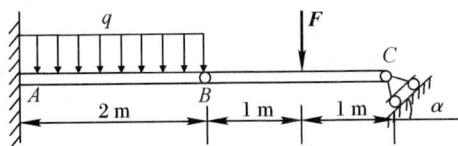

(a)

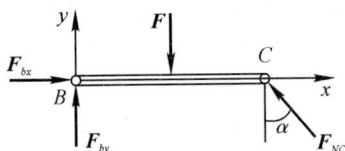

(b)

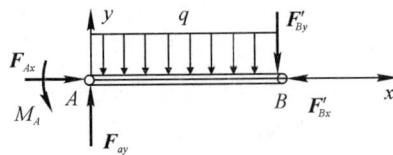

(c)

图 3.12

解 先取 BC 梁为研究对象,受力图及坐标系如图 3.12(b)所示,列平衡方程,即

$$\sum M_C(\boldsymbol{F})=0, \quad F\times1-F_{By}\times2=0$$

$$F_{By}=10 \text{ kN}$$

$$\sum F_y=0, \quad F_{By}-F+F_{NC}\cos45°=0$$

$$F_{NC}=14.14 \text{ kN}$$

$$\sum F_x=0, \quad F_{Bx}-F_{NC}\sin45°=0$$

$$F_{Bx}=10 \text{ kN}$$

再取 AB 梁为研究对象,受力图及坐标系如图 3.12(c)所示,列平衡方程,即

$$\sum F_x=0, \quad F_{Ax}-F'_{Bx}=0$$

$$F_{Ax}=10 \text{ kN}$$

$$\sum F_y = 0, \quad F_{Ay} - F'_{By} - 2q = 0$$

$$F_{Ay} = 20 \text{ kN}$$

$$\sum M_A(\boldsymbol{F}) = 0, \quad M_A - 1 \cdot 2q - 2F'_{By} = 0$$

$$M_A = 30 \text{ kN} \cdot \text{m}$$

小　　结

1. **平面任意力系的简化**

(1)简化结果。

1)主矢 $F'_R = \sqrt{\left(\sum F_x\right)^2 + \left(\sum F_y\right)^2}$，作用在简化中心上，其大小和方向与简化中心的选取无关。

2)主矩 $M_O = \sum M_O(\boldsymbol{F})$，与简化中心的选取有关。

(2)简化结果的讨论。

1)若 $F'_R \neq 0, M_O \neq 0$，合力 $F_R = F'_R$，则合力 $\boldsymbol{F}_R$ 的作用线与简化中心的距离 $d = M_O / F'_R$。

2)若 $F'_R \neq 0, M_O = 0$，合力 $F_R = F'_R$，则合力作用线通过简化中心。

3)若 $F'_R = 0, M_O \neq 0$，原力系为一平面力偶系，则主矩与简化中心的位置无关。

4)若 $F'_R = 0, M_O = 0$，则力系为平衡力系。

2. **平衡方程**

$$\text{一矩式} \begin{cases} \sum F_x = 0 \\ \sum F_y = 0 \\ \sum M_O(\boldsymbol{F}) = 0 \end{cases}, \quad \text{二矩式} \begin{cases} \sum F_x = 0 \\ \sum M_A(\boldsymbol{F}) = 0, \\ \sum M_B(\boldsymbol{F}) = 0 \end{cases} \quad \text{三矩式} \begin{cases} \sum M_A(\boldsymbol{F}) = 0 \\ \sum M_B(\boldsymbol{F}) = 0 \\ \sum M_C(\boldsymbol{F}) = 0 \end{cases}$$

二矩式方程中 A、B 两点的连线不能与投影轴垂直，三矩式方程中 A、B、C 三点不能共线。

3. **平面平行力系的平衡方程**

$$\text{基本形式} \begin{cases} \sum F_y = 0 \\ \sum M_A(\boldsymbol{F}) = 0 \end{cases}, \quad \text{二矩式} \begin{cases} \sum M_O(\boldsymbol{F}) = 0 \\ \sum M_B(\boldsymbol{F}) = 0 \end{cases}$$

二矩式方程中矩心 A、B 的连线不能与各力的作用线平行。

4. **均布载荷**

(1)均布载荷的合力。均布载荷的合力 $\boldsymbol{F}_Q$ 的大小等于载荷集度 q 与其分布长度 l 的乘积，即 $F_Q = ql$。合力 $\boldsymbol{F}_Q$ 的作用点在其分布长度的中点处,方向与 q 同向。

(2)均布载荷求力矩。均布载荷对平面上任一点 O 的力矩等于均布载荷的合力 $\boldsymbol{F}_Q$ 与分布长度中点到 O 点距离的乘积。

5. **物体系统的平衡**

(1)静定与静不定的概念。力系中未知量的数目少于或等于独立平衡方程数目的问题称为静定问题;力系中未知量的数目多于独立平衡方程数目的问题称为静不定问题。

(2)物系平衡问题解法。整个物系处于平衡,组成物系的各个构件也处于平衡。可以选整个物系为研究对象,也可选单个构件或部分构件为研究对象。

▲拓展阅读

兰卡威天空之桥

郁郁葱葱的丛林之中,一座弯曲的大桥横空跃出,这就是位于马来西亚兰卡威的 Gunung Mat Cincang 峰顶的兰卡威天桥(2005 年)。该桥全长 125 m,桥面宽 1.8 m,由钢桁架和混凝土板组成,其中,钢桁架设置为倒三角形,增大上部桥面的支撑面积,整桥由"两段直梁+三段曲梁"组成,每段长 25 m。令人称奇的是,这样的结构仅由一根倾斜的主塔撑起,主塔倾斜角度大约为 78°,一侧由两根主缆拉住,另一侧利用 8 根索缆吊起弯曲的桥面。如图 3.13 所示,整个天桥由 5 段组成,两侧的直梁为悬臂结构,向外伸出,中间三段由斜塔上的缆索吊起,为了平衡,斜塔的另一侧再由两根索缆固定。

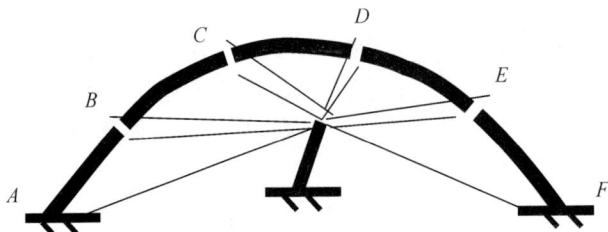

图 3.13

主塔、索缆是兰卡威大桥的主要承载部件。细长杆件在承受轴向压力时,很可能在发生强度失效之前发生失稳,因此细长杆件通常都会做得较为粗壮。但由于索缆为受拉构件,主要功能是"拉住"结构,因此索缆就可以做得纤细。在兰卡威大桥中,索缆相较于主塔纤细许多,就是根据受压构件和受拉构件不同的力学特征而粗细有别的。

从平衡角度看,主塔通过索缆吊着桥面,使桥面腾空而起,同时,桥面通过索缆固定了主塔,使主塔屹立不倒。设想如果主塔只有背面两根索缆,而没有牵拉桥体的索缆,主塔也难以稳定屹立。桥体和主塔紧密联系,相互扶持、相互依靠,奏响了设计师和工程师共同谱写的自然交响乐。

习 题 三

一、填空题

1.平面任意力系的定义是_____。

2.平面任意力系向平面内任一点简化,得到一主矢 F_R' 和一主矩 M_O,主矢的大小 $F_R'=$ _____,作用在_____上;主矩的大小 $M_O=$ _____,作用在_____上。

3.主矢的大小、方向与简化中心的选取_____,主矩的大小、方向与简化中心的选取

_____。

4.当 $F_R' = 0$，$M_O \neq 0$ 时，表明力系与一个_____等效，原力系为一平面力偶系，此时，主矩的大小与简化中心的选取_____。

5.平面任意力系平衡的条件是_____，_____。

6.列平衡方程时，为使求解简便，坐标轴一般选在与未知力_____的方向上，矩心可选在_____的作用点(或交点)上。

7.平面任意力系的平衡方程除了基本形式的一矩式方程外，还有其他两种形式为_____、_____。

8.平面固定端约束的约束力可以用两个正交分力 F_x、F_y 和一个约束力偶矩 M_A 表示，F_x、F_y 限制了构件杆端的_____，M_A 限制了构件杆端的_____。

9.均布载荷 q 的单位是_____，均布载荷的简化结果为一合力 F_Q，分布长度为 l 的均布载荷 q，其合力 $F_Q =$ _____，合力 F_Q 的作用点在其分布长度的_____上，方向与_____一致。

10.均布载荷对平面上任一点的力矩，等于均布载荷的合力 F_Q 乘以分布长度的_____到_____的距离。

11.静定问题是指力系中未知数的个数_____独立平衡方程的个数，全部未知数可由平衡方程_____；静不定问题是指力系中未知数的个数_____独立平衡方程的个数，全部未知数_____的工程问题。

12.系统外物体对系统的作用力是物系的_____力，物系中各构件间的相互作用力是物系的_____力，画物系受力图时，只画_____力，不画_____力。

二、单项选择题

1.关于平面任意力系的主矢和主矩，下述说法正确的是(　　)。

A.主矢的大小、方向与简化中心无关

B.主矩的大小、转向一定与简化中心的选择有关

C.当平面任意力系对某点的主矩为零时，该力系向任何一点简化结果为一合力

D.当平面力系对某点的主矩不为零时，该力系向任一点简化的结果均不可能为一合力

2.一平面任意力系向 O 点简化后，得到图 3.14 所示的一个力 F_R' 和一个力偶 M_O，则该力系的最后合成结果是(　　)。

A.一个合力偶

B.作用在 O 点的一个合力

C.作用在 O 点右边某点的一个合力

D.作用在 O 点左边某点的一个合力

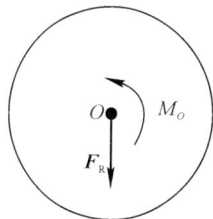

图　3.14

3.对于各种平面力系所具有的独立平衡方程数的叙述，不正确的是(　　)。

A.平面汇交力系有两个独立方程　　　　B.平面平行力系有两个独立方程

C.平面任意力系有三个独立方程　　　　D.平面力偶系有两个独立方程

4.力的作用线共面且相互平行的力系称为(　　)。

A.空间平行力系　　　B.平面平行力系　　　C.平面任意力系　　　D.空间任意力系

5.平面任意力系的平衡条件是(　　)。

A.合力为零　　　　　　　　　　B.合力矩为零

C.主矢和主矩均为零　　　　　　D.各分力对某坐标轴投影的代数和为零

三、计算题

1.如图 3.15 所示托架,画出杆 AB、CD 的受力图,并求杆 AB 的约束力。

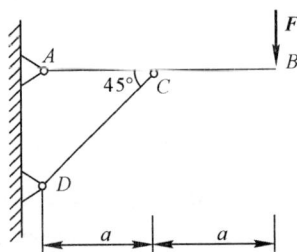

图　3.15

2.如图 3.16 所示,已知 F、a,且 $M=Fa$,试求各梁的支座约束力。

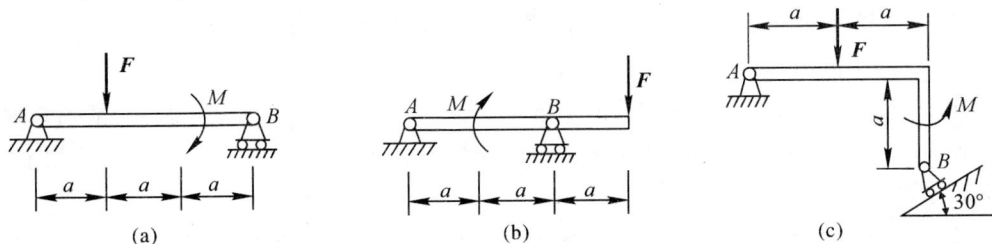

图　3.16

3.试求图 3.17 中杆件 AB 的支座约束力。已知 $q=10$ kN/m,$M=20$ kN·m。

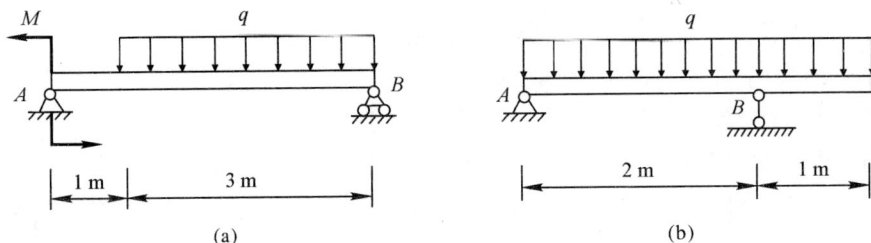

图　3.17

4.如图 3.18 所示,已知 q、a,且 $F=qa$,$M=qa^2$,试求杆 AB 受到的约束力。

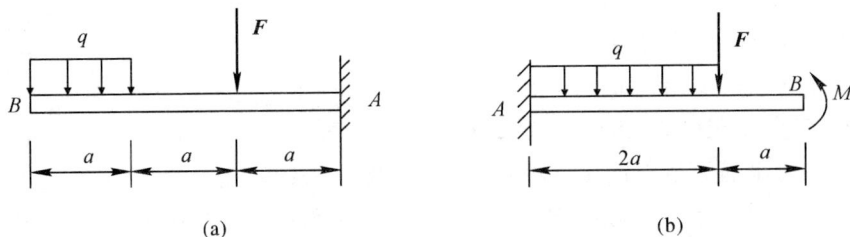

图　3.18

5.如图 3.19 所示,作用在杆件 AB 上的外力 $F=6$ kN,均布载荷 $q=4$ kN/m,求杆 AB 所受的约束力。

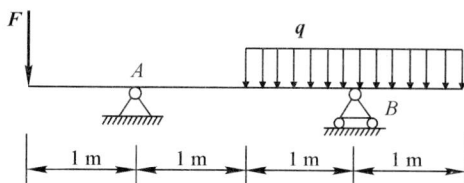

图 3.19

6.悬臂钢架受力如题图 3.20 所示,已知 $q=4$ kN/m,$F_1=5$ kN,$F_2=4$ kN,求固定端 A 的约束力。

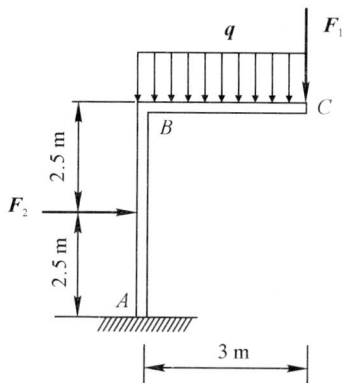

图 3.20

7.如图 3.21 所示,曲柄连杆机构在图示位置平衡,$F=400$ N,曲柄 OA 上应作用多大的力偶矩 M 才能使机构平衡?

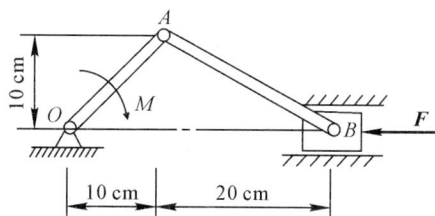

图 3.21

8.图 3.22 所示为一汽车地磅,已知砝码重力为 G_1,$OA=l$,$OB=a$,O、B、C、D 均为光滑铰链,杆 CD 为二力杆,不计各部分自重,试求汽车的重力 G_2。

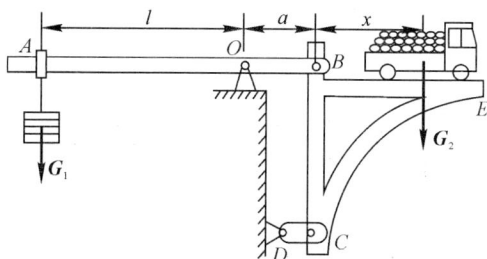

图 3.22

9.判断图 3.23 所示的各平衡问题是否静定。

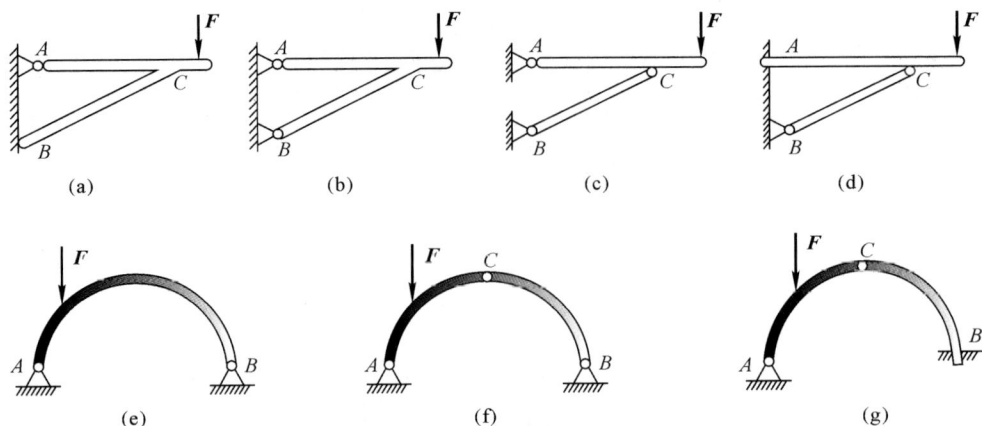

图 3.23

10. 如图 3.24 所示,厂房立柱的根部用混凝土砂浆与基础固连在一起。已知吊车给立柱的铅垂载荷 $P=60$ kN,风载的载荷集度 $q=2$ kN/m,立柱自身重力 $W=40$ kN,$a=0.5$ m,$h=10$ m,试求立柱根部所受的约束力。

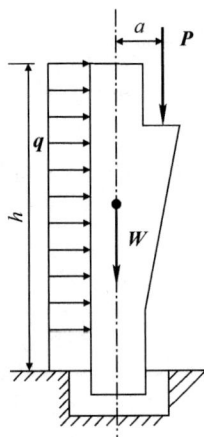

图 3.24

11. 汽车起重机本身重 $P_1=20$ kN,重心在 C 点。起重机上有一平衡重 B,重力 $P_2=20$ kN,尺寸如图 3.25 所示。问起重载荷 P_3 以及前后轮间的距离 x 取多大时才能保证安全工作。

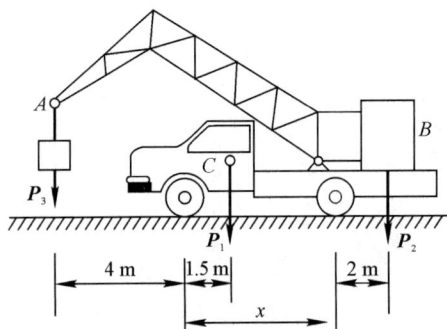

图 3.25

第4章 摩　擦

本章主要介绍摩擦的基本概念、摩擦角与自锁现象、考虑摩擦时构件的平衡问题。

4.1　滑 动 摩 擦

两个表面不是很光滑的物体,当其接触面之间有相对滑动趋势或相对滑动时,所产生的阻碍彼此相对滑动的力,即称为**滑动摩擦力**。滑动摩擦力作用在物体间的相互接触面上,其方向与相对滑动趋势或者相对滑动的方向相反。**两物体尚未产生相对滑动而仅有滑动趋势时的摩擦力称为静滑动摩擦力,两物体已经产生相对滑动的摩擦力称为动滑动摩擦力。**

如图4.1所示,放在不光滑的桌面上的物体受水平拉力 F_T 的作用,拉力的大小由砝码的重力决定。由于拉力有使物体向右滑动的趋势,因此在桌面上会产生阻碍物体向右滑动的摩擦力,其方向水平向左,以 F_s 表示。当拉力 F_T 从零开始增加,在一定范围内,物体都能处于平衡状态,由平衡方程 $\sum F_x = 0$ 可得,静滑动摩擦力的大小即为 $F_s = F_T$。可见,静滑动摩擦力 F_s 随水平拉力的增大而增大。当 F_T 达到一定数值时,物体处于将要滑动而尚未动的所谓平衡的临界状态,此时用 $F_{max} = F_T$ 表示。这里的 F_{max} 即称为最大静滑动摩擦力,简称最大静摩擦力。若 F_T 继续增大,则物体会失去平衡而开始滑动,但最大静摩擦力不会随之增大,且物体滑动后的动摩擦力稍有减小。物体在此过程中摩擦力 F_s 与拉力 F_T 的关系如图4.2所示。

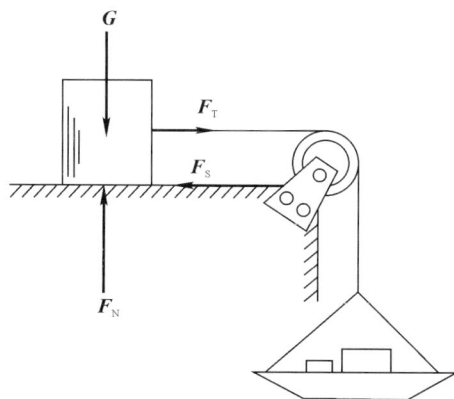

图　4.1

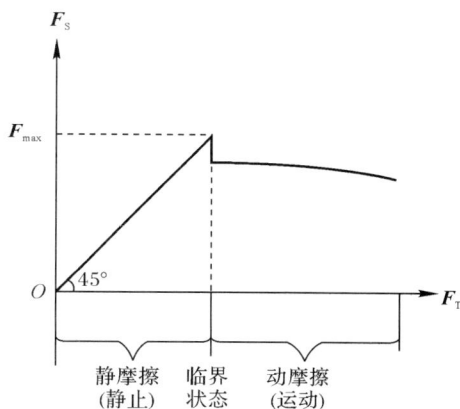

图　4.2

实验证明,最大静摩擦力 F_{max} 与两个物体间的正压力或者法向约束力 F_N 成正比,即
$$F_{max} = \mu_s F_N \tag{4-1}$$
式(4-1)称为静滑动摩擦定律,又称**库伦定律**。式中的比例常数 μ_s 称为**静摩擦因数**,为一个无量纲数,它的大小取决于接触物体的材料、接触面的粗糙程度、温度、湿度等,与接触面积大小无关,其值由实验测定,可从有关工程手册查到。表 4.1 所示为几种常用材料的静摩擦因数。

表 4.1　几种常用材料的静摩擦因数

材　　料	μ_s 值	材　　料	μ_s 值
钢-钢	0.15	土-木材	0.3~0.7
钢-铸铁	0.3	木材-木材	0.4~0.6
铸铁-木材	0.4~0.5	混凝土-砖	0.7~0.8
铸铁-橡胶	0.5~0.7	混凝土-土	0.3~0.4

上述分析过程表明,静摩擦力的大小并不是一个定值,而是介于零到最大静摩擦力之间,即 $0 \leqslant F_s \leqslant F_{max} = \mu_s F_N$。

物体彼此之间出现相对滑动后,在其接触面会产生动滑动摩擦力。实验表明,动滑动摩擦力的大小与两物体间接触面上的正压力或法向约束力 F_N 成正比,即 $F' = \mu F_N$。式中,μ 称为**动摩擦因数**,它与接触物体的材料和表面状况,以及相对滑动速度的大小有关,一般略小于静摩擦因数。在多数情况下,动摩擦因数随着相对滑动速度的增大而稍减小,但当相对滑动速度不太大时,动摩擦因数可近似认为是个常数。

归纳起来,在考虑摩擦而分析摩擦力时,应明确物体是处于静止状态、临界状态还是相对滑动状态,也就是说:

(1)在静止时,静滑动摩擦力 F_s 的大小由静力平衡方程确定,其值在零与 F_{max} 之间,随作用于物体上的其他外力的变化而变化。

(2)在临界状态时,此时的静滑动摩擦力 F_s 满足库伦定律,其大小由静力平衡方程确定,即
$$F_s = F_{max} = \mu_s F_N$$

(3)在相对滑动时,动滑动摩擦力满足动滑动摩擦定律,即
$$F' = \mu F_N$$

此时动摩擦力 F' 不再由静力平衡方程确定。

4.2　摩擦角与自锁现象

4.2.1　摩擦角

当有摩擦时,支承面对平衡物体的约束力包括法向约束力 F_N 和切向约束力即静摩擦力 F_s。这两个力的合力即 F_R 称为支承面的全约束力,它的作用线与接触面法线之间的夹角为 φ,如图 4.3(a)所示。因为 F_N 等于物体的重力 G,所以 φ 的大小随静摩擦力 F_s 的增大而增大。当物体处于平衡的临界状态时,静摩擦力达到最大值 F_{max},夹角 φ 也达到最大值

φ_m，这时全约束力与接触面法线间夹角的最大值 φ_m 称为**摩擦角**，如图 4.3（b）所示。在 $F_s = F_{max}$ 的情况下，可得

$$\tan\varphi_m = \frac{F_{max}}{F_N} = \frac{\mu_s F_N}{F_N} = \mu_s \tag{4-2}$$

即摩擦角的正切值等于静摩擦因数。可见摩擦角与静摩擦因数一样，是表征材料表面性质的量。

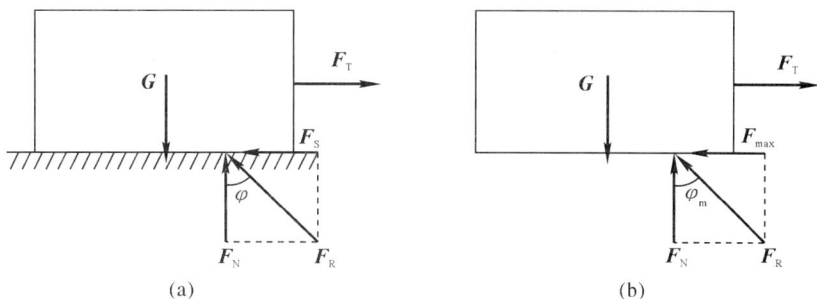

图　4.3

4.2.2　自锁现象

物体在平衡状态下，静摩擦力并非一定是最大值，而是在零与最大值 F_{max} 之间变化，相应的全约束力与接触面法线之间的夹角也在零与 φ_m 之间变化，即

$$0 \leqslant \varphi \leqslant \varphi_m$$

因此全约束力与接触面法线之间的夹角一定在摩擦角 φ_m 之内。由此可知：

（1）若作用于物体的主动力的合力 F_P 的作用线在摩擦角 φ_m 之内，则不论这个力有多大，物体必保持静止，这种现象即称为**自锁现象**[见图 4.4（a）]。因为这种情况，只要主动力的合力 F_P 的作用线与接触面法线之间的夹角 θ 不超过 φ_m，即

$$\theta \leqslant \varphi_m \tag{4-3}$$

因此，主动力的合力 F_P 和全约束力必满足二力平衡条件，相应的式（4-3）即称为**自锁条件**。工程上常应用自锁条件设计一些工具，如千斤顶、压榨机、圆锥销等，使它们始终保持在平衡状态下工作。

（2）若作用于物体的主动力的合力 F_P 的作用线在摩擦角 φ_m 之外，则无论这个力有多么小，物体一定会滑动[见图 4.4（b）]。因为在这种情况下，$\theta > \varphi_m$，主动力的合力 F_P 和全约束力不能满足二力平衡条件，所以应用这个原理，就可以设法避免发生自锁现象。

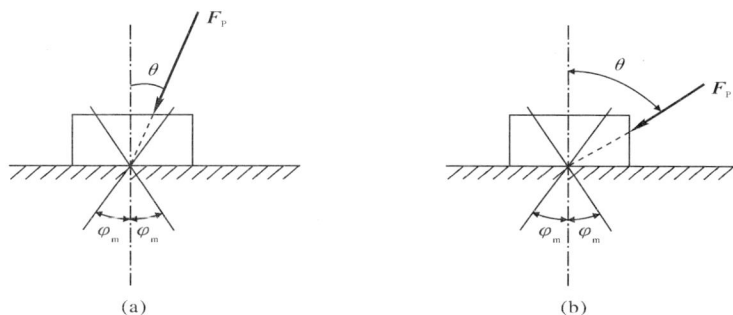

图　4.4

4.2.3 自锁现象的工程应用

自锁现象在实际工程中有很重要的应用价值,如电工攀登电线杆所用的套钩、用螺旋千斤顶顶起重物、用传送带输送物料等。而在有时候又要设法避免自锁现象的发生,如机器正常运行时的运动零件不允许因自锁而使之卡住。

利用摩擦角的概念,可用简单的试验方法测定静摩擦因数。将要测量的两种材料做成斜面和物块,使物块放在斜面上(见图 4.5),此时物块只受到重力 G 和全约束力 F_R 的作用。慢慢增加斜面倾角 α,直到物块刚开始下滑,即处于临界平衡状态时为止,这时的倾角 α 就是要测定的摩擦角 φ_m,继而由摩擦角 φ_m 的正切值即可得到静摩擦因数为

$$\mu_s = \tan\varphi_m = \tan\alpha$$

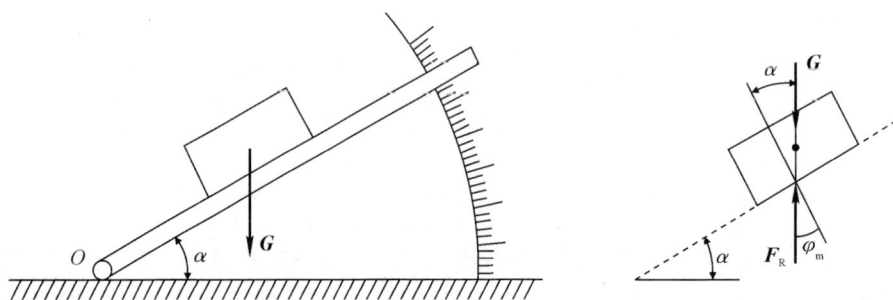

图 4.5

另由前面分析还可知,只要斜面倾角 $\alpha \leqslant \varphi_m$,那么无论物块的重力多么大,都不能使物块在斜面上滑动。斜面的这一自锁条件,其实也正是螺纹的自锁条件。例如螺旋千斤顶(见图 4.6),在工作时要求丝杆连同重物在任意位置都保持平衡,也即实现了自锁。螺纹可看作卷在圆柱体上的斜面,将它展开后,丝杆的一部分相当于滑块,螺纹槽底座相当于斜面,螺纹升角 θ 就是斜面倾角,螺纹的自锁条件就是螺纹升角 θ 小于或等于摩擦角。若螺旋千斤顶的丝杆与螺纹槽底座之间的静摩擦因数 $\mu_s = 0.1$,则 $\tan\varphi_m = 0.1$,得 $\varphi_m = 5°43'$。为保证螺旋千斤顶实现自锁,一般取螺纹升角 θ 为 $4° \sim 4°30'$。螺纹千斤顶的这一自锁原理适用于其他螺纹。

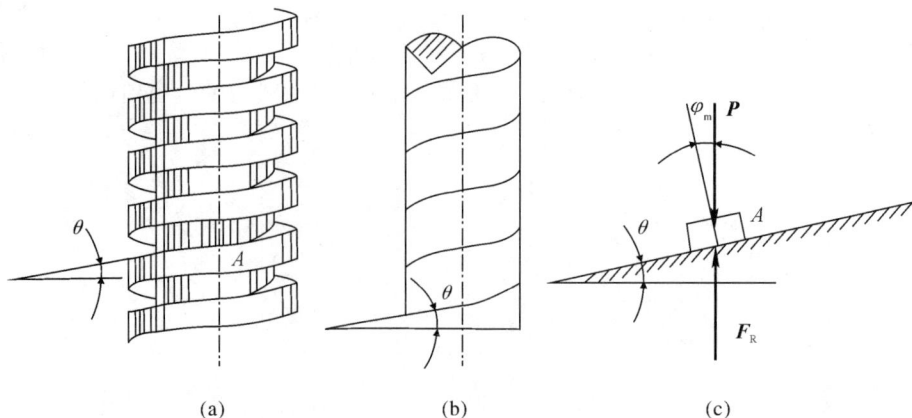

(a)　　　　　　(b)　　　　　　(c)

图 4.6

4.3 考虑摩擦时构件的平衡问题

考虑摩擦时构件的平衡问题,其解题方法、步骤与前面的不计摩擦时的情形大致相同。但在具体分析求解平衡问题时,还应注意以下几点:

(1)对构件进行受力分析时,除考虑一般约束力外,还必须考虑滑动摩擦力,这实际上是增加了未知量的数目。

(2)为了确定新增加的未知量,还需列补充方程,即 $F_s \leqslant \mu_s F_N$,补充方程的数目与摩擦力的数目相同。

(3)构件平衡时的摩擦力有一定范围,即 $0 \leqslant F_s \leqslant F_{max}$,因此有摩擦时构件平衡时的解也有一个范围,并不是一个确定的值。

【例 4-1】 物体重 $G=980$ N,放在一倾斜角 $\alpha=30°$ 的斜面上,已知接触面间的静摩擦因数 $\mu_s=0.2$。现有一大小为 $F=588$ N 的力沿斜面推物体,如图 4.7(a)所示。试求物体在斜面上是静止还是滑动? 若静止,则静摩擦力等于多少?

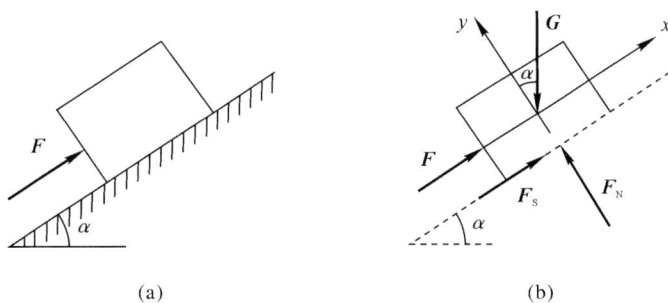

图 4.7

解 对物体进行受力分析,受力图如图 4.7(b)所示,选择直角坐标系,建立平衡方程,即

$$\sum F_y=0, \quad F_N-G\cos\alpha=0$$

解得

$$F_N=849 \text{ N}$$

最大静滑动摩擦力 F_{max} 为

$$F_{max}=\mu_s F_N=0.2\times849 \text{ N}=170 \text{ N}$$

求静滑动摩擦力 F_s。假设物体在斜面上处于静止,设摩擦力 F_s 方向如图 4.7(b)所示,建立平衡方程,即

$$\sum F_x=0, \quad F_s+F-G\sin\alpha=0$$

$$F_s=G\sin\alpha-F=-98 \text{ N}$$

负号说明平衡时摩擦力 F_s 的实际方向和假设方向相反。因为 $F_s=98$ N$<F_{max}=170$ N,所以物体在斜面上静止。

【例 4-2】 制动器的构造和主要尺寸如图 4.8(a)所示。制动块与鼓轮表面间的静摩擦因数为 μ_s,制动块的厚度尺寸不计。试求制动鼓轮转动所需最小的力 F_P。

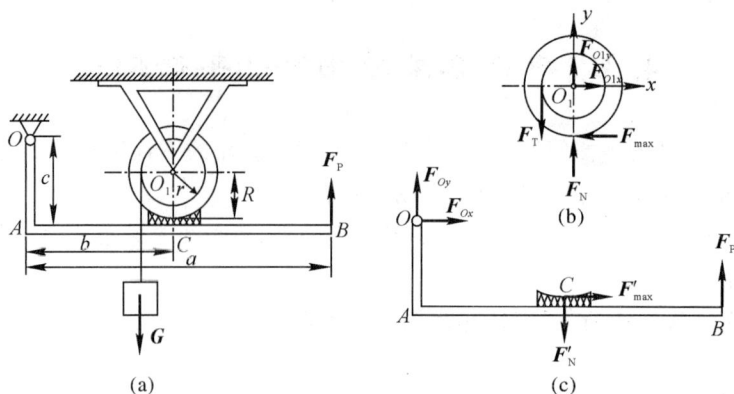

图 4.8

解 当鼓轮恰能被制动,即处于平衡的临界状态时,所需的力 F_P 最小。取鼓轮为研究对象,受力图如图4.8(b)所示,列平衡方程,即

$$\sum M_{O_1}(\boldsymbol{F})=0, \quad F_T r - F_{max} R = 0$$

解得

$$F_{max} = \frac{r}{R} F_T = \frac{r}{R} G$$

由于 $F_{max} = \mu_s F_N$,因此可得 $F_N = \dfrac{Gr}{\mu_s R}$。

再取制动杆为研究对象,受力图如图4.8(c)所示,列平衡方程,即

$$\sum M_O(\boldsymbol{F})=0, \quad F_P a - F'_{max} c - F'_N b = 0$$

由于 $F_N = F'_N$,$F_{max} = F'_{max}$,所以可得

$$F_P = \frac{rG(b - \mu_s c)}{\mu_s R a}$$

此即制动鼓轮转动所需的最小力,其方向如图4.8(c)所示。

4.4 滚动摩擦概念

工程上搬运沉重的设备时,常在设备下面安放一些小滚子[见图4.9(a)],这样拉动起来比不垫滚子要省力很多,说明滚动代替滑动可大大提高工作效率。另外,像机器中大量采用滚动轴承[见图4.9(b)]也是这个道理。

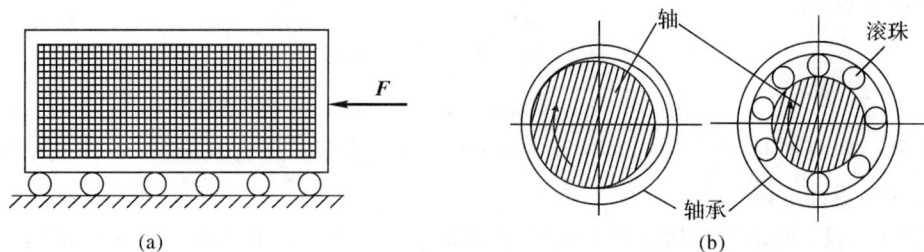

图 4.9

设在不光滑的水平地面上有一半径为 r 的滚子,其中心 C 上作用有铅垂载荷 F_P、水平推力 F[见图 4.10(a)]。如图所示,滚子滚动时在接触点 B 处有法向约束力 F_N 和摩擦力 F_s 作用。当滚子静止时,通过对其受力分析,可知 $F_N=-F_P$ 和 $F_s=-F$,但由于 F_s 和 F 不共线而形成一个顺时针转向的力偶。实践经验指出,当力 F 不够大时,滚子仍能保持静止,这是因为滚子和地面实际上并不是刚体,它们在力的作用下都会发生变形,同时存在一个接触面[见图 4.10(b)]。在此接触面上,物体受到分布力的作用,这些力向点 B 简化,得到一个力 F_R 和一个力偶,力偶矩为 M[见图 4.10(c)]。这个力 F_R 分解为摩擦力 F_s 与法向约束力 F_N,这个力偶矩为 M 的力偶称为**滚动摩阻力偶**。可见,水平地面除约束力 F_N 和 F_s 外,还能产生一个与滚动趋势相反的力偶矩为 M 的阻力偶,而与力偶(F 与 F_s)相平衡。与静滑动摩擦力相似,滚动摩阻力偶随主动力的改变而改变,但都介于零和最大值之间,即 $0\leqslant M\leqslant M_{max}$。实践证明:最大滚阻力偶矩 M_{max} 与滚子半径无关,而与支承平面的正压力 F_N 成正比,即

$$M_{max}=\delta F_N \tag{4-4}$$

式中:比例常数 δ 称为**滚阻因数**或**滚动摩擦因数**,它具有长度的单位,其值与滚子及支承面的材料的硬度、湿度等表面物理状况有关,可由实验测定。

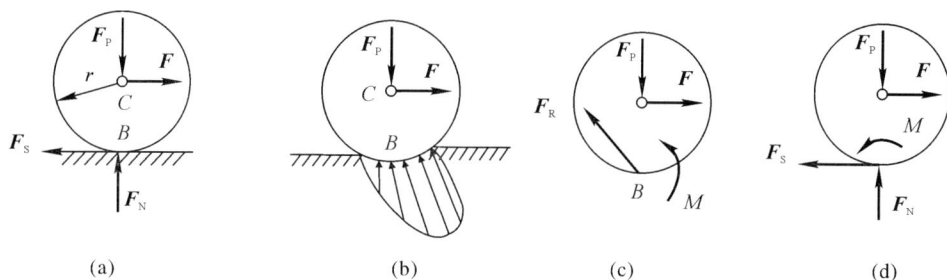

图 4.10

小 结

1.滑动摩擦

(1)静滑动摩擦。静摩擦力的大小并不是一个定值,而是介于零到最大静摩擦力之间,即 $0\leqslant F_s\leqslant F_{max}$。其大小由静力平衡方程确定。

最大静摩擦力 $F_{max}=\mu_s F_N$。

(2)动滑动摩擦。动滑动摩擦力 $F'=\mu F_N$,比最大静摩擦力略小。

2.摩擦角与自锁现象

(1)摩擦角。全约束力与接触面法线间夹角的最大值 φ_m 称为摩擦角。

$$\tan\varphi_m=\mu_s$$

(2)自锁。作用于物体的主动力的合力 F_P 的作用线在摩擦角 φ_m 之内,则不论这个力有多大,物体必保持静止,这种现象即称为自锁现象。

自锁的条件:主动力的合力 F_P 的作用线与接触面法线之间的夹角 θ 不超过 φ_m,即 $\theta\leqslant\varphi_m$。

3.考虑摩擦时构件的平衡问题

考虑摩擦时构件的平衡问题,其解题方法、步骤与不计摩擦时的情形大致相同。在具体分析求解平衡问题时,还应注意以下几点:

(1)对构件进行受力分析时,除考虑一般约束力外,还必须考虑滑动摩擦力,这实际上是增加了未知量的数目。

(2)为了确定新增加的未知量,还需列补充方程,即 $F_s \leqslant \mu_s F_N$,补充方程的数目与摩擦力的数目相同。

(3)构件平衡时的摩擦力有一定范围,即 $0 \leqslant F_s \leqslant F_{max}$,因此有摩擦时构件平衡时的解也有一个范围,并不是一个确定的值。

4.滚动摩擦

最大滚阻力偶矩 M_{max} 与滚子半径无关,而与支承平面的正压力 F_N 成正比,即

$$M_{max} = \delta F_N$$

滚阻力偶矩介于零到最大滚阻力偶矩之间,即 $0 \leqslant M \leqslant M_{max}$。

▲拓展阅读

中国力学之父——钱伟长

钱伟长(1912年10月9日—2010年7月30日),享誉海内外的杰出华人科学家、教育家、社会活动家,中国科学院资深院士,中国近代力学、应用数学的奠基人。国际上以钱氏命名的力学、应用数学科研成果有"钱伟长方程""钱伟长方法""钱伟长一般方程""圆柱壳的钱伟长方程"等。钱伟长长期从事力学研究,在板壳问题、广义变分原理、环壳解析解和汉字宏观字型编码等方面做出了突出的贡献。他先后担任中国多所重点大学(清华大学、南京大学、上海大学、暨南大学、江南大学、南京航空航天大学)的校长、副校长、名誉校长、校董会董事长或名誉董事长,并且曾连续4届当选中华人民共和国全国政协副主席和中国民主同盟第五届、六届、七届中央委员会副主席,第七届、八届、九届名誉主席等中央要职。

钱伟长年轻时就显示出超乎寻常的卓越才智,二战期间,当伦敦正在遭受德国 V1、V2 导弹威胁的时候,丘吉尔向美国请求援助。这件事被转到了美国加州大学著名科学家冯·卡门教授主持的喷气推进研究所。当时,钱伟长正在这个研究所从事火箭、导弹的设计试制工作,钱伟长仔细研究过德国导弹的射程和射点后发现,德国的火箭多发自欧洲的西海岸,而落点则在英国伦敦的东区,这说明德军导弹的最大射程也仅如此了。据此,钱伟长提出:只要在伦敦的市中心地面造成多次被击中的假象,以此蒙蔽德军,使之仍按原射程组织攻击,伦敦城内就可避免遭受导弹的伤害,英国接受了这一建议。几年后,英国首相丘吉尔在他的回忆录中谈及此事时,不胜感慨,由衷地称赞:"美国青年真厉害!"他哪里知道,使他避免厄运的实际上是黑头发的中国青年。于是,"钱伟长智救伦敦"的传奇故事不胫而走,成为20世纪科坛上的一段佳话。

习　题　四

一、选择题

1. 关于摩擦,说法正确的是(　　)。

A. 摩擦角是接触面法线方向与全约束力之间的夹角

B. 摩擦因数等于摩擦角的正切值

C. 静滑动摩擦力等于静摩擦因数与正压力的乘积

D. 动滑动摩擦力等于动摩擦因数与正压力的乘积

2. 以下关于自锁现象说法不正确的是(　　)。

A. 全约束力与接触面法线之间的夹角在零与摩擦角之间时自锁

B. 若作用于物体的主动力的合力作用线在摩擦角之内,则不论这个力有多大,物体必保持静止

C. 若作用于物体的主动力的合力的作用线在摩擦角之外,如果这个力太小,物体不一定会滑动

D. 螺纹千斤顶在顶起重物时,处于自锁状态

二、计算题

1. 在图 4.11 所示的三种情况中,已知 $G = 200$ N,$F_P = 100$ N,$\alpha = 30°$,物块与支撑面间的静摩擦因数 $\mu_s = 0.5$。试问物块在哪种情况下能运动?

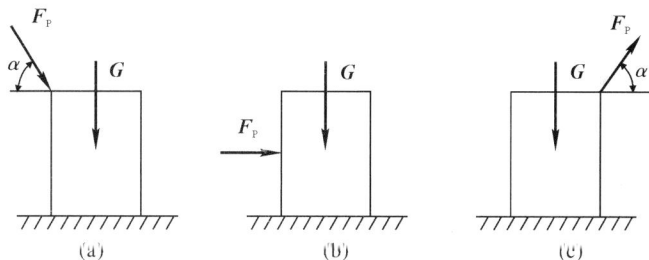

图　4.11

2. 简易升降混凝土吊桶装置如图 4.12 所示。混凝土和吊桶共重 25 kN,吊桶与滑道间的静摩擦因数为 0.3,试求出重物匀速上升和下降时绳子的拉力分别是多少?

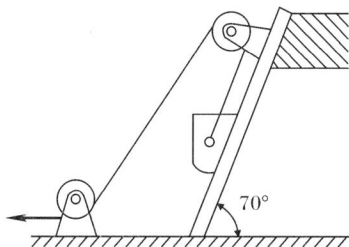

图　4.12

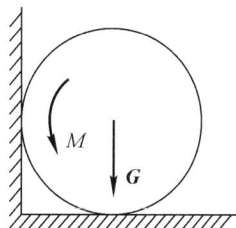

图　4.13

3. 图 4.13 所示为一重力为 G 的轮子,轮子半径为 R。已知轮子与墙面和地面间的静摩擦因数均为 μ_s,试问此轮上所施加力偶的力偶矩 M 为多大时才能驱动轮子?

4. 如图 4.14 所示，梯子 AB 靠在墙上，其重力 $G = 200$ N，梯子长为 l，并与水平面夹角 $\theta = 60°$。已知梯子与墙、地接触面间的静摩擦因数均为 0.25，现有一重力为 650 N 的人沿梯向上爬，试问人所能达到的最高点 C 到点 A 的距离 s 应为多少？

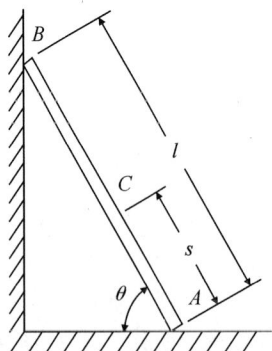

图 4.14

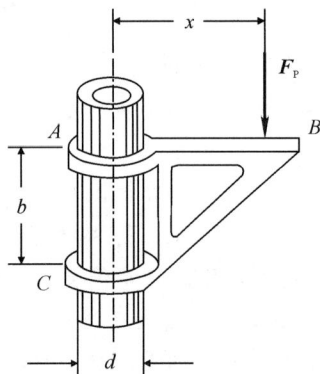

图 4.15

5. 在图 4.15 所示的悬臂架套在铅垂的圆柱上，可以上下移动，当作用在悬臂上的铅垂力 F_P 离铅垂圆柱较远时，悬臂架将被圆柱上的摩擦力卡住而不能移动。设悬臂架的套环与圆柱间的摩擦角为 φ_m，不计悬臂架自重。试求悬壁架在不致被卡住时，力 F_P 离圆柱的最大距离。

6. 在图 4.16 所示的平面曲柄连杆滑块机构中，已知曲柄 $OA = l$，另在曲柄 OA 上作用有一力偶矩为 M 的力偶，且 OA 水平，连杆 AG 与铅垂线的夹角为 θ，滑块与水平面之间夹角和静摩擦因数分别为 β、μ_s，不计滑块自重，已知 $\tan\theta \geqslant \mu_s$，试求机构在图示位置保持平衡时所施于滑块的力 F 之值。

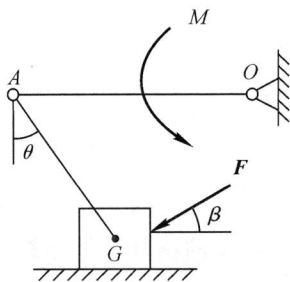

图 4.16

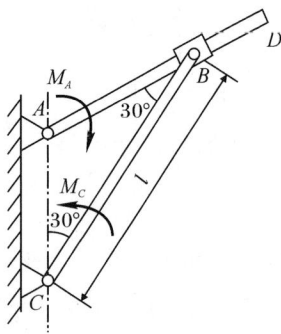

图 4.17

7. 如图 4.17 所示，两无重杆在 B 处用套筒式无重滑块相连接，在杆 AD 上作用有一力偶，其力偶矩 $M_A = 40$ N·m，已知滑块和杆 AD 间的静摩擦因数 $\mu_s = 0.3$，试求保持此结构系统平衡时的力偶矩 M_C 的范围。

第 5 章 空 间 力 系

在工程实际中,许多机械构件和工程结构的受力不全在同一平面内,而是在空间任意分布的,这样的力系称为空间任意力系,简称**空间力系**。起重设备、机器中的转轴和飞机起落架等结构的受力分析都属于空间力系问题。如图 5.1(a)所示的转轴:A 为径向止推轴承,其约束力有 F_{Ax}、F_{Ay}、F_{Az};B 为径向轴承,其约束力有 F_{Bx}、F_{Bz};C 为皮带轮,其上作用有皮带产生的约束力 F_1 和 F_2;D 为斜齿轮,同时受轴向力 F_a、径向力 F_r 和圆周力 F_t 的作用。作用在转轴上的这些力就构成了空间力系,如图 5.1(b)所示。

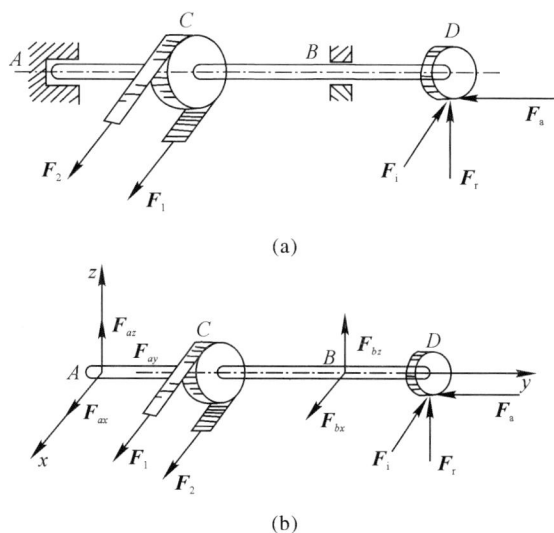

(a)

(b)

图 5.1

空间力系是最一般的力系,平面汇交力系、平面任意力系等都是它的特殊情况。与平面力系一样,空间力系又可以分为空间汇交力系、空间平行力系和空间任意力系。本章将论述力在空间直角坐标轴上的投影、力对轴之矩、空间任意力系的简化与平衡,以及物体重心的概念和求物体重心的方法。

5.1 力在空间直角坐标轴上的投影

5.1.1 直接投影法

如图 5.2(a)所示,若已知力 F 与正交坐标系 $Oxyz$ 三坐标轴间的夹角分别为 α、β、γ,则力 F 在三坐标轴上的投影等于力 F 的大小乘以力与各坐标轴夹角的余弦,即

$$\left.\begin{array}{l} F_x = F\cos\alpha \\ F_y = F\cos\beta \\ F_z = F\cos\gamma \end{array}\right\} \quad (5-1)$$

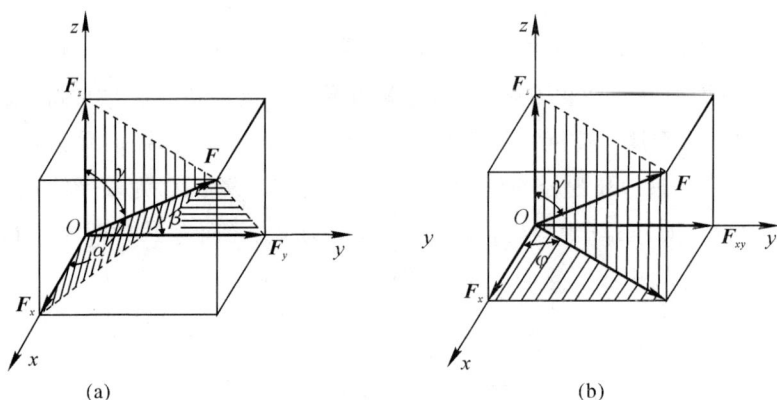

图 5.2

力的这种投影方法称为**直接投影法**。

5.1.2 间接投影法

当力 F 与坐标轴 Ox、Oy 间的夹角不易确定,而已知力 F 与 z 轴间的夹角 γ,力 F 与 z 轴所确定的平面与 x 轴间的夹角 φ 时,可先将力 F 在平面 Oxy 上投影,得到力 F_{xy},然后再向 x、y 轴进行投影,力的这种投影方法称为**间接投影法**。于是,力 F 在三坐标轴上的投影可表示为

$$\left.\begin{array}{l} F_x = F\sin\gamma\cos\varphi \\ F_y = F\sin\gamma\sin\varphi \\ F_z = F\cos\gamma \end{array}\right\} \quad (5-2)$$

在实际问题中,究竟采用哪种投影法视已知条件而定。

这里,我们可以将合力 F 与三个分力 F_x、F_y、F_z 的矢量关系表示为

$$F = F_x + F_y + F_z \quad (5-3)$$

必须注意,力 F 沿三个坐标轴正交分解后的分力 F_x、F_y、F 为矢量,而力 F 在三个坐标轴上的投影 F_x、F_y、F_z 是代数量,虽然二者的大小相等,但不要将二者混淆。

如果已知力 F 在三个坐标轴上的投影 F_x、F_y、F_z,那么力 F 的大小和方向余弦即为

$$F = \sqrt{F_x^2 + F_y^2 + F_z^2}$$
$$\cos\alpha = \frac{F_x}{F}$$
$$\cos\beta = \frac{F_y}{F}$$
$$\cos\gamma = \frac{F_z}{F}$$

$(5-4)$

【例 5-1】 长方体上作用有三个力,$F_1=50$ N,$F_2=100$ N,$F_3=150$ N,方向与尺寸如图 5.3 所示,求各力在三个坐标轴上的投影。

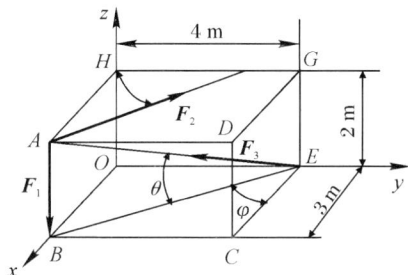

图 5.3

解 由于力 F_1 及 F_2 与坐标轴间的夹角都已知,可应用直接投影法;力 F_3 在 xOy 平面上的投影与坐标轴 x 的夹角及仰角 θ 已知,可用间接投影法。由几何关系知

$$\sin\theta = \frac{AB}{AE} \approx \frac{2}{5.39} \approx 0.37, \quad \cos\theta = \frac{BC}{AE} \approx \frac{5}{5.39} \approx 0.928,$$

$$\sin\varphi = \frac{BC}{BE} = \frac{4}{5} = 0.8, \quad \cos\varphi = \frac{CE}{BE} = \frac{3}{5} = 0.6$$

则力 F_1 在三个坐标轴上的投影分别为

$$\begin{cases} F_{1x} = F_1\cos90° = 0 \\ F_{1y} = F_1\cos90° = 0 \\ F_{1z} = F_1\cos180° = -50 \text{ N} \end{cases}$$

则力 F_2 在三个坐标轴上的投影分别为

$$\begin{cases} F_{2x} = -F_2\sin60° \approx -100 \times 0.866 \text{ N} = -86.6 \text{ N} \\ F_{2y} = F_2\cos60° = 100 \times 0.5 \text{ N} = 50 \text{ N} \\ F_{2z} = F_2\cos90° = 0 \end{cases}$$

则力 F_3 在三个坐标轴上的投影分别为

$$\begin{cases} F_{3x} = F_3\cos\theta\cos\varphi \approx 150 \times 0.928 \times 0.6 \text{ N} = 83.5 \text{ N} \\ F_{3y} = -F_3\cos\theta\sin\varphi \approx -150 \times 0.928 \times 0.8 \text{ N} = 111.36 \text{ N} \\ F_{3z} = F_3\sin\theta \approx 150 \times 0.37 \text{ N} = 55.5 \text{ N} \end{cases}$$

【例 5-2】 图 5.4(a)所示为一圆柱斜齿轮,其受啮合力 F 作用。已知斜齿轮的螺旋角 β 和压力角 α,试求啮合力 F 在坐标轴 x、y、z 的投影。

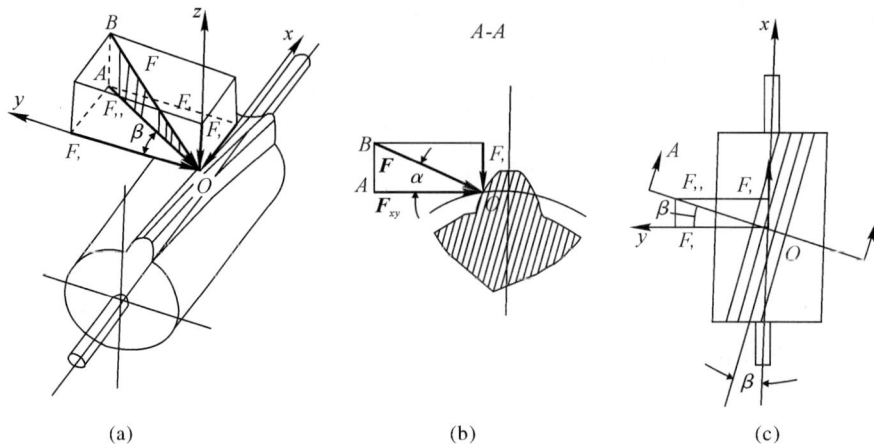

(a)   (b)   (c)

图 5.4

解 先将啮合力 F 向坐标轴 z 和坐标平面 xOy 投影,如图 5.4(b)所示,得

$$F_z = -F\sin\alpha, \quad F_{xy} = F\cos\alpha$$

再将力 F_{xy} 向坐标轴 x、y 投影,如图 5.4(c)所示,得

$$F_x = -F_{xy}\sin\beta = -F\cos\alpha\sin\beta, \quad F_y = -F_{xy}\cos\beta = -F\cos\alpha\cos\beta$$

图 5.4 中,啮合力 F 沿 x 轴的分力 F_x 称为轴向力,沿 y 的分力 F_y 称为切向力,沿 z 的分力为 F_z 称为径向力。

5.2　力对轴之矩及合力矩定理

5.2.1　力对轴之矩

力对轴之矩是用来度量力使物体绕轴转动效应的物理量。在生活中,经常遇到一些物体,如手摇柄、门、窗等在力的作用下绕定轴转动的情形,而工程上为了度量力使刚体绕轴转动的效应,给出力对轴之矩的概念。

如在图 5.5(a)中,在门上点 A 处有一作用力 F,使门绕轴 z 转动。为了确定力 F 使门绕轴 z 转动的效应,将力 F 分解为平行于轴 z 的分力 F_z 和垂直于轴 z 的分力 F_{xy}。由经验可知,平行于轴 z 的分力 F_z 对轴 z 无转动效应,而只有分力 F_{xy} 对轴 z 才有转动效应而使门转动,这个转动效应可用分力 F_{xy} 对点 O 的矩来度量。于是,把空间力 F 在垂直于该轴的平面上的分力 F_{xy} 对平面内点 O(轴与此平面交点)之矩,即定义为力对轴之矩,并赋予正负号,即

$$M_z(F) = M_O(F_{xy}) = \pm F_{xy}h \tag{5-5}$$

力对轴之矩是代数量,正负号用右手螺旋法则确定,如图 5.5(b)所示。用右手四指握轴并使握向与力 F 绕轴 z 的转向一致,若大拇指指向与轴 z 的正向相同,则为正,反之为负。力对轴之矩的正负号也可以按以下规则来确定:从轴 z 的正端往负端看,若力使刚体绕该轴按逆时针方向转动则取正号,反之取负号。

力对轴之矩的单位与力对点之矩的单位相同,即为 N·m。

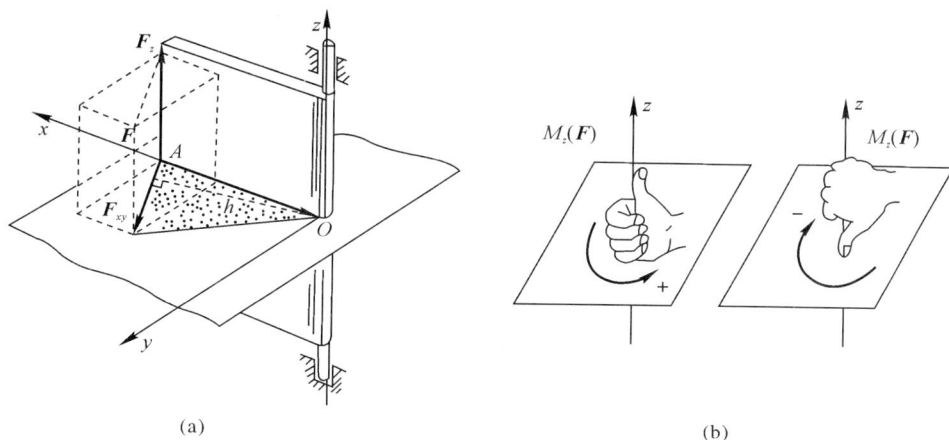

图　5.5

综上所述,可得如下结论:力 $\boldsymbol{F}$ 对 z 轴之矩 $M_z(\boldsymbol{F})$ 的大小等于力 $\boldsymbol{F}$ 在垂直于 z 轴的平面内的投影 $\boldsymbol{F}_{xy}$ 的大小与力臂 h 的乘积,其正负按**右手法则**确定,或从轴正向看,逆时针方向转动为正,顺时针方向转动为负。

显然,当力的作用线与轴相交(此时 $h=0$)或平行(此时 $\boldsymbol{F}_{xy}=0$)时,力对轴之矩为零。对于这两种情况,可总结为,只要力与轴在同一平面内,那么力对轴之矩为零。

5.2.2　合力矩定理

与平面问题中的力对点之矩一样,力对轴之矩也有合力矩定理。设有空间力系 $\boldsymbol{F}_1,\boldsymbol{F}_2,\cdots,$ $\boldsymbol{F}_n$,其合力为 $\boldsymbol{F}_R$,合力对于某轴之矩等于各个分力对于该轴之矩的代数和,即

$$M_x(\boldsymbol{F}_R)=M_x(\boldsymbol{F}_1)+M_x(\boldsymbol{F}_2)+\cdots+M_x(\boldsymbol{F}_n) \qquad (5-6)$$

或

$$M_x(\boldsymbol{F}_R)=\sum M_x(\boldsymbol{F}_i) \qquad (5-7)$$

空间合力矩定理可用来确定物体的重心位置,并且也提供了用分力矩来计算合力矩的方法。

【例 5-3】 支架 OC 套在转轴 z 上,在 C 点施加一作用力 $F=2.5\ \text{kN}$,方向如图 5.6 所示。图中 C 点在 xOy 平面内,尺寸如图所示,试求力 $\boldsymbol{F}$ 在 x、y、z 轴上的投影及对三个坐标轴之矩。

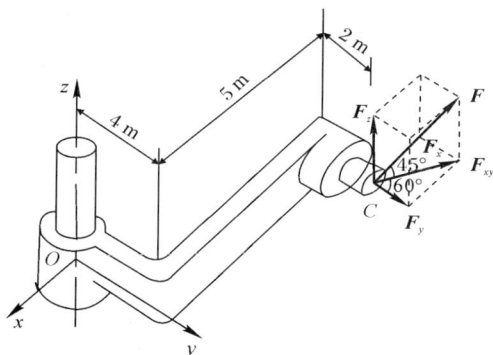

图　5.6

解 （1）求力在坐标轴上的投影。为了求出力在指定坐标轴上的投影，可将坐标系 $Oxyz$ 平移至力 F 的作用点 C 处。根据已知条件，可应用间接投影法，求得各分力的大小为

$$F_x = F_{xy}\sin 60° = F\cos 45°\sin 60° = \frac{\sqrt{6}F}{4}$$

$$F_y = F_{xy}\cos 60° = F\cos 45°\cos 60° = \frac{\sqrt{2}F}{4}$$

$$F_z = F\sin 45° = \frac{\sqrt{2}F}{2}$$

（2）求力 F 对三个坐标轴之矩。由合力矩定理得

$$M_x(\boldsymbol{F}) = M_x(\boldsymbol{F}_x) + M_x(\boldsymbol{F}_y) + M_x(\boldsymbol{F}_z) = \left(0 + 0 + \frac{\sqrt{2}F}{2} \times 6\right) \text{N} \cdot \text{m} \approx 10\ 606.6\ \text{N} \cdot \text{m}$$

$$M_y(\boldsymbol{F}) = M_y(\boldsymbol{F}_x) + M_y(\boldsymbol{F}_y) + M_y(\boldsymbol{F}_z) = \left(0 + 0 + \frac{\sqrt{2}F}{2} \times 5\right) \text{N} \cdot \text{m} \approx 8\ 838.8\ \text{N} \cdot \text{m}$$

$$M_z(\boldsymbol{F}) = M_z(\boldsymbol{F}_x) + M_z(\boldsymbol{F}_y) + M_z(\boldsymbol{F}_z) = \left(\frac{\sqrt{6}F}{4} \times 6 - \frac{\sqrt{2}F}{4} \times 5 + 0\right) \text{N} \cdot \text{m} \approx 4\ 768.75\ \text{N} \cdot \text{m}$$

5.3 空间力系的平衡方程及其应用

5.3.1 空间力系的简化

设物体受空间力系 $\boldsymbol{F}_1, \boldsymbol{F}_2, \cdots, \boldsymbol{F}_n$ 的作用，如图 5.7 所示。与平面任意力系的简化方法相同，在物体内任取一点 O 作为简化中心，根据力的平移定理，将图 5.7(a) 中各力平移到 O 点，加上相应的附加力偶，但这里的附加力偶为平移前的空间力对平移点之矩，不再是代数量而是矢量。这样就得到一个作用于简化中心 O 点的空间汇交力系和一个附加的空间力偶系，如图 5.7(b) 所示。

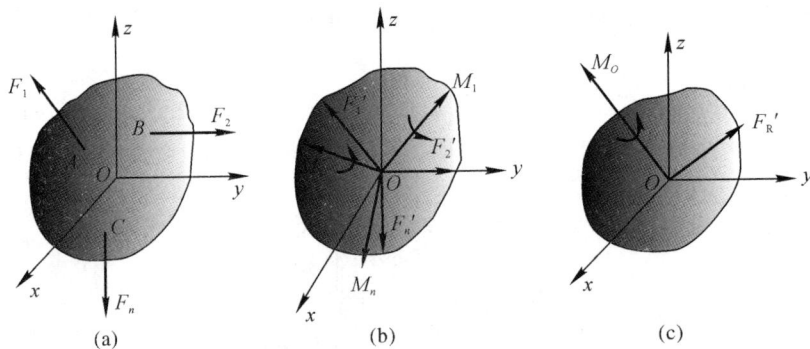

图 5.7

将作用于简化中心 O 点的空间汇交力系和空间力偶系分别合成，便可以得到一个作用于简化中心 O 点的主矢 $\boldsymbol{F}_R'$ 和一个主矩 M_O，如图 5.7(c) 所示。

主矢 $\boldsymbol{F}_R'$ 的大小为

$$F_R' = \sum F_i = \sqrt{\left(\sum F_x\right)^2 + \left(\sum F_y\right)^2 + \left(\sum F_z\right)^2} \tag{5-8}$$

主矩 M_O 的大小为

$$M_O = \sum M_O(\boldsymbol{F}_i) = \sqrt{\left[\sum M_x(\boldsymbol{F}_i)\right]^2 + \left[\sum M_y(\boldsymbol{F}_i)\right]^2 + \left[\sum M_z(\boldsymbol{F}_i)\right]^2} \quad (5-9)$$

5.3.2　空间力系的平衡方程

空间任意力系平衡的充分必要条件是:该力系简化后的主矢和力系对任一点的主矩都等于零,即

$$F_{\mathrm{R}}' = 0, \quad M_O = 0 \quad\quad\quad (5-10)$$

或

$$\left. \begin{array}{l} \sum F_x = 0 \\ \sum F_y = 0 \\ \sum F_z = 0 \\ \sum M_x(\boldsymbol{F}) = 0 \\ \sum M_y(\boldsymbol{F}) = 0 \\ \sum M_z(\boldsymbol{F}) = 0 \end{array} \right\} \quad\quad (5-11)$$

于是可得出结论,**空间任意力系平衡的充分必要条件是:力系中所有各力在三个坐标轴上的投影代数和等于零,以及各力对每一个坐标轴之矩的代数和也等于零。**

式(5-11)有 6 个独立的平衡方程,可以求解 6 个未知量,它是解决空间力系平衡问题的基本方程。

空间汇交力和空间平行力系是空间任意力系的特殊情况,由式(5-10)可推出空间汇交力系的平衡方程为

$$\left. \begin{array}{l} \sum F_x = 0 \\ \sum F_y = 0 \\ \sum F_z = 0 \end{array} \right\} \quad\quad (5-12)$$

即各力在三个坐标轴上的投影代数和等于零。

为不失一般性,假设空间平行力系的各力平行于 z 轴,则其平衡方程为

$$\left. \begin{array}{l} \sum F_z = 0 \\ \sum M_x(\boldsymbol{F}) = 0 \\ \sum M_y(\boldsymbol{F}) = 0 \end{array} \right\} \quad\quad (5-13)$$

即各力在某坐标轴上的投影代数和等于零以及各力对另外二轴之矩的代数和都等于零。

【例 5-4】　如图 5.8(a)所示,用起重杆吊起重物。起重杆的 A 端用球铰链固定在地面上,而 B 端则用绳子 CB 和 DB 拉住,两绳分别系在墙上的点 C 和 D,连线 CD 平行于 x 轴。已知:$CE = EB = DE$,$\alpha = 30°$,平面 CDB 与水平面间的夹角 $\angle EBF = 30°$[见图 5.8(b)],物重 $P = 10$ kN。如不计起重杆的重量,试求起重杆所受的压力和绳子的拉力。

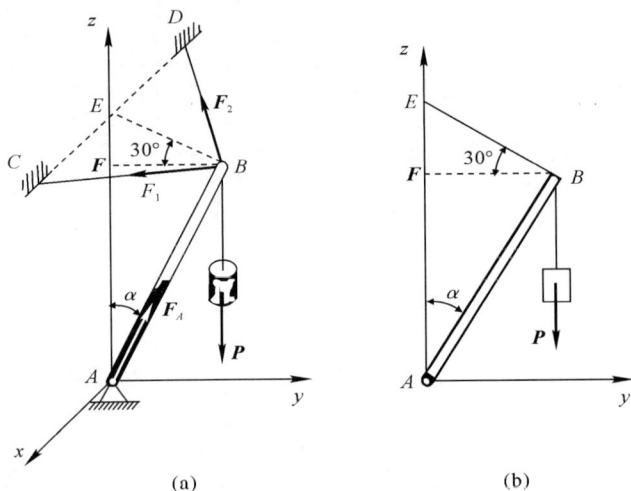

图 5.8

解 取起重杆 AB 与重物为研究对象,其上受有重物的重力 P、绳子的拉力 F_1 与 F_2、球铰链 A 的约束力的作用,但球铰链 A 的约束力方向一般不能预先确定,可用三个正交分力表示。本题中,由于不计杆重,而起重杆 AB 又只在 A、B 两端受力,所以起重杆 AB 为二力构件,球铰链 A 对杆 AB 的反力 F_A 必沿 A、B 连线方向。P、F_1、F_2 和 F_A 四个力汇交于点 B,为一空间汇交力系。

取如图 5.8 所示的直角坐标系。由已知条件知 $\angle CBE = \angle DBE = 45°$,列平衡方程,得

$$\sum F_x = 0, \quad F_1 \sin 45° - F_2 \sin 45° = 0$$

$$\sum F_y = 0, \quad F_A \sin 30° - F_1 \cos 45° \cos 30° - F_2 \cos 45° = 0$$

$$\sum F_z = 0, \quad F_1 \cos 45° \sin 30° + F_2 \cos 45° \sin 30° + F_A \cos 30° - P = 0$$

求解上面的三个平衡方程,得

$$F_1 = F_2 = 3.54 \text{ kN}$$

$$F_A = 8.66 \text{ kN}$$

F_A 为正值,说明图中所设 F_A 的方向正确,杆 AB 受压力。

【例 5-5】 图 5.9(a)所示为带轮曲柄机构,$F = 3\,000$ N,$F_2 = 2F_1$,$D = 400$ mm,$R = 300$ mm,$\theta = 30°$,$\beta = 60°$,其他尺寸如图所示,求皮带拉力和轴承 A、B 的约束力。

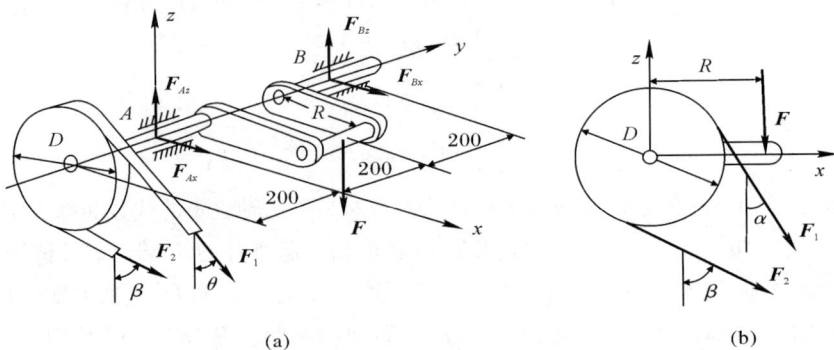

图 5.9

解　取整个带轮曲柄轴为研究对象,画受力图,如图 5.9(b)所示。选取直角坐标系 $Axyz$。在轴上作用有皮带的拉力 F_1、F_2,在曲柄上作用有铅垂力 F,在曲柄轴上作用有轴承反力 F_{Ax}、F_{Az} 和 F_{Bx}、F_{Bz},列平衡方程,得

$$\sum F_x = 0, \quad F_1 \sin 30° + F_2 \sin 60° + F_{Ax} + F_{Bx} = 0$$

$$\sum F_y = 0, \quad 0 = 0$$

$$\sum F_z = 0, \quad -F_1 \cos 30° - F_2 \cos 60° - F + F_{Az} + F_{Bz} = 0$$

$$\sum M_x(\boldsymbol{F}) = 0, \quad F_1 \cos 30° \times 0.2 + F_2 \cos 60° \times 0.2 - F \times 0.2 + F_{Bz} \times 0.4 = 0$$

$$\sum M_y(\boldsymbol{F}) = 0, \quad F_1 R + \frac{D}{2}(F_1 - F_2) = 0$$

$$\sum M_z(\boldsymbol{F}) = 0, \quad F_1 \sin 30° \times 0.2 + F_2 \sin 60° \times 0.2 - F_{Bx} \times 0.4 = 0$$

因带轮曲柄在 y 轴方向不受力,故平衡方程 $\sum F_y = 0$ 为恒等式,于是独立的平衡方程只有 5 个,故须联立已知条件 $F_2 = 2F_1$ 进行求解,得

$$F_1 = 4\,500 \text{ N}, \quad F_2 = 9\,000 \text{ N}, \quad F_{Ax} = -1\,506 \text{ N},$$
$$F_{Az} = 14\,095.5 \text{ N}, \quad F_{Bx} = 5\,022 \text{ N}, \quad F_{Bz} = -2\,698.5 \text{ N}$$

轴承反力 F_{Ax} 和 F_{Bz} 结果前的负号表示力实际方向与假设的方向相反。

【例 5-6】　图 5.10(a)所示为曲杆 $ABCD$,已知 $\angle ABC = \angle BCD = 90°$,$AB = a$,$BC = b$,$CD = c$,$M_2$,$M_3$,求支座 A、D 的反力及 M_1。

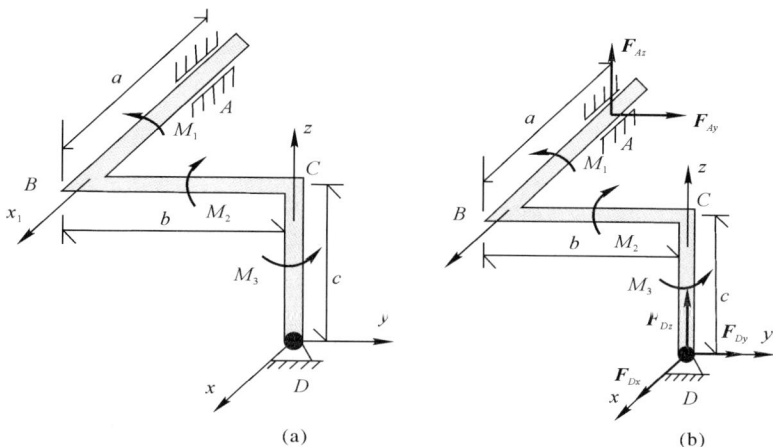

图　5.10

解　以曲杆 $ABCD$ 为研究对象,画受力图,如图 5.10(b)所示。列平衡方程,得

$$\sum F_x = 0, \quad F_{Dx} = 0$$

$$\sum M_y(\boldsymbol{F}) = 0, \quad -M_2 + F_{Az} a = 0$$

$$\sum M_z(\boldsymbol{F}) = 0, \quad M_3 - F_{Ay} a = 0$$

$$\sum F_y = 0, \quad F_{Ay} + F_{Dy} = 0$$

$$\sum F_z = 0, \quad F_{Az} + F_{Dz} = 0$$

$$\sum M_{x_1}(\boldsymbol{F}) = 0, \quad M_1 + b F_{Dz} + c F_{Dy} = 0$$

由上述 6 个平衡方程，依次求得

$$F_{Dx} = 0$$

$$F_{Ay} = \frac{M_3}{a}$$

$$F_{Dy} = -F_{Ay} = -\frac{M_3}{a}$$

$$F_{Dz} = -F_{Az} = -\frac{M_2}{a}$$

$$M_1 = -b F_{Dz} - c F_{Dy} = -b\left(-\frac{M_2}{a}\right) - c\left(-\frac{M_3}{a}\right) = \frac{b}{a}M_2 + \frac{c}{a}M_3$$

5.3.3 空间约束及其约束力

在空间力系问题中，约束力个数可能会有 1~6 个，因为它可以限制物体沿空间三轴的移动或绕空间三轴的转动。例如，在空间任意力系的作用下，固定端支座的约束力有 6 个。确定每种约束的约束力个数的基本方法是，观察被约束物体在空间可能的 6 个独立位移中，有哪几种位移被限制。限制移动的是约束力，限制转动的是约束力偶。几种常见的空间约束及其约束力的表示如表 5-1 所示。

表 5-1 几种常见的空间约束及其约束力的表示

约束类型	约束力
球形铰链 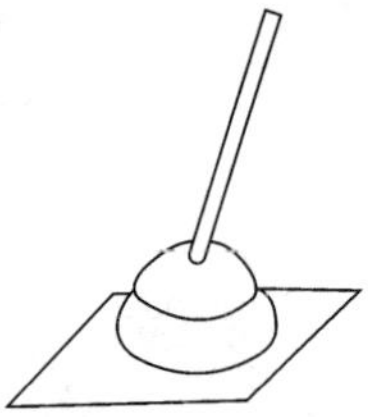 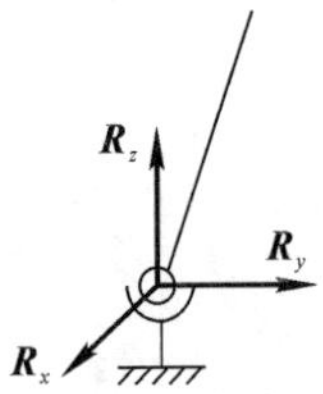	
向心轴承 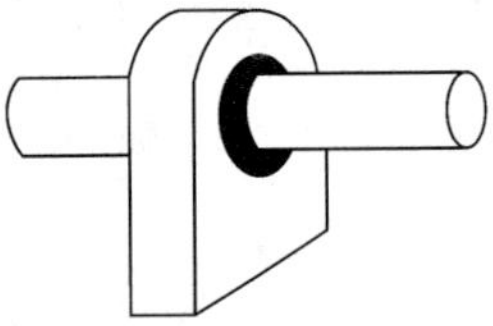 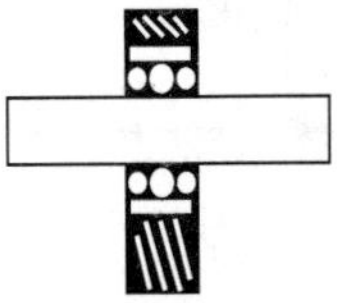 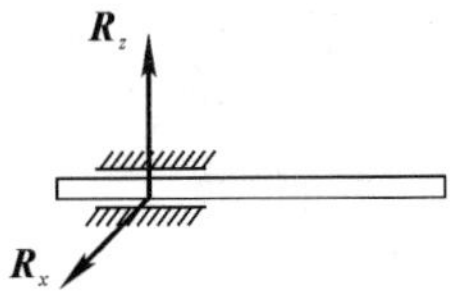	
滑动轴承 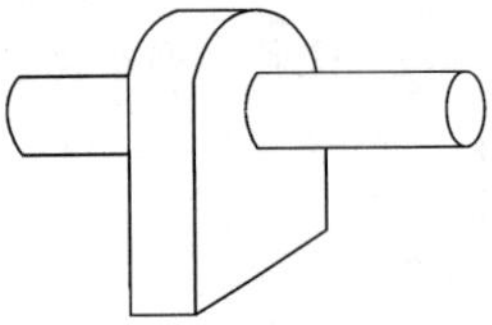  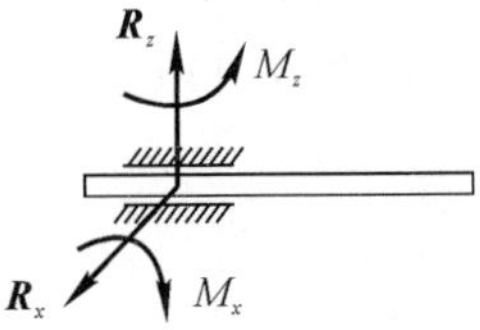	
止推轴承 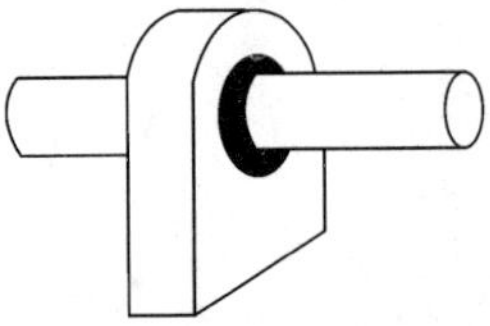 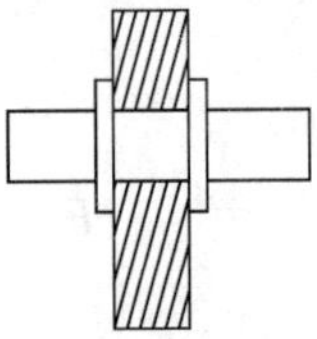 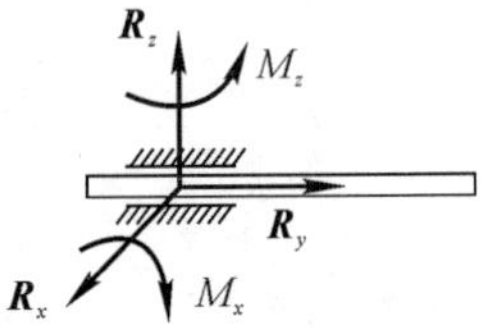	

续 表

约束类型	约束力
带销子夹板 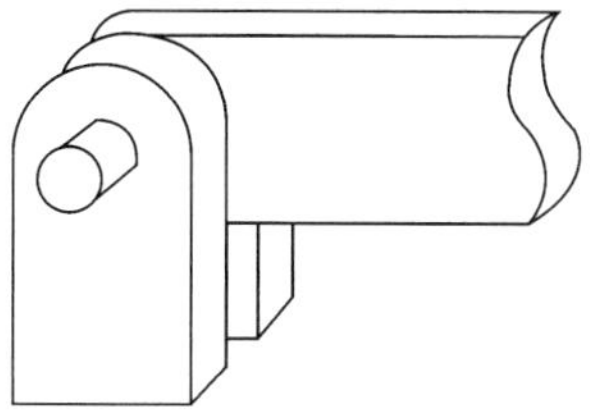 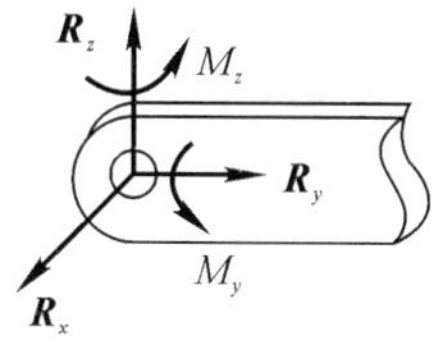	
空间固定端 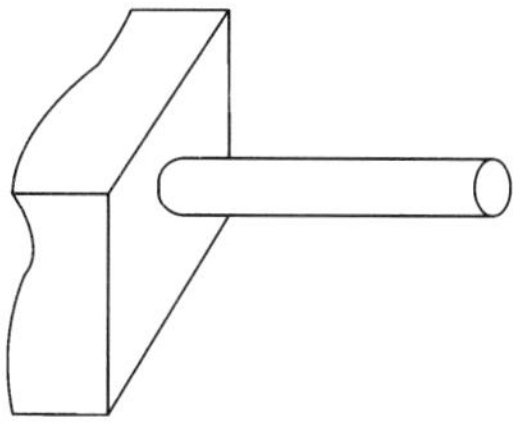 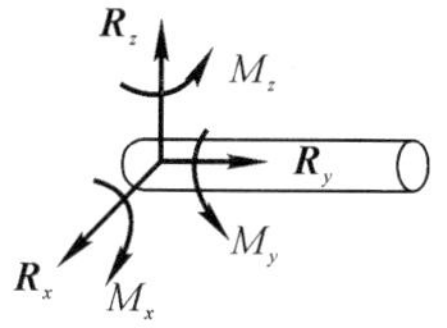	

5.4　物体的重心与平面图形的形心

5.4.1　物体重心的概念

重心在工程实际中具有很重要的意义,这是因为重心位置的设计会影响到物体的平衡和稳定。例如:起重机在起吊机器或货物时,为了避免它失去平衡而倾倒,其重心位置必须设计在一定的范围内;飞机在整个飞行过程中,重心应位于确定区域内;如果高速转动的转子的重心偏离转轴的轴线太多,就会引起强烈的振动而产生较大的动载荷。此外,在分析、研究物体的运动以及构件的承载能力时,也涉及与重心相关的问题。

由于地心引力的作用,地球上的物体都有重力。如将物体分割成许多微小部分,则每一个微小部分将受到一个微重力作用。地球远比所研究的物体大,因而可以认为这些微重力构成一个平行力系,这个平行力系的合力就是物体所受的重力,方向铅垂向下,其合力的作用点就是物体的重心。因此,求物体的重心,实际上就是求这一平行力系合力的作用点。物体的重心位置对物体来说是确定的。重心有时可能在物体的形体之外。

5.4.2　重心及形心坐标公式

将物体分割成许多微小部分,设每一微小部分的重力为 ΔG_i,这些微小部分重力的合力即为整个物体所具有的重力 G,即

$$G = \sum \Delta G_i \qquad\qquad (5-14)$$

如图 5.11 所示,在直角坐标系 $Oxyz$ 中,设物体任意一微小部分的重心坐标为 x_i、y_i、z_i,物体的重心坐标为为 x_C、y_C、z_C。由合力矩定理,分别对 x、y 轴取矩,得

$$-G x_C = -(\Delta G_1 x_1 + \Delta G_2 x_2 + \cdots + \Delta G_n x_n) = -\sum \Delta G_i x_i$$

$$-G y_C = -(\Delta G_1 y_1 + \Delta G_2 y_2 + \cdots + \Delta G_n y_n) = -\sum \Delta G_i y_i$$

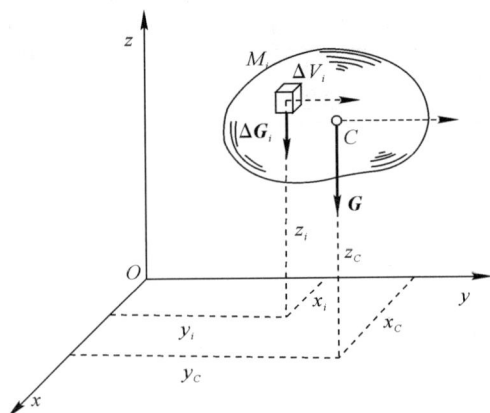

图 5.11

将物体连同坐标系 $Oxyz$ 一起绕 x 轴顺时针转 $90°$ 而使 y 轴向下,于是重力 $\boldsymbol{G}$ 和 $\boldsymbol{G}_i$ 都与 y 轴平行,如图中虚线箭头所示的方向,这时由合力矩定理,对 x 轴取矩,得

$$-Gz_C = -(\Delta G_1 z_1 + \Delta G_2 z_2 + \cdots + \Delta G_n z_n) = -\sum \Delta G_i z_i$$

最后,由以上三式得出物体的**重心坐标公式**为

$$x_C = \frac{\sum \Delta G_i x_i}{G}, \quad y_C = \frac{\sum \Delta G_i y_i}{G}, \quad z_C = \frac{\sum \Delta G_i z_i}{G} \tag{5-15}$$

若将物体分割得越细,则按式(5-15)计算得到的重心位置就越准确,在极限情况下也可通过积分进行计算。

对于均质物体,若用 ρ 表示其密度,用 ΔV 表示微小部分的体积,V 表示物体的体积,则 $\Delta G = \rho \Delta V g$,$G = \rho V g$,代入式(5-15),则得**均质物体的重心坐标公式**为

$$x_C = \frac{\sum \Delta V_i x_i}{V}, \quad y_C = \frac{\sum \Delta V_i y_i}{V}, \quad z_C = \frac{\sum \Delta V_i z_i}{V} \tag{5-16}$$

由式(5-16)可知,均质物体的重心与物体单位体积的重量无关,只决定于物体的几何形状和尺寸。这个由物体几何形状和尺寸所决定的点就是物体的几何中心,简称为形心。均质物体的重心也就是几何形体的中心,因此,式(5-16)也称为物体的形心坐标公式。但均质物体的重心和形心是两个意义完全不同的概念,前者是物理概念,后者是几何概念。而对于非均质物体,它的重心和形心就不在同一点上。

对于均质薄平板,其厚度远小于确定表面积的其他尺寸,这时欲求它的重心或形心,就可转化为求平面图形的重心或形心来处理。如图 5.12 所示,若用 δ 表示均质薄平板的厚度,ΔA 表示其微体面积,厚度取在轴方向上,将 $\Delta V = \Delta A \delta$ 代入式(5-16),即得平面图形的形心坐标公式为

$$x_C = \frac{\sum \Delta A_i x_i}{A}, \quad y_C = \frac{\sum \Delta A_i y_i}{A} \tag{5-17}$$

引入符号 S_x、S_y,变换式(5-17),得

$$S_x = \sum \Delta A_i y_i = A y_C, \quad S_y = \sum \Delta A_i x_i = A x_C \tag{5-18}$$

式中:S_x、S_y 分别称为平面图形对 x 轴和 y 轴的**静矩**。当所选坐标轴通过平面图形的形心

C 时,有 $x_C = 0$,$y_C = 0$,则 $S_x = 0$,$S_y = 0$,由此可得如下结论:**若某轴通过图形的形心,则图形对该轴的静矩必为零;若图形对某轴的静矩为零,则该轴必通过图形的形心。**

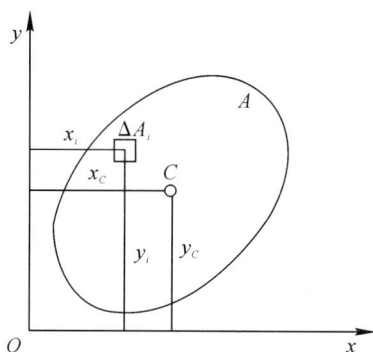

图 5.12

5.4.3 重心或形心的求法

1.查表法

简单几何形状物体的重心或形心位置一般可从工程手册查到,表5-2给出了一些简单几何形状物体的重心或形心位置。如果均质物体是具有对称面、对称轴或对称中心的,那么这类物体的重心或形心一定在其相应的对称面、对称轴或对称中心上。例如,长方形或平行四边形的重心或形心就在其对角线的交点上,正棱柱体的重心或形心就在其轴线上,等等。

表 5 - 2 简单几何形状物体的重心或形心位置

图　　形		重心位置
长方形		$x_C = \dfrac{1}{2}a$　$y_C = \dfrac{1}{2}b$
三角形		$x_C = \dfrac{1}{3}(a+b)$　$y_C = \dfrac{1}{3}h$

续 表

图　形	重心位置
梯形	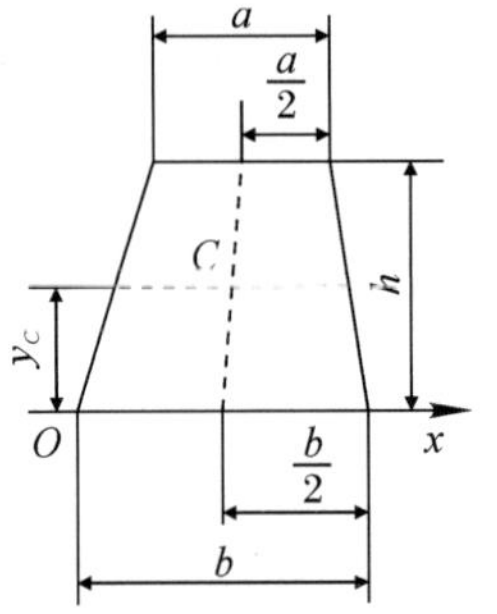 $y_C = \dfrac{h}{3}\dfrac{a+2b}{a+b}$
扇形	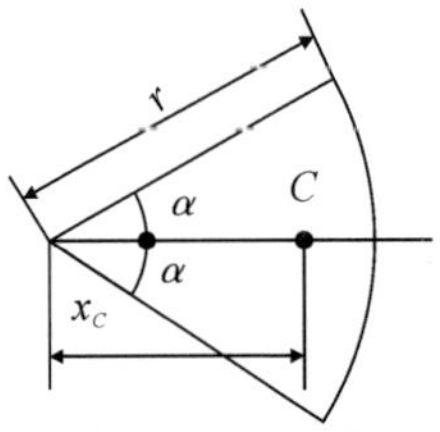 $x_C = \dfrac{2r\sin\alpha}{3\alpha}$ 半圆 $x_C = \dfrac{4}{3\pi}r$
圆弧	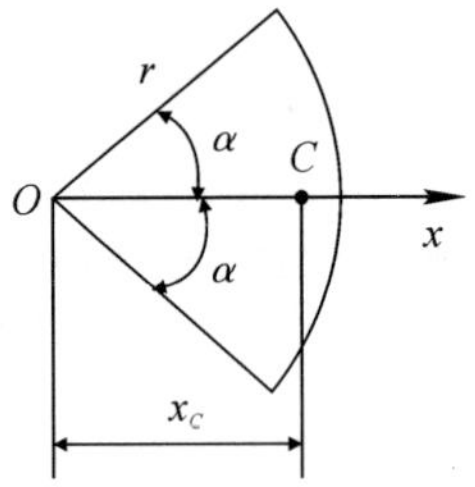 $x_C = \dfrac{2}{3}\dfrac{r\sin\alpha}{\alpha}$
抛物线面	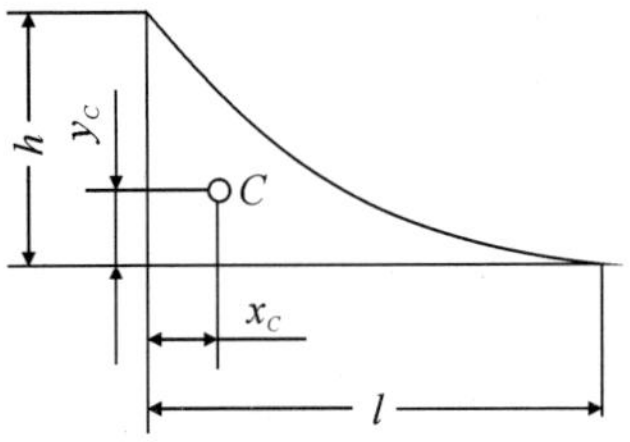 $x_C = \dfrac{1}{3}(a+b)$ $y_C = \dfrac{1}{3}h$
正角锥体	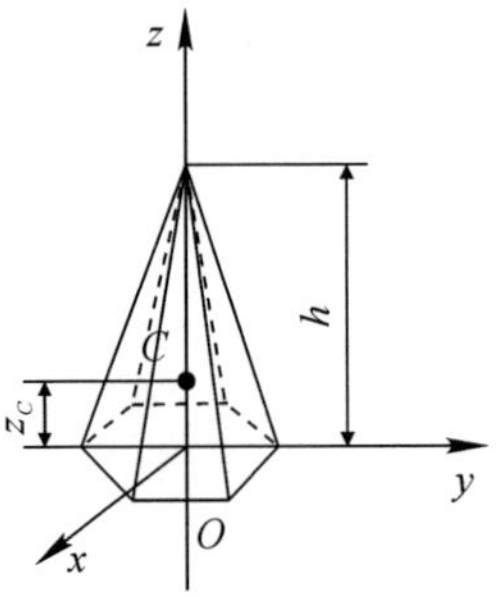 $z_C = \dfrac{1}{4}h$

续 表

图　形	重心位置
半圆球	$z_C = \dfrac{3}{8}r$
正圆锥体	$z_C = \dfrac{1}{4}h$

2. 组合法

(1)分割法。若一个物体由几个简单几何形状的物体组合而成,则可以将其分割成几个部分,而这些部分的重心或形心位置很容易确定,然后再由重心和形心的坐标公式(5-15)和式(5-16)求出组合物体的重心或形心位置。

【例 5-7】　试求 Z 形截面重心的位置,其尺寸如图 5.13 所示。

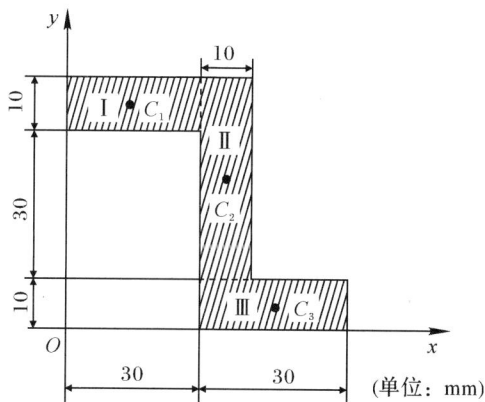

图　5.13

解　将 Z 形截面看作由Ⅰ、Ⅱ、Ⅲ三个矩形面积组合而成,取坐标系如图 5.13 所示,每个矩形的面积和重心位置可方便求出。

Ⅰ　$A_1 = 300$ mm²,　$x_1 = 15$ mm,　$y_1 = 45$ mm

Ⅱ　$A_2 = 400$ mm²,　$x_2 = 15$ mm,　$y_2 = 45$ mm

Ⅲ　$A_3 = 300$ mm²,　$x_3 = 15$ mm,　$y_3 = 45$ mm

按式(5-17)求得该 Z 形截面的重心坐标为

$$x_C = \frac{\sum \Delta A_i x_i}{A} = \frac{300 \times 15 + 400 \times 35 + 300 \times 45}{300 + 400 + 300} \text{ mm} = 32 \text{ mm}$$

$$y_C = \frac{\sum \Delta A_i y_i}{A} = \frac{300 \times 45 + 400 \times 30 + 300 \times 5}{300 + 400 + 300} \text{ mm} = 27 \text{ mm}$$

(2)负面积法。若物体内切去一部分,则其重心仍可应用式(5-15)和式(5-16)求得,只是切去部分的体积或面积应取负值。

【例 5-8】 求图 5.14 所示的图形的形心。已知大圆的半径为 R,小圆的半径为 r,两圆的中心距为 a。

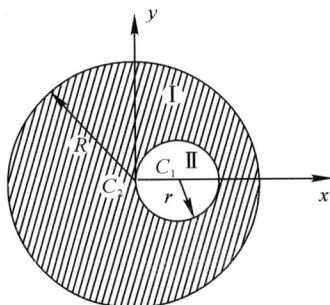

图 5.14

解 取坐标系如图 5.14 所示,因图形对称于 x 轴,其形心在 x 轴上,故 $y_C = 0$。

图形可看作由两部分组成,挖去的面积以负值代入、两部分图形的面积和形心坐标为

大圆:
$$A_1 = \pi R^2, \quad x_1 = y_1 = 0$$

挖去的小圆:
$$A_2 = -\pi r^2, \quad x_2 = r, \quad y_2 = 0$$

$$x_C = \frac{\sum \Delta A_i x_i}{A} = \frac{\pi R^2 \times 0 + (-\pi r^2) \cdot r}{\pi R^2 + (-\pi r^2)} = -\frac{r^3}{R^2 - r^2}$$

3. 实验方法

对于形状复杂或质量分布不均匀的物体,当用计算的方法求重心位置较为困难时,工程上常采用实验的力法测定其重心的位置。现介绍两种常用的方法。

(1)悬挂法。求某零件截面的形心,可用纸板按一定比例做成该截面的形状。先将纸板悬挂于任意一点 A,根据二力平衡公理,重心必在通过悬挂的 A 点的铅垂线上,标出此直线 AB,如图 5.15(a)所示;然后再将纸板悬挂于任意点 D,同样标出另一铅垂线 DE。直线 AB 与 DE 的交点 C 即为零件的形心,如图 5.15(b)所示。有时也可以悬挂两次以上,以提高精度。

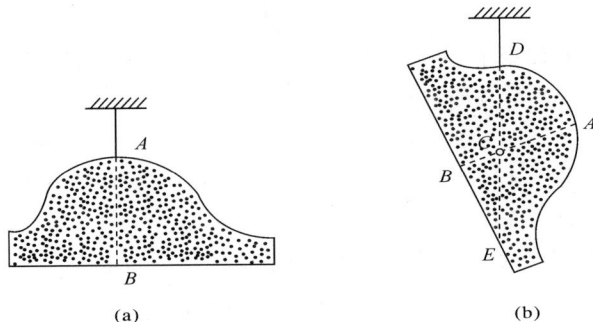

(a)

(b)

图 5.15

（2）称重法。对某些形状复杂或体积较大的物体可用称重法确定其重心位置。如图 5.16所示的内燃机连杆,因它具有对称轴,故只需确定重心在对称轴线上位置 x_C,其方法如下:首先称出连杆的重量 G,然后再将连杆的一端 B 放在秤上,另一端 A 搁在水平面或刃口上,使其中心线 AB 处于水平位置,读出秤上的读数 G_1,并量出 AB 间的距离 l,根据力矩平衡方程可得

$$G_1 l - G x_C = 0$$

即

$$x_C = \frac{G_1}{G} l$$

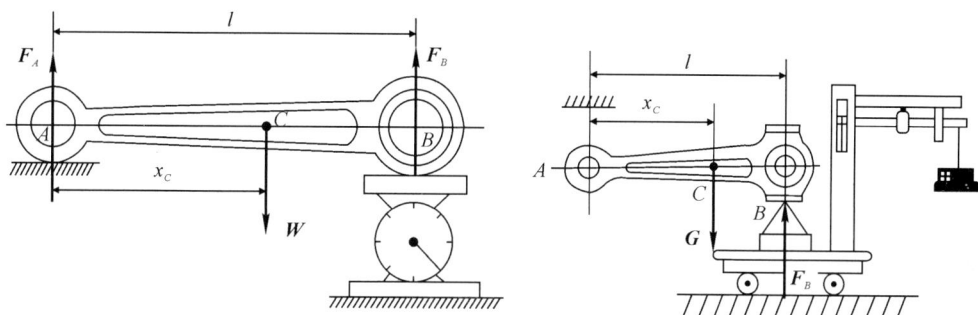

图 5.16

小 结

1. 力的投影

（1）直接投影法:若已知力 $\boldsymbol{F}$ 与三坐标轴的夹角分别为 α、β、γ,则力 $\boldsymbol{F}$ 在三个坐标轴上的投影等于力的大小乘以该角的余弦,即

$$\begin{cases} F_x = F\cos\alpha \\ F_y = F\cos\beta \\ F_z = F\cos\gamma \end{cases}$$

（2）间接投影法:若已知力 $\boldsymbol{F}$ 与 z 轴的夹角为 γ,力 $\boldsymbol{F}$ 与 z 轴所确定的平面与 x 轴的夹角为 φ,可先将力 $\boldsymbol{F}$ 在 xOy 平面上投影,然后再向 x 轴、y 轴进行投影,即

$$\begin{cases} F_x = F\sin\gamma\cos\varphi \\ F_y = F\sin\gamma\sin\varphi \\ F_z = F\cos\gamma \end{cases}$$

2. 力对轴之矩及合力矩定理

（1）力对轴之矩。空间力 $\boldsymbol{F}$ 对 z 轴之矩为力 $\boldsymbol{F}$ 在 xOy 平面内的分力对 z 轴与 xOy 平面的交点 O 之矩,即

$$M_z(\boldsymbol{F}) = M_O(\boldsymbol{F}_{xy}) = \pm F_{xy} h$$

其正负号可由右手螺旋法则来确定。

（2）合力矩定理。设有空间力系 $\boldsymbol{F}_1$,$\boldsymbol{F}_2$,$\cdots$,$\boldsymbol{F}_n$,其合力为 $\boldsymbol{F}_R$,合力对于某轴之矩等于各

个分力对于该轴之矩的代数和,即

$$M_x(\pmb{F}_R) = M_x(\pmb{F}_1) + M_x(\pmb{F}_2) + \cdots + M_x(\pmb{F}_n)$$

或

$$M_x(\pmb{F}_R) = \sum M_x(\pmb{F}_i)$$

3. 空间力系的平衡方程及其应用

(1)空间力系平衡方程。空间任意力系平衡的允分必要条件是:该力系简化后的主矢和力系对任一点的主矩都等于零,即

$$F_R' = 0, \quad M_O = 0$$

或

$$\begin{cases} \sum F_x = 0 \\ \sum F_y = 0 \\ \sum F_z = 0 \\ \sum M_x(\pmb{F}) = 0 \\ \sum M_y(\pmb{F}) = 0 \\ \sum M_z(\pmb{F}) = 0 \end{cases}$$

即空间任意力系平衡的充分必要条件是:力系中所有各力在三个坐标轴上的投影代数和等于零,以及各力对每一个坐标轴之矩的代数和也等于零。

(2)空间力系平衡方程的应用。空间力系平衡方程有 6 个独立的平衡方程,可以求解 6 个未知量,它是解决空间力系平衡问题的基本方程。

由空间力系平衡方程可推出空间汇交力系的平衡方程为

$$\begin{cases} \sum F_x = 0 \\ \sum F_y = 0 \\ \sum F_z = 0 \end{cases}$$

即各力在三个坐标轴上的投影代数和等于零。

由空间力系平衡方程可推出空间平行力系的平衡方程为

$$\begin{cases} \sum F_z = 0 \\ \sum M_x(\pmb{F}) = 0 \\ \sum M_y(\pmb{F}) = 0 \end{cases}$$

即各力在某坐标轴上的投影代数和等于零以及各力对另外二轴之矩的代数和都等于零。

4. 重心与平面图形的形心

由合力矩定理可得,物体的重心坐标公式为

$$x_C = \frac{\sum \Delta G_i x_i}{G}, \quad y_C = \frac{\sum \Delta G_i y_i}{G}, \quad z_C = \frac{\sum \Delta G_i z_i}{G}$$

对于均质物体,其重心坐标公式为

$$x_C = \frac{\sum \Delta V_i x_i}{V}, \quad y_C = \frac{\sum \Delta V_i y_i}{V}, \quad z_C = \frac{\sum \Delta V_i z_i}{V}$$

均质物体的重心和形心是重合的。均质组合体的重心可用组合法的计算公式求解;非均质物体或多件组合体,一般采用实验法来确定其重心位置。

▲拓展阅读

仿生力学与未来飞行器

仿生力学对于未来空天飞行器具有关键作用,国内外多家单位在仿生减阻和微型飞行器上做了很多前期工作,对未来微型飞行器的研制具有重要意义。

在自然界中,生物的宏观与微观结构、形状及运动方式都是经过亿万年自然选择的结果,许多功能超出人类的想象,其中生物外观形状及表面微结构都具有减小阻力的效果,例如,鸟类和鱼类身体流线型以及鲨鱼皮肤表面的沟槽结构。生物不同的减阻方式为减阻设计提供了一个可行的研究方向,通过研究这些生物结构减阻的机理,找出符合未来空天飞行器减阻要求的设计方案。鲨鱼在水中能够快速游动,除了其身体流线型的外形,其皮肤表面有序排列的细小沟槽也起着重要作用,这些微沟槽基本与流动方向平行,能够减小鲨鱼游动过程中的阻力。根据生物体表面微沟槽能够减小其阻力的启示,人们设计了一系列单一尺度的沟槽(V形、L形、U形、半圆形等),起到了一定的减阻效果。然而通过进一步观察,发现鲨鱼皮肤表面的沟槽并不是单一尺度的,通过增加一些二级沟槽,可以进一步增强减阻效果。

在国外,沟槽减阻技术已经取得了较大进展,并应用于工程实际中。例如,空中客车公司将 A320 试验机表面的 70% 贴上沟槽薄膜,其节油效果达到 1%～2%,在 NASA 的兰利研究中心对 Learjet 型飞机的飞机实验中,减阻达到 6% 左右。另外,受鲨鱼腮部射流功能的启发,人们提出仿生射流表面减阻法。随着射流速度幅值的增加,翼型的平均升力系数和阻力系数都会增加,射流频率对升力的影响呈非线性。轴对称钝头体或逆向射流会增加激波的脱体距离,在钝头体前面形成低压回流区,从而起到减小激波阻力的作用。射流孔的大小和形状以及射流速度都会影响减阻效果,射流孔面积越大,减阻效果越好;射流流量越大,减阻效果越好。随着射流速度的增大,黏性剪应力减小,湍流强度增大,消耗的湍动能增大,雷诺应力增大,仿生射流表面的减阻效果由减小的黏性剪应力和增大的雷诺应力共同决定。仿生射流减阻的根本原因是射流流体改变了射流孔下游的流场结构,使得近壁面主流流体的速度减小,射流表面边界层的厚度增大,壁面法线方向上的速度梯度减小,壁面剪应力减小,从而达到减阻效果。

微型飞行器是 20 世纪 90 年代出现的新型飞行器,由于微型飞行器在军用和民用两方面均有巨大的应用前景,是目前及未来空天飞行器的重要发展方向。微型飞行器研制过程中遇到一系列关键技术问题,包括高升阻比气动构型与增升措施,飞行稳定性和抗干扰能力,微型化导航和控制系统,轻质高强材料、结构与设计优化,超轻、微型化任务载荷,高效推进能源动力,等等。

生物仿生力学为微型飞行器提供了巨大的探索空间和应用前景,以蜻蜓为代表的飞行动物通过扑翼产生高升力,蜻蜓两翼在打开过程中前缘会形成一对很强的分离涡,产生很大的升力,实验结果表明其升力系数能够达到5。抗干扰稳定飞行是飞行动物的一大特点,通过翅膀和身体对外界条件变化做出自适应变形,实现在强风和复杂环境下悬停或稳定飞行。通过仿生力学模拟飞行动物高稳定性、高机动性飞行能力,除了发展具有高可靠性、强抗干扰能力的智能自主控制理论与方法,还需要灵巧蒙皮、自适应结构、可变形机翼和完全柔性飞行器的变参数自适应控制理论和技术。生物仿生力学为智能微型飞行器研制提供了有效解决关键技术的途径,在未来空天飞行器研制过程中将发挥不可替代的作用。

习 题 五

一、填空题

1.力在空间坐标轴上的投影法有_____和_____。已知力 F 与坐标轴间的夹角 α、β、γ 时,用_____求力的投影;已知力 F 与某坐标轴的夹角及力 F 与这个轴组成的平面与另一轴的夹角时,用_____求力的投影。

2.简化空间力对坐标轴的力矩,就等于力在_____的平面上的投影,对轴与平面交点的力矩,用公式表示为 $M_x(F)=$ _____。

3.若力 F 的作用线穿过 x 轴(不垂直于 x 轴),其投影和力矩方程分别是_____;若力 F 的作用线垂直穿过 x 轴,其投影和力矩方程分别是_____;若力 F 的作用线与 x 轴平行,其投影和力矩方程分别是_____;若力 F 的作用平面与 x 轴垂直,且 F 作用线不穿过 x 轴,其投影和力矩方程分别是_____。

4.空间力系中,合力对某轴的力矩等于各分力对_____的代数和。

5.空间力系有_____个独立的平衡方程,最多只能解出_____个未知数。

6.从空间任意力系平衡方程可推出空间汇交力系有_____个独立的平衡方程,空间力偶系有_____个独立的平衡方程,空间平行力系有_____个独立的平衡方程,

7.空间固定端约束有_____个约束力和_____个约束力偶矩。

二、计算题

1.图 5.17 所示长方体的顶角 A 和 B 处分别作用有力 F_1 和 F_2,已知 $F_1=500$ N,$F_2=700$ N。试分别计算两力在坐标轴 x、y、z 上的投影和对轴 x、y、z 之矩。

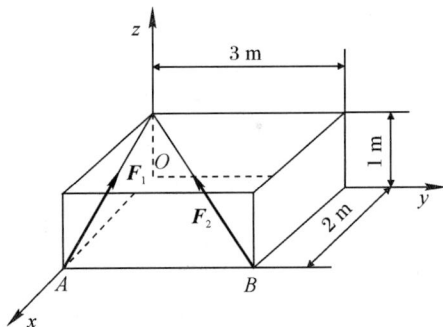

图 5.17

2.计算如图 5.18 所示的手柄上的力 F 对坐标轴 x、y、z 之矩。已知 $F=100$ N,$AB=20$ cm,$BC=40$ cm,$CD=15$ cm,$ABCD$ 构成一水平面,$\alpha=\beta=60°$。

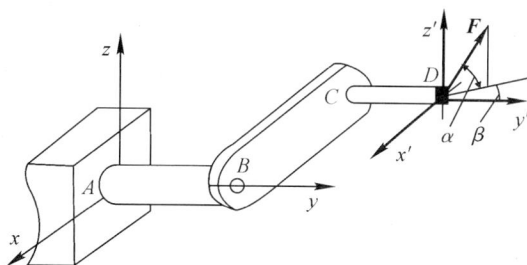

图　5.18

3.如图 5.19 所示,连杆 AB 铰接于墙上 B 点,并在点 A 处用绳 AC 及 AD 系住,且 A、C、D 在一个水平面内。已知力 $G=10$ kN,试求绳 AC、AD 及杆 AB 所受力的大小。

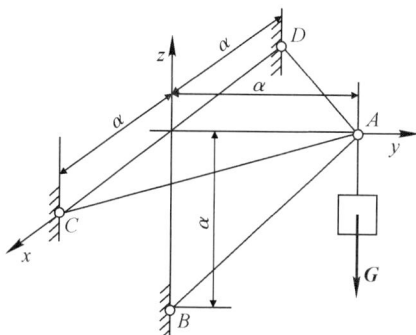

图　5.19

4.如图 5.20 所示的水平轴放在轴承 A 和 B 上,水平轴 C 处装有轮子,其半径等于 200 mm,在此轮上用细绳挂的重锤重 $G_2=250$ N。在轴上 D 处装有杆 DE,此杆垂直地固结在水平轴 AB 上,杆 DE 下端套的重锤重 $G_1=1\,000$ N。轴的尺寸如图所示。当轴平衡时,杆 DE 与铅垂线成 30°角。今不计水平轴及轮子的重量,试求重量为 G_1 的重锤重心 E 到轴 AB 的距离,以及轴承 A 和 B 的约束力。

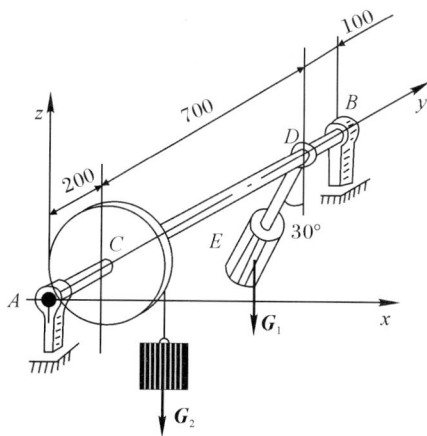

图　5.20

5.试求图 5.21 所示的截面图形的形心坐标,图中所示尺寸单位为 mm。

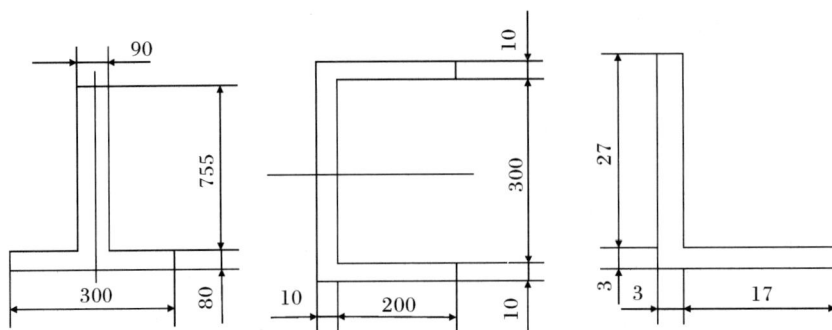

图 5.21

6.试求图 5.22 所示的截面图形阴影部分的形心坐标。

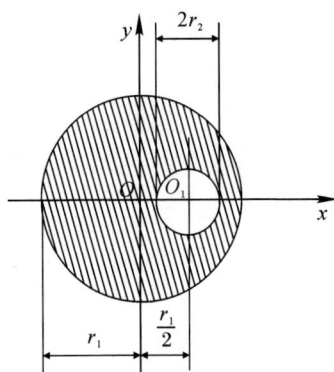

图 5.22

7.如图 5.23 所示,半圆形截面的半径为 R,试求该截面图形对 z 轴的静矩及形心 C 的坐标 y_C。

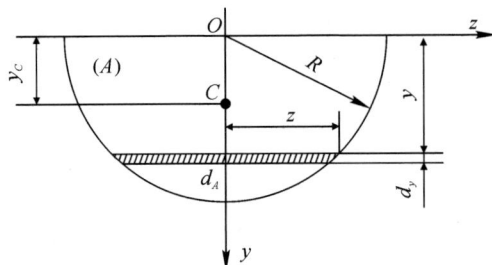

图 5.23

第6章 轴向拉伸与压缩

本章主要介绍材料力学的基本概念、轴向拉(压)杆的轴力、应力、变形和强度的计算。为研究工程问题中的轴向拉(压)构件提供计算依据。

6.1 材料力学的基本概念

6.1.1 材料力学的任务

组成各种机械设备和工程机构的各个部分称为**构件**。生产实践中,必须使构件安全可靠地工作,才能保证机械设备或工程结构安全可靠。因此,要求每一个构件都必须具备足够的承载能力。把研究构件承载能力的科学称为**材料力学**。

构件的承载能力包括三方面的要求。

(1)强度。**把构件抵抗破坏的能力称为强度**。为了保证构件在外载荷(外力)作用下不发生破坏,要求每个构件具有足够的强度。

(2)刚度。**把构件抵抗变形的能力称为刚度**。构件在载荷作用下会产生变形,变形过大会影响构件的正常工作。为了保证构件正常工作,要求每个构件要有足够的刚度。

(3)稳定性。对于一些受压的细长杆件或者薄壁结构,当压力超过某一数值时,杆件将不再保持原有的直线平衡状态,而突然变弯或折断,这种现象称为构件丧失了稳定性。因此,**把压杆能够保持原有直线平衡状态的能力称为压杆的稳定性**。

为保证构件在载荷作用下具有足够的强度、刚度和稳定性,构件可选用较好的材料和较大的截面,但这又与节约材料、减轻构件自重、降低成本相矛盾。材料力学就是在解决这一矛盾中产生和发展的。因此,材料力学的任务就是:**在保证构件安全又经济的前提下,为构件选择合适的材料,确定合理的形状和尺寸,提供必要的理论基础和实用的计算方法**。

6.1.2 变形体及基本假设

在理论力学分析中,忽略了载荷作用下物体形状和尺寸的改变,将物体抽象为刚体。而工程实际中,刚体是不存在的,任何固体在载荷的作用下,其形状和尺寸都会发生改变,即便变形很微小,也不能忽略,因此,这种固体被称为**变形体**。

工程实际中,各种构件所用材料的物质结构及性能是非常复杂的,为了便于理论分析和实际计算,对变形固体作以下基本假设:

(1)**连续性假设**。假定变形体是连续分布的,内部没有任何空隙,完全分布在物体所占有的全部空间。虽然固体物质都是由微观粒子组成的,内部不可避免会存在孔隙,但材料力学所研究的内容是宏观的,材料内部的空隙与构件尺寸相比,是微不足道的,可以忽略不计。

(2)**均匀性假设**。假定材料内部不同部位的力学性能相同。实际材料由于冶金凝固过程的不均匀性或材料塑性加工的变形不均匀性,将会导致材料不同部位的力学性能有所差异,在材料力学的研究对象中,忽略上述差异。

(3)**各向同性假设**。假定变形体内部各个方向的力学性能是相同的。工程中使用的大部分金属材料具有各向同性的性能,但复合材料、木材、纺织品一般属于各向异性材料,材料力学中一般限于讨论各向同性材料。

(4)**弹性小变形假设**。在载荷作用下,构件会产生变形。当载荷不超过某一限度时,载荷卸去之后变形就会消失。这种卸载后能够消失的变形称为**弹性变形**。若载荷超过某一限度,卸载后变形不能完全消失,则这一部分不能消失的变形称为**塑性变形**。后面几章将主要研究微小的弹性变形问题,称为**弹性小变形**。由于这种弹性小变形与构件的原始尺寸相比非常微小,因此,在确定构件内力和计算变形时均忽略不计,而按照构件原始尺寸进行分析计算。

6.1.3 杆件变形的基本形式

工程实际中,构件的种类繁多,根据其几何形状,可以简化分为杆、板、壳、块四类,其中最常见的形式是杆。杆是长度远大于横向尺寸的构件,其几何特点是由**轴线**和**横截面**来描述的。垂直于杆长的截面称为横截面,各横截面的形心的连线称为轴线。轴线是直线的杆为直杆,各横截面大小、形状相同的杆称为等截面杆。本书将主要研究等截面直杆(简称等直杆)的变形和承载能力。

等直杆在载荷作用下的基本变形形式如图 6.1 所示:图 6.1(a)表示轴向拉伸与压缩,图 6.1(b)表示剪切,图 6.1(c)表示扭转,图 6.1(d)表示弯曲。

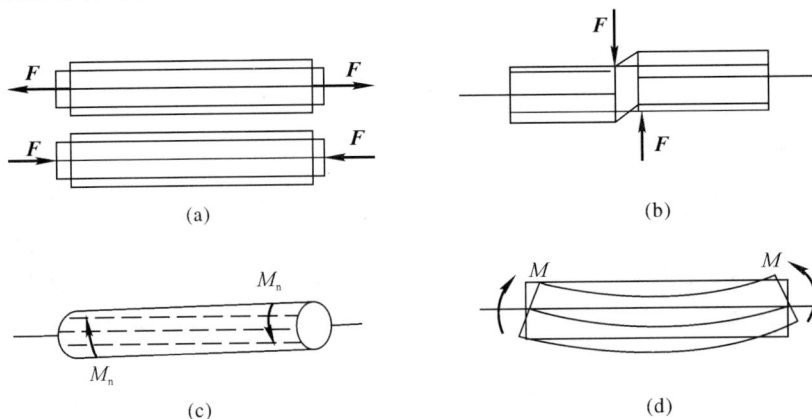

图 6.1

除以上基本变形外,工程中还有一些复杂的变形形式。每一种复杂变形都是由两种或两种以上的基本变形组合而成的,称为组合变形。

6.2　轴力和轴力图

6.2.1　轴向拉伸与压缩的概念

轴向拉伸与压缩变形是杆件基本变形中最简单、最常见的一种变形。在一对大小相等、方向相反、作用线与杆件轴线重合的外力作用下,杆件发生沿其轴线方向伸长或者缩短的变形,称为轴向拉伸或轴向压缩,简称拉伸或压缩,工程中有很多杆件是承受轴向拉伸或压缩的。如图 6.2 所示的简易吊车的三角桁架,图 6.3 所示的屋架中的弦杆、牵引桥的拉索和桥塔、阀门启闭机的螺杆等均为拉压杆。

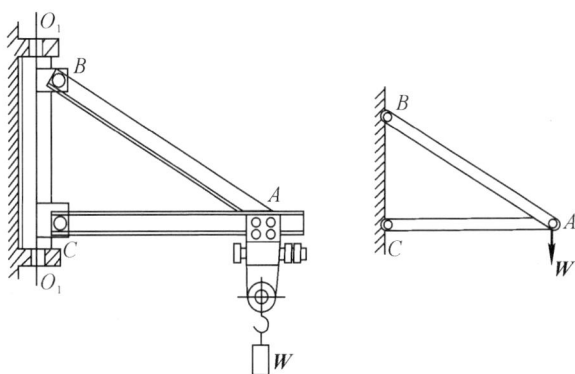

图　6.2

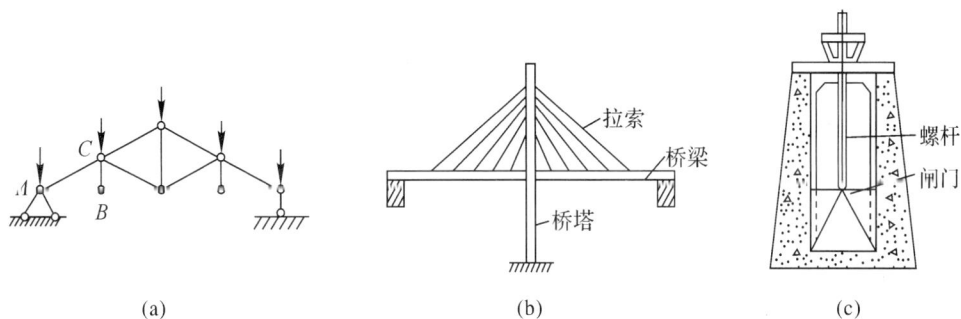

|(a)|(b)|(c)|

图　6.3

杆件的受力与变形特点是:**作用于杆端的外力(或合外力)的作用线与杆件的轴线相重合,其变形为沿杆轴线方向的伸长或缩短**。杆件的这种变形称为**轴向拉伸或压缩**,力学简图如图 6.4 所示。发生轴向拉伸与压缩的杆件一般称为拉(压)杆。

图　6.4

6.2.2 内力的概念

构件所承受的载荷及约束反力统称为外力。构件在外力作用下产生变形,其各部分之间的相对位置便发生变化,其相邻各部分之间就会产生阻止这种相对位置发生变化的力。**这种由外力引起的构件内部各部分之间的相互作用力,称为内力。**

杆件的内力会随外力的增大而增大,但内力增大是有限度的。若超过某一限度,杆件就会被破坏,所以内力的大小和分布形式与杆件的承载能力密切相关。因此,确定杆件的内力是解决杆件强度和刚度问题的重要环节。

6.2.3 拉(压)杆的内力——轴力

图 6.5(a)为一受拉杆的力学简图,为了确定其横截面 $m—m$ 的内力,可以假想地用一截面 $m—m$ 将杆件截开,分成左右两段,取其中的左段[见图 6.5(b)]或右段[见图 6.5(c)]作为研究对象。杆件在外力作用下处于平衡,则左、右两段必然也处于平衡状态。左段上有外力 F 和截面内力作用,由二力平衡条件知,该内力必和外力 F 共线,且沿杆件的轴线方向,用 F_N 表示,称为**轴力**。由平衡方程可求出轴力的大小,即

$$\sum F_x=0, \quad F_N-F=0$$

求得

$$F_N=F$$

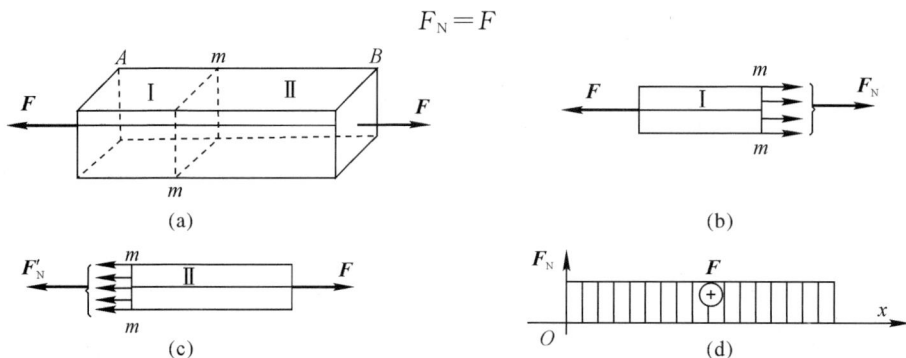

图 6.5

同理,右段上也有外力 F 和 F_N' 截面内力,且满足平衡方程。因为 F_N 与 F_N' 是一对作用力与反作用力,必等值、反向和共线。因此,无论研究截面左段求出的轴力 F_N 还是研究右段求出的轴力 F_N',都表示 $m—m$ 截面的内力。力是矢量,在方位确定的情况下,需规定其符号。通常规定拉伸时的轴力为正(轴力的方向离开截面),压缩时的轴力为负(轴力的方向指向截面)。

上面求内力的方法称为**截面法**,其步骤概括为以下四步:

(1)截——沿欲求内力的截面,假想地用一个截面把杆件分为两段。

(2)取——取出任一段(左段或右段)为研究对象。

(3)代——将另一段对该段截面的作用力,用内力代替。

(4)平——列平衡方程式,求出该截面内力的大小。

截面法是求内力最基本的方法。值得注意的是,应用截面法求内力,截面不能选在外力作用点处的截面上。从截面法求轴力可以得出:**两外力作用点之间各个截面的轴力都相等。**

6.2.4　轴力图

为了能够形象直观地表示出各截面轴力的大小,常常绘出杆件的轴力图。通常按照杆件的长度,以平行于杆轴线的坐标表示横截面所在的位置,以垂直于杆轴线的坐标表示横截面上轴力的数值,这样便绘制出杆的轴力图。在绘制轴力图时,要根据杆件上的外力,按每相邻两个力之间的部分为一段,把杆件分为若干段,同一段上各截面的轴力相等。

【例 6 - 1】　如图 6.6(a)所示,一等直杆受到轴向外力作用,其中 $F_1 = 15\ \text{kN}$,$F_2 = 10\ \text{kN}$,试计算各截面的轴力并画出轴力图。

解　(1)计算外力。先解除约束,画出杆件的受力图[见图 6.6(b)]。A 端的约束力 F_A 由平衡方程求得,即

$$\sum F_x = 0, \quad F_A - F_1 + F_2 = 0$$

解得

$$F_A = F_1 - F_2 = (15-10)\ \text{kN} = 5\ \text{kN}$$

(2)计算内力。杆件受外力 F_A、F_1、F_2 的作用,因此可将杆件分为 AB 和 BC 两段。在 AB 段用截面 1—1 将其截分为两段,取左段为研究对象,右段对截面的作用力用 F_{N1} 来代替,并假定该轴力 F_{N1} 为正[见图 6.6(c)]。由平衡方程可得

$$\sum F_x = 0, \quad F_A + F_{N1} = 0$$

解得

$$F_{N1} = -F_A = -5\ \text{kN}$$

负号表示 F_{N1} 的方向和假定的方向相反,截面受压。

在 BC 段,用任意截面 2—2 将杆件截为两段,取左段为研究对象,右段对左段截面的作用力用 F_{N2} 来代替,同样假定该轴力 F_{N2} 为正[见图 6.6(d)]。由平衡方程可得

$$\sum F_x = 0, \quad F_A - F_1 + F_{N2} = 0$$

解得

$$F_{N2} = -F_A + F_1 = (-5+15)\ \text{kN} = 10\ \text{kN}$$

所得结果符号为正,说明该段杆件受拉。

(3)画轴力图。在 AB 段内,截面 1—1 是任意取的,因此,截面 1—1 的轴力 F_{N1} 就是 AB 段内各个截面的轴力;同理,BC 段内各个截面的轴力都等于截面 2—2 的轴力 F_{N2}。画出的轴力图如图 6.6(e)所示。

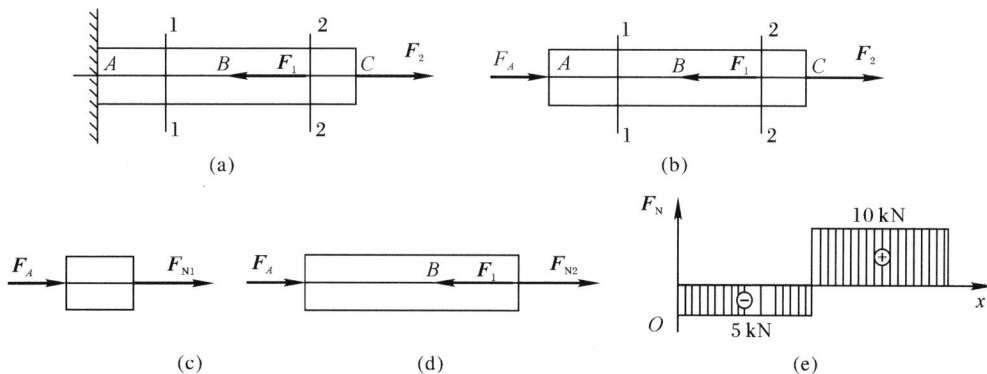

(a)　　　　　　　　　　　　　　(b)

(c)　　　　　(d)　　　　　(e)

图　6.6

由上例可以总结出轴力的变化情况与外力的关系,称为突变规则。根据突变规则可以直接画出轴力图,并求出轴力的最大值。

突变规则为:

(1)凡有集中力作用的截面,轴力发生突变,其突变量等于集中力的大小;

(2)突变方向按照"当从左至右画图时,向左的外力所对应的轴力向上突变,向右的外力所对应的轴力向下突变"的规则,简称"左上右下",两集中力之间的轴力与 x 轴平行;

(3)作图时从坐标原点出发,按照突变规则,最终回到 x 轴上。

【例 6 - 2】 利用突变规则绘制图 6.7(a)所示的杆件的轴力图,并确定最大轴力的大小及作用位置。

解 先建立 F_N-x 直角坐标系,坐标原点与杆件的 A 点对齐,如图 6.7(b)所示。由于在 A 点作用有大小为 10 kN、方向向左的集中力,按"左上右下"规则,从坐标原点出发,向上画 10 kN(按比例)大小的铅垂线;A、B 点之间没有其他外力,所以向右画 x 轴的平行线直至 B 截面处;在 B 点作用有一大小为 30 kN、向右的集中力,故向下画 30 kN(按比例)大小的铅垂线,再向右画 x 轴平行线至 C 截面。依此类推,可以画出整个轴力图。从轴力图上可以看出,最大轴力为 20 kN,作用在 BC 段,杆件受压。

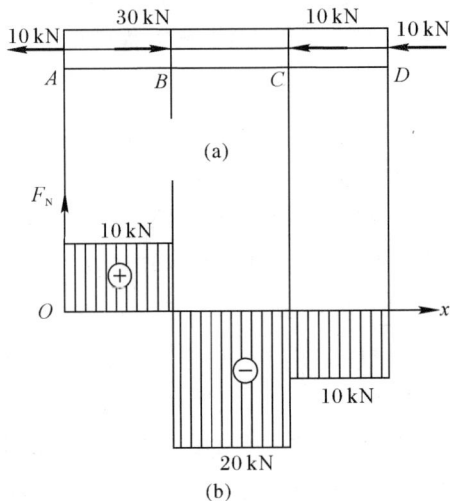

图 6.7

6.3 轴向拉(压)杆截面上的应力计算

6.3.1 应力的概念

同一材料制成粗细不同的两根直杆,在相同轴向拉力的作用下,杆内的轴力相同。随着拉力的增大,细杆将首先被拉断。这说明杆件的破坏不仅与杆件内力的大小有关,还与内力在横截面上分布的密集程度(简称集度)有关,为此引入了应力的概念。把内力在截面上的集度称为应力,其中垂直于截面的应力称为正应力,用 σ 表示;平行于截面的应力称为切应力,用 τ 表示。

应力的单位是帕斯卡,简称帕,记作 Pa,且 1 Pa＝1 N/m²。

工程实际中应力数值较大,常用 MPa(兆帕)或 GPa(吉帕)作为应力单位。

$$1 \text{ MPa}＝10^6 \text{ Pa}＝10^6 \text{ N/m}^2＝1 \text{ N/mm}^2$$

$$1 \text{ GPa}＝10^9 \text{ Pa}$$

6.3.2　轴向拉伸与压缩时横截面上的正应力

取一等截面直杆作为试件,如图 6.8(a)所示,在其表面上沿垂直于杆件轴线方向画垂直线段 ab、cd,然后对其施加拉伸载荷 F。在受到拉伸后,试件产生变形,线段 ab、cd 分别平移到 $a'b'$ 和 $c'd'$ 的位置[见图 6.8(b)],且各线段仍与杆件轴线垂直。由此断定,横截面上的内力是均匀分布的[见图 6.8(c)],即横截面上各点的应力大小相等,方向垂直于横截面,是**正应力**,其计算公式为

$$\sigma＝\frac{F_N}{A} \tag{6-1}$$

式中:F_N 为横截面上的轴力;A 为横截面的面积。

正应力的正负符号规定与轴力相同:拉伸时为正,压缩时为负。

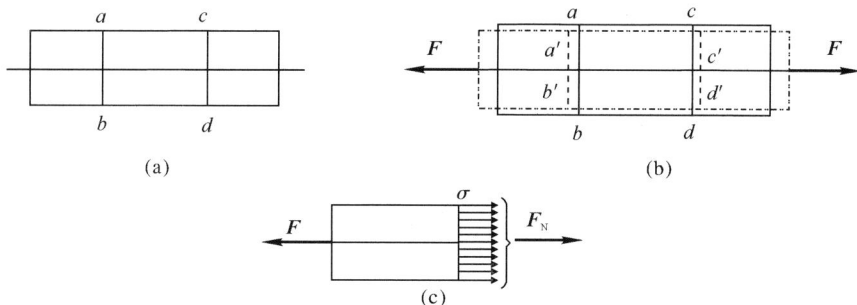

图　6.8

【**例 6-3**】　在图 6.9(a)所示的杆件中,已知 $F_1＝20$ kN,$F_2＝520$ kN,AB 段的直径 $d_1＝20$ mm,BC 段的直径 $d_2＝30$ mm,试求杆件各段横截面上的正应力。

解　(1)求约束力。一般情况下,应首先确定所有支座的约束力。在本例中,杆件左端为自由端,利用突变规则,从左至右作图,可以根据外力直接绘制出轴力图,而不必求出固定端的约束力。

(2)确定各横截面的轴力。根据突变规则,直接画出轴力图,如图 6.9(b)所示。从图中可以看出,AB 段、BC 段的轴力分别为

$$F_{N1}＝20 \text{ kN}, \quad F_{N2}＝-30 \text{ kN}$$

(3)计算各截面上的正应力。由式(6-1)可得,AB 段横截面上的正应力为

$$\sigma_1＝\frac{F_{N1}}{A_1}＝\frac{F_{N1}}{\frac{\pi d_1^2}{4}}＝\frac{4\times 20\times 10^3}{\pi\times 20^2\times 10^{-6}} \text{ Pa}＝63.7\times 10^6 \text{ Pa}＝63.7 \text{ MPa(拉应力)}$$

BC 段横截面上的正应力为

$$\sigma_2＝\frac{F_{N2}}{A_2}＝\frac{F_{N2}}{\frac{\pi d_2^2}{4}}＝\frac{4\times(-30\times 10^3)}{\pi\times 30^2\times 10^{-6}} \text{ Pa}＝-42.4\times 10^6 \text{ Pa}＝-42.4 \text{ MPa(压应力)}$$

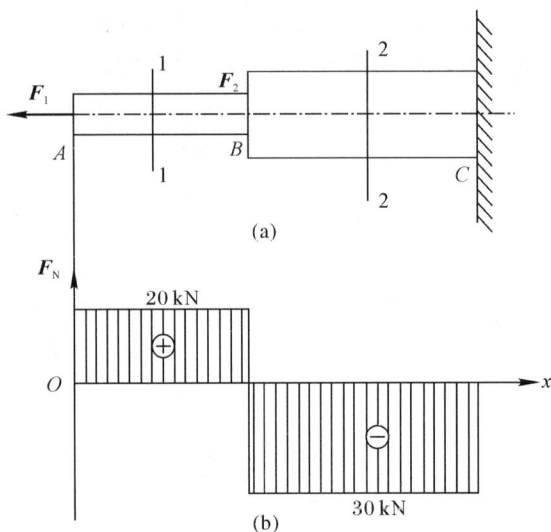

图 6.9

6.4 轴向拉(压)杆的变形

试验表明:杆件在受拉时纵向尺寸伸长,横向尺寸缩短;受压时,纵向尺寸缩短,横向尺寸伸长。

6.4.1 变形与线应变

图 6.10 所示为等直杆受拉变形,原长为 l,横向尺寸为 b 的等直杆,在轴向外力的作用下,纵向伸长到 l_1,横向缩短为 b_1。把拉(压)杆的纵向伸长(或缩短)量称为绝对变形,用 Δl 表示;横向缩短(或伸长)量用 Δb 表示。

纵向变形 $\Delta l = l_1 - l$,横向变形 $\Delta b = b_1 - b$。

拉伸时 Δl 为正,Δb 为负;压缩时相反。

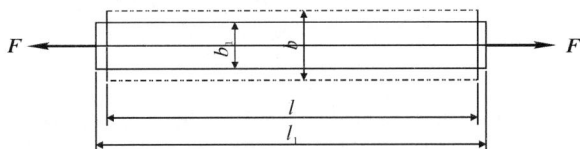

图 6.10

绝对变形与杆件的原长有关,它不能准确反映杆件的变形程度。为消除原使尺寸的影响,引入相对变形的概念。用 ε 表示纵向相对变形,ε' 表示横向相对变形,则

$$\varepsilon = \frac{\Delta l}{l}, \quad \varepsilon' = \frac{\Delta b}{b}$$

ε 又称为**纵向线应变**,ε' 称为**横向线应变**,它们都是无量纲的量,其大小反映了杆件的变形程度。

试验证明,对于同一种材料,在弹性范围内,其横向应变与纵向应变的比值为一常数,记作 μ,称为**横向变形系数(泊松比)**。

$$\left|\frac{\varepsilon'}{\varepsilon}\right|=\mu \text{ 或 } \varepsilon'=-\mu\varepsilon \qquad (6-2)$$

几种常用工程材料的 μ 值见表 6-1。

表 6-1　几种常用工程材料的 E、μ 值

材料名称	E/GPa	μ
低碳钢	$200\sim220$	$0.25\sim0.33$
合金钢	$190\sim220$	$0.24\sim0.33$
灰铸铁	$115\sim160$	$0.23\sim0.27$
铜及其合金	$74\sim130$	$0.31\sim0.42$
铝合金	70	$0.20\sim0.33$
橡胶	$0.000\ 008$	0.47

6.4.2　胡克定律

试验证明,受轴向拉压的杆件,当应力不超过某一极限值时,杆件的纵向变形 Δl 与轴力 F_{N} 成正比,与杆长 l 成正比,与横截面面积 A 成反比。这一比例关系称为胡克定律。引入比例常数 E,即有

$$\Delta l=\frac{F_{\text{N}}l}{EA} \qquad (6-3)$$

式中:E 为材料的抗拉(压)弹性模量,单位为 GPa。EA 值是拉(压)杆抵抗变形能力的量度,称为杆件的**抗拉(压)刚度**。各种材料的弹性模量 E 是由实验测定的。几种常见材料的 E 值见表 6-1。

将 $\dfrac{F_{\text{N}}}{A}=\sigma$ 和 $\dfrac{\Delta l}{l}=\varepsilon$ 代入式(6-3),则得到胡克定律的另一种表达式为

$$\sigma=E\varepsilon \qquad (6-4)$$

因此,胡克定律又可表达为:当应力不超过某一限度时,应力与应变成正比。

在使用式(6-3)、式(6-4)时,应注意它们的适用条件:

(1)应力未超过某一限度(这个限度被称为比例极限,各种材料的比例极限由实验测定)

(2)在长度 l 内,F_{N}、E、A 都是常量,否则,要分段计算。

【例 6-4】　图 6.11(a)为一阶梯形钢杆,AC 段的横截面积为 $A_{AB}=A_{BC}=500\ \text{mm}^2$,$CD$ 段的横截面积为 $A_{CD}=200\ \text{mm}^2$。钢的弹性模量 $E=200\ \text{GPa}$,所受外力为 $F_1=30\ \text{kN}$,$F_2=10\ \text{kN}$,各段长度如图所示。试求:(1)各段横截面上的轴力和应力;(2)钢杆的总变形。

　　解　(1)求约束力。解除约束,画出钢杆的受力图,如图 6.11(b)所示。由平衡方程求支座约束力,即

$$\sum F_x=0, \quad -F_A+F_1-F_2=0$$

解得
$$F_A=F_1-F_2=(30-10)\ \text{kN}=20\ \text{kN}$$

(2)求各段轴力。

AB 段:

$$F_{N1}=F_A=20 \text{ kN}$$

BC 段、CD 段：

$$F_{N2}=F_A-F_1=-10 \text{ kN}$$

（3）画轴力图，如图 6.11（c）所示。

（4）计算各段应力。

AB 段：

$$\sigma_{AB}=\frac{F_{N1}}{A_{AB}}=\frac{20\times10^3}{500\times10^{-6}} \text{ Pa}=40\times10^6 \text{ Pa}=40 \text{ MPa}$$

BC 段：

$$\sigma_{BC}=\frac{F_{N2}}{A_{BC}}=\frac{-10\times10^3}{500\times10^{-6}} \text{ Pa}=-20\times10^6 \text{ Pa}=-20 \text{ MPa}$$

CD 段：

$$\sigma_{CD}=\frac{F_{N2}}{A_{CD}}=\frac{-10\times10^3}{200\times10^{-6}} \text{ Pa}=-50\times10^6 \text{ Pa}=-50 \text{ MPa}$$

（5）计算钢杆的总变形。钢杆的总变形是各段变形的代数和，因此，先计算各段的变形量。

AB 段：

$$\Delta l_{AB}=\frac{F_{N1}l_{AB}}{EA_{AB}}=\frac{20\times10^3\times100\times10^{-3}}{200\times10^9\times500\times(10^{-3})^2} \text{ m}=2\times10^{-5} \text{ m}$$

BC 段：

$$\Delta l_{BC}=\frac{F_{N2}l_{BC}}{EA_{BC}}=\frac{-10\times10^3\times100\times10^{-3}}{200\times10^9\times500\times(10^{-3})^2} \text{ m}=-1\times10^{-5} \text{ m}$$

CD 段：

$$\Delta l_{CD}=\frac{F_{N2}l_{CD}}{EA_{CD}}=\frac{-10\times10^3\times100\times10^{-3}}{200\times10^9\times200\times(10^{-3})^2} \text{ m}=-2.5\times10^{-5} \text{ m}$$

全杆总变形为

$$\Delta l_{AD}=\Delta l_{AB}+\Delta l_{BC}+\Delta l_{CD}=(2-1-2.5)\times10^{-5} \text{ m}=-1.5\times10^{-5} \text{ m}=0.015 \text{ mm}$$

计算结果为负，说明整个杆件沿轴向缩短，而且缩短的量值很小，因此，在工程计算上，通常忽略轴向拉压时的变形，按照原长进行计算。

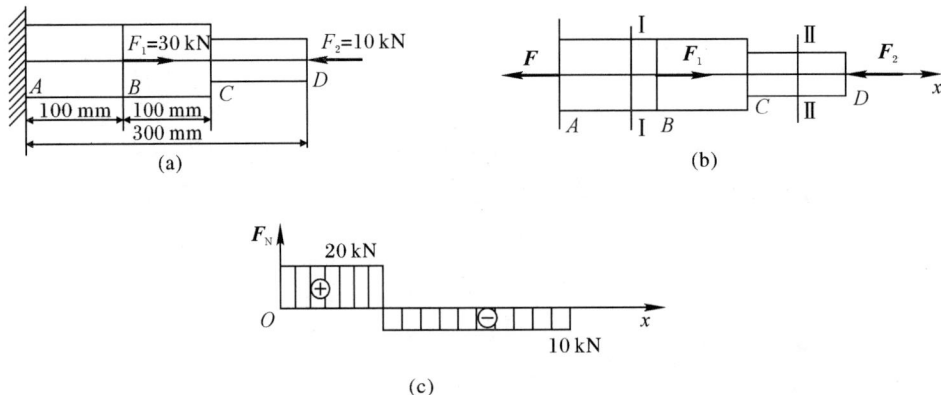

(a)

(b)

(c)

图 6.11

【例 6-5】　图 6.12 所示为一螺栓连接,螺栓小径 $d_1 = 10.1$ mm,拧紧后测得长度 $l = 80$ mm 内的伸长量 $\Delta l = 0.04$ mm,$E = 200$ GPa,试求螺栓拧紧后横截面的正应力及螺栓对钢板的预紧力。

解　(1)求螺栓的线应变。

$$\varepsilon = \frac{\Delta l}{l} = \frac{0.04}{80} = 5 \times 10^{-4}$$

(2)求螺栓截面上的应力。根据胡克定律可得

$$\sigma = E\varepsilon = 200 \times 10^9 \times 5 \times 10^{-4} \text{ Pa} = 100 \times 10^6 \text{ Pa} = 100 \text{ MPa}$$

(3)求螺栓预紧力。根据应力公式[见式(6-1)]可得

$$F = \sigma A = 100 \times 10^6 \times \frac{\pi \times (10.1 \times 10^{-3})^2}{4} \text{ N} = 7.31 \times 10^3 \text{ N} = 7.31 \text{ kN}$$

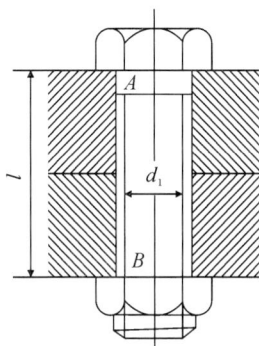

图　6.12

6.5　材料受拉(压)时的力学性能

前面所述内容中所涉及的弹性模量、泊松比等指标都属于材料的力学性能。材料的力学性能是指材料在外力作用下强度和变形方面所表现出的性能,是强度计算和选用材料的重要依据。在不同温度和加载速度下,材料的力学性能会发生变化。本节主要以低碳钢和铸铁这两种具有代表性的材料为例,研究它们在常温(指室温)、静载(指加载速度缓慢平稳)情况下,根据材料在拉伸和压缩试验中得出的力学性能。

6.5.1　材料拉伸时的力学性能

试验时采用国家标准《金属材料拉伸试验标准》(GB/T228.1—2010)规定的标准试件。金属材料试件如图 6.13(a)(b)所示。试件中间是一段等直杆,等直部分划取长度为 l 的一段作为工作段,l 称为标距。根据国家标准的规定,圆形截面试件标距 l 与直径 d 的关系分别为 $l = 10d$ 或 $l = 5d$;矩形截面试件标距 l 与截面面积 A 的关系为 $l = 11.3\sqrt{A}$ 或 $l = 5.65\sqrt{A}$。

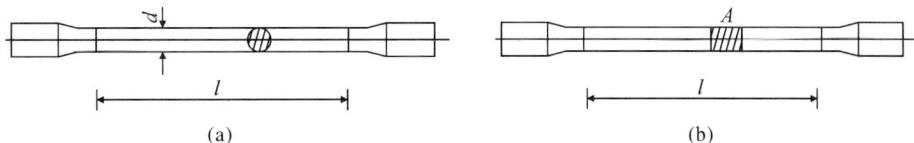

(a)　　　　　　　　　　　　　　　　　　(b)

图　6.13

1.低碳钢的拉伸试验

低碳钢是工程中应用最广泛的材料之一,同时,低碳钢在拉伸试验中所表现的机械性质最为典型。将试件装上试验机后缓慢加载,直至试件拉断,试验机的绘图系统自动绘出试件在试验过程中工作段的变形 Δl 和拉力 P 之间的关系曲线图,如图 6.14(a)所示。将拉力 P 除以试件横截面原面积 A,得到试件横截面上的正应力 σ;将伸长量 Δl 除以试件的标距 l,得到试件的应变。按一定的比例将拉伸图转换为 σ 与 ε 关系的曲线,如图 6.14(b)所示,这样得到的曲线与试件的尺寸无关,称为应力-应变曲线或 σ-ε 曲线。

(1)低碳钢拉伸试验的四个阶段。从应力-应变曲线可见,在低碳钢拉伸试验的不同阶段,应力与应变关系的规律不同。下面介绍各个阶段的范围、特点、指标及量值。

1)弹性阶段[图 6.14(b)中 Ob 段]。试件应力不超过 b 点所对应的应力时,材料的变形都是弹性变形,即卸除载荷时,试件的变形将全部消失。弹性阶段最高点 b 相对应的应力值 σ_e 称为材料的弹性极限。在弹性阶段内,直线 Oa 部分表明应力与应变成正比,材料服从胡克定律。a 点对应的应力值 σ_p 称为材料的比例极限。

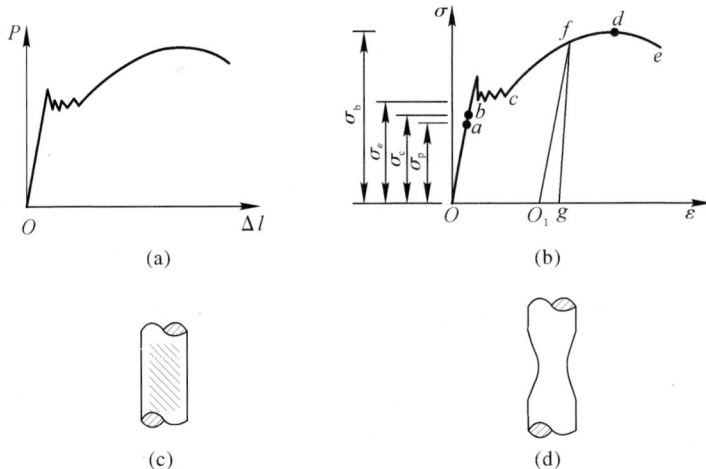

图 6.14

在图 6.14(b)中,直线 Oa 与横坐标 ε 间的夹角为 α,材料的弹性模量 E 可由夹角的正切值表示,即

$$E = \tan\alpha$$

过 a 点后,ab 段不再保持直线,但由于 a、b 两点非常接近,因此工程上对弹性极限和比例极限并不严格区分。

2)屈服阶段[图 6.14(b)中 bc 段]。当应力超过 b 点,逐渐到达 c 点时,曲线出现一个近似水平的锯齿形线段,这表明应力在此阶段基本保持不变,而应变明显增加。此阶段称为屈服阶段或流动阶段。屈服阶段中的最低应力称为材料的屈服点(屈服极限),用 σ_s 表示。

材料在屈服阶段时,试件表面上将出现许多与轴线大致成 45°的倾斜条纹,如图 6.14(c)所示,称为滑移线。这些条纹是由于材料内部晶格发生相对错动而引起的。当应力达到屈服极限而发生明显的塑性变形时,就会影响材料的正常使用。因此屈服极限是一个重要的力学性能指标。

3)强化阶段[图 6.14(b)中 cd 段]。屈服阶段后,材料重新产生了抵抗变形的能力。若要试件继续变形,必须增加应力,这一阶段称为强化阶段。曲线最高点 d 所对应的的应力称为抗拉**强度极限**,以 σ_b 表示。低碳钢的强度极限约为 400 MPa。强度极限是衡量材料强度的又一个重要指标。

4)颈缩阶段[图 6.14(b)中 de 段]。应力达到强度极限后,在试件薄弱处横截面显著缩小,出现"颈缩现象",如图 6.14(d)所示。由于颈缩部分横截面面积急剧减小,试件很快被拉断。

在上述低碳钢拉伸的四个阶段中,有三个有关强度性质的指标需要注意,即比例极限 σ_p、屈服极限 σ_s 和强度极限 σ_b,σ_p 表示材料的弹性范围;σ_s 是衡量材料强度的一个重要指标,当应力达到 σ_s 时,杆件发生显著的塑性变形,无法正常使用;σ_b 是衡量材料强度的另一个重要指标,当应力达到 σ_b 时,杆件出现颈缩并很快被拉断。

(2)材料的塑性指标。试件被拉断后,材料的弹性变形消失,塑性变形则保留下来,试件长度由原长 l 变为 l_1。试件拉断后的塑性变形量与原长之比的百分比称为断后**伸长率**,以 δ 表示,即

$$\delta = \frac{l_1 - l}{l} \times 100\%$$

伸长率是衡量材料塑性变形的重要指标之一,低碳钢 Q235 的伸长率为 20%~30%。伸长率越大,材料的塑性性能越好。工程上将 $\delta > 5\%$ 的材料称为塑性材料,常见的塑性材料有低碳钢、铝合金、青铜等;将 $\delta < 5\%$ 的材料称为脆性材料,常见的脆性材料有铸铁、混凝土、石料等。

衡量材料塑性变形程度的另一个重要指标是**断面收缩率** Ψ。若试件拉伸前的横截面面积为 A,拉断后断口的横截面面积为 A_1,则

$$\Psi = \frac{A - A_1}{A} \times 100\%$$

断面收缩率越大,材料的塑性越好。低碳钢 Q235 的断面收缩率约为 60%。

(3)冷作硬化现象。在图 6.14(b)中,在强化阶段某一点 f 外停止加载,并缓慢地卸载,σ-ε 曲线将沿着与直线 Oa 近似平行的直线 $O_1 f$ 退回到应变轴上的 O_1 点。f 点对应的总应变为 Og,回到 O_1 点时所消失的部分 $O_1 g$ 为弹性应变,不能消失的部分 OO_1 为塑性应变。若卸载后再重新加载,σ-ε 曲线将基本沿着直线 $O_1 f$ 上升到 f 点,再沿着 fde 直至拉断。**把这种将材料预拉到强化阶段后卸载,再重新加载,使材料的比例极限提高而塑性降低的现象,称为冷作硬化。**工程中常利用冷作硬化来提高钢筋的承载能力,达到节约钢材的目的,如建筑中的冷拔钢筋、起重机械中的钢索等。

2.其他材料的拉伸性能

许多金属材料在拉伸时,并不都像低碳钢那样具备四个阶段。工程中常用的几种塑性材料的 σ-ε 曲线如图 6.15 所示,从图中可以看出,青铜、硬铝、退火球墨铸铁都没有屈服阶段,其他三个阶段则很不明显,而锰钢仅有弹性阶段和强化阶段,没有屈服阶段和局部变形阶段。对于这类没有明显屈服阶段的塑性材料,常用其产生 **0.2% 塑性应变**所对应的应力值作为名义屈服点,称为**材料的屈服强度**,用 $\sigma_{0.2}$ 表示。

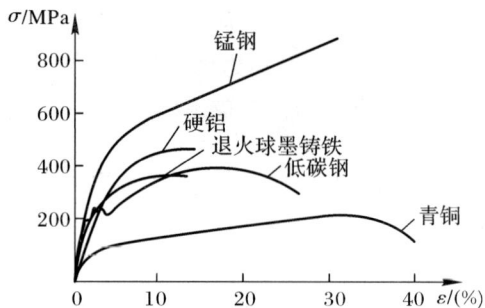

图 6.15

对于脆性材料,例如灰铸铁,其 $\sigma - \varepsilon$ 曲线(见图6.16)从开始受拉到断裂,没有明显的直线部分和屈服阶段,无颈缩现象而发生断裂破坏,断口平齐,塑性变形很小。把断裂时曲线最高点所对应的应力值,称为抗拉强度,用 σ_b 表示。一般可将该曲线近似地视为直线(图中虚线),认为近似符合胡克定律。强度 σ_b 是衡量铸铁强度的唯一指标。

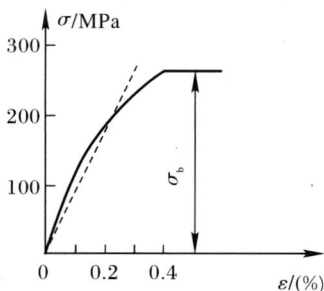

图 6.16

6.5.2 材料压缩时的力学性能

金属材料(如低碳钢、铸铁等)压缩试验的试件为圆柱形,高为直径的 $1.5 \sim 3$ 倍,非金属材料(如混凝土、石料等)试件为立方体。

1. 低碳钢的压缩试验

低碳钢在压缩试验时的 $\sigma - \varepsilon$ 曲线如图6.17所示,与拉伸时的 $\sigma - \varepsilon$ 曲线相比较,可以看出,两条曲线的主要部分基本重合,过了屈服极限后,试件越压越扁,但不会被压裂,测不出强度极限。因此,低碳钢的力学性能指标通过拉伸试验测定,一般不需要做压缩试验。

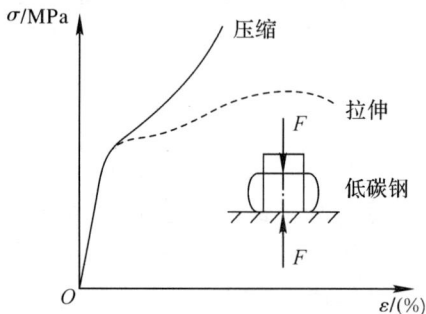

图 6.17

2. 铸铁的压缩试验

铸铁压缩时的 $\sigma-\varepsilon$ 曲线如图 6.18(a)所示,与拉伸时的 $\sigma-\varepsilon$ 曲线相比,**抗压强度极限** σ_{bc} 远高于**抗拉强度极限** σ_b(3～5 倍),所以脆性材料适宜作受压构件,而不宜作受拉构件。铸铁试件压缩时的破裂断口与轴线约成 45°倾角[见图 6.18(b)],说明铸铁发生压缩破坏是被剪断的。

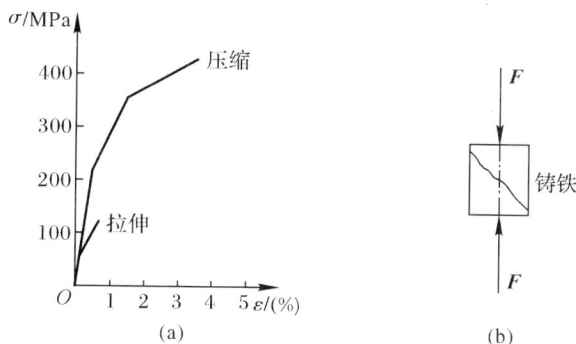

图　6.18

由上述试验可以获得材料的三类机械性能指标。

(1)弹性指标:弹性模量 E 和泊松比 μ。

(2)强度指标:比例极限 σ_p、弹性极限 σ_e、屈服极限 σ_s 和抗拉强度极限 σ_b。

(3)塑性指标:伸长率 δ 和断面收缩率 Ψ。

6.6　轴向拉(压)时的强度计算

6.6.1　许用应力与安全系数

通过对材料力学性能的研究,我们知道:对于塑性材料的构件来说,工作应力达到屈服强度时,材料就会因产生较大的塑性变形而丧失工作能力;对于脆性材料构件来说,工作应力达到其抗拉(压)强度时,材料就会因断裂而破坏。材料因过大的塑性变形或断裂而丧失工作能力时的应力,称为极限应力,用 σ_u 表示。因此,屈服点 σ_s(或名义屈服点 $\sigma_{0.2}$)是塑性材料的极限应力,抗拉(压)强度 σ_b(σ_{bc})是脆性材料的极限应力。

从安全方面考虑,设计构件时,我们将材料的极限应力打一个折扣,即除以一个大于 1 的系数,作为构件允许达到的最大应力值,这个值称为许用应力。许用应力是构件工作时允许达到的最大工作应力,用[σ]表示,即

$$[\sigma]=\frac{\sigma_u}{n}$$

式中:n 为安全系数,表示材料安全储备程度。

安全系数的确定是一个很复杂的问题,要考虑实际材料的极限应力可能低于试验的统计平均值、横截面的实际尺寸可能会小于规格尺寸、实际载荷可能超过标准载荷、计算简图忽略了实际结构的次要因素等问题,以及构件在使用期内可能会遇到意外事故或其他不利的工作条件等。安全系数的选取,关系到工程设计的安全和经济。安全系数越大,强度储备越多,构件越偏于安全,但不经济;反之,只考虑经济,安全性会下降。因此,在进行强度计算

时,应根据实际情况科学地选取安全系数。在静载荷作用下,一般对于塑性材料,其安全系数为

$$n_s = 1.5 \sim 2.5$$

对于脆性材料,其安全系数为

$$n_b = 2.0 \sim 3.5$$

6.6.2 强度计算

为保证轴向拉(压)杆件在外力作用下具有足够的强度,应使杆件的最大工作应力不超过材料的许用应力,由此建立**强度设计准则**,即

$$\sigma_{max} = \frac{F_{Nmax}}{A} \leqslant [\sigma] \tag{6-5}$$

应用强度设计准则可以解决三类问题。

1.强度校核

已知构件作用外力 F、横截面积 A、许用应力 $[\sigma]$,计算出构件最大工作应力,检验构件是否满足强度设计准则,从而判断构件是否能够安全可靠地工作。

【例 6-6】 一钢制阶梯杆如图 6.19(a)所示。已知各段杆的横截面面积分别为 $A_1 = 1\ 600\ mm^2$,$A_2 = 625\ mm^2$,$A_3 = 900\ mm^2$,已知阶梯杆材料的许用应力 $[\sigma] = 200\ MPa$,试求:

(1)画出阶梯杆的轴力图;

(2)求此阶梯杆横截面上的最大正应力,校核其强度。

解 (1)求各段轴力、画轴力图。

用截面法求横截面 1—1、2—2、3—3 上的轴力分别为

$$F_{N1} = F_1 = 120\ kN, \quad F_{N2} = F_1 - F_2 = -100\ kN, \quad F_{N3} = F_4 = 160\ kN$$

建立 $F_N - x$ 坐标系,其中 x 轴沿杆的轴线方向,然后将各横截面上的轴力数值标于 $F_N - x$ 坐标系中,于是得出阶梯杆的轴力图,如图 6.19(b)所示。

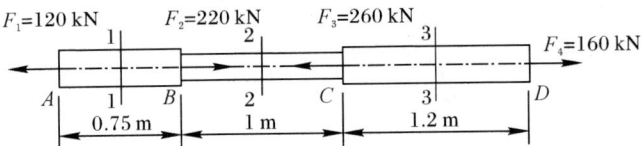

(a)

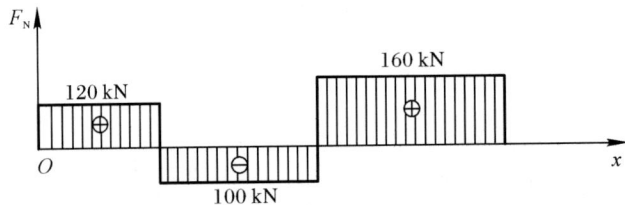

(b)

图 6.19

(2)求横截面的最大正应力,并校核强度。

由式(6-1)可得各段截面上的正应力为

AB 段:

$$\sigma_1 = \frac{F_{N1}}{A_1} = \frac{120 \times 10^3 \text{ N}}{1\,600 \times 10^{-6} \text{ m}^2} = 75 \times 10^6 \text{ Pa} = 75 \text{ MPa}$$

BC 段：

$$\sigma_2 = \frac{F_{N2}}{A_2} = \frac{-100 \times 10^3 \text{ N}}{625 \times 10^{-6} \text{ m}^2} = -160 \times 10^6 \text{ Pa} = -160 \text{ MPa}$$

CD 段：

$$\sigma_3 = \frac{F_{N3}}{A_3} = \frac{160 \times 10^3 \text{ N}}{900 \times 10^{-6} \text{ m}^2} = 178 \times 10^6 \text{ Pa} = 178 \text{ MPa}$$

由上述结果可知,阶梯杆横截面上的最大正应力在 CD 段内,即 $\sigma_{max} = \sigma_3 = 178 \text{ MPa} <$ $[\sigma]$,故阶梯杆的强度满足要求。

2.设计截面尺寸

已知构件作用外力 F、许用应力$[\sigma]$,由强度设计准则计算出横截面积 A,即 $A \geqslant F_{Nmax}/[\sigma]$,然后根据工程要求的截面形状,设计出构件的截面尺寸。

【例 6-7】 三角吊环由斜杆 AB、AC 与横杆 BC 组成,如图 6.20 所示,已知 $\alpha = 30°$,斜杆材料的许用应力$[\sigma] = 120 \text{ MPa}$,吊环最大吊重 $G = 150 \text{ kN}$。试按强度准则设计斜杆 AB、AC 的横截面直径 d。

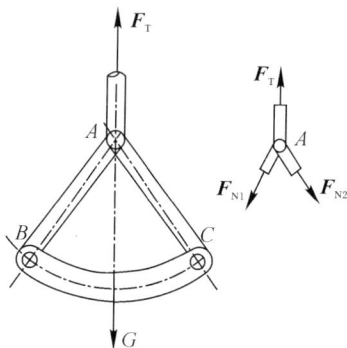

图 6.20

解 (1)画受力图,求轴力。

$$\sum F_x = 0, \quad -F_{N1}\sin\alpha + F_{N2}\sin\alpha = 0$$

$$F_{N1} = F_{N2}$$

$$\sum F_y = 0, \quad G - F_{N1}\cos\alpha - F_{N2}\cos\alpha = 0$$

$$F_{N1} = F_{N2} = \frac{G}{2\cos 30°} = \frac{\sqrt{3}G}{3} = 86.6 \text{ kN}$$

(2)强度计算。

由强度设计准则 $\sigma_{max} = \dfrac{F_N}{A} = \dfrac{F_{N1}}{\pi d^2/4} \leqslant [\sigma]$ 得

$$d \geqslant \sqrt{\frac{4F_{N1}}{\pi[\sigma]}} = \sqrt{\frac{4 \times 86.6 \times 10^3}{\pi \times 120 \times 10^6}} \text{ m} = 0.030\,3 \text{ m} = 30.3 \text{ mm}$$

因此,斜杆 AB、AC 的横截面直径取 $d = 30 \text{ mm}$(最大应力 σ_{max} 允许超过许用应力$[\sigma]$的 5%)。

3.确定许用载荷

已知构件的横截面积 A、许用应力 $[\sigma]$，由强度设计准则计算出构件所能承受的最大内力 F_{Nmax}，即 $F_{Nmax} \leqslant A[\sigma]$，再根据内力与外力的关系确定出杆件允许的最大载荷 $[F]$。

【例 6-8】 图 6.21 所示支架，支架在 B 点处受载荷 F 作用，杆 AB、BC 分别是木杆和钢杆，木杆 AB 的横截面面积 $A_1 = 100 \times 10^2$ mm²，材料的许用应力 $[\sigma_1] = 7$ MPa；钢杆 BC 的横截面面积 $A_2 = 600$ mm²，材料的许用应力 $[\sigma_2] = 160$ MPa，求支架的许可载荷 $[F]$。

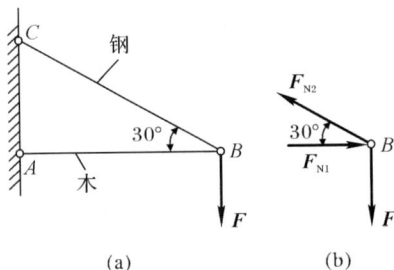

图　6.21

解　（1）在 B 点临近处用截面法截断杆 AB、BC，画出点 B 的受力图，求两杆的轴力 F_{N1}、F_{N2}。

$$\sum F_y = 0, \quad F_{N2}\sin 30° - F = 0$$

$$F_{N2} = 2F$$

$$\sum F_x = 0, \quad F_{N1} - F_{N2}\cos 30° = 0$$

$$F_{N1} = \frac{\sqrt{3}}{2}F_{N2}$$

$$F_{N1} = \sqrt{3}F$$

（2）应用强度设计准则，分别确定木杆、钢杆的许可载荷 $[F_1]$ 与 $[F_2]$。

对于木杆：

$$\sigma_1 = \frac{F_{N1}}{A_1} = \frac{\sqrt{3}[F_1]}{A_1} \leqslant [\sigma_1]$$

$$[F_1] \leqslant \frac{7 \times 10^6 \times 100 \times 10^2 \times 10^{-6}}{\sqrt{3}} \text{ N} = 40.4 \times 10^3 \text{ N} = 40.4 \text{ kN}$$

对于钢杆：

$$\sigma_2 = \frac{F_{N2}}{A_2} = \frac{2[F_2]}{A_2} \leqslant [\sigma_2]$$

$$[F_2] \leqslant \frac{160 \times 10^6 \times 600 \times 10^{-6}}{2} \text{ N} = 48 \times 10^3 \text{ N} = 48 \text{ kN}$$

比较 $[F_1]$ 与 $[F_2]$，得该支架的许可载荷 $[F] = 40.4$ kN。

6.7　轴向拉(压)杆斜截面上的应力计算

在灰口铸铁压缩试验中，破坏断面的法线与轴线成45°；低碳钢拉伸到屈服时，也出现与轴线成45°的滑移线，这些现象表明45°方向有其独特性。

如图 6.22(a)所示,一杆件两端受轴向拉力 $\boldsymbol{F}$ 的作用,其横截面面积为 A,斜截面 m—m 与横截面的夹角为 α,斜截面面积为 A_α。应用截面法将杆件沿截面 m—m 切开,取左段为研究对象,受力图如图 6.22(b)所示,由平衡条件 $\sum F_x = 0$,得斜截面上的轴力 $F_{N\alpha} = F$。由于斜截面上的应力均匀分布,因此斜截面上任意一点的应力 p_α 即为

$$p_\alpha = \frac{F_{N\alpha}}{A_\alpha} = \frac{F}{A_\alpha}$$

因斜截面与横截面的几何关系为 $A_\alpha = \dfrac{A}{\cos\alpha}$,故得

$$p_\alpha = \frac{F\cos\alpha}{A} = \sigma\cos\alpha$$

式中:σ 为轴向受拉杆件横截面的正应力。

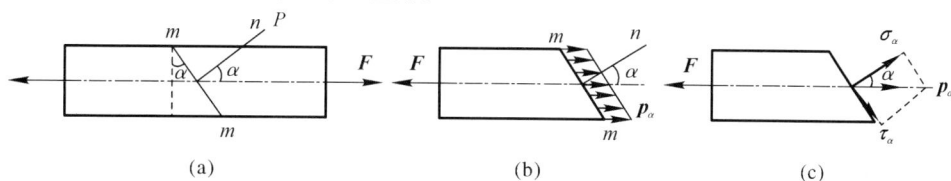

图　6.22

将斜截面上任意一点的应力 $\boldsymbol{p}_\alpha$ 分解成垂直于斜截面的正应力 $\boldsymbol{\sigma}_\alpha$ 和相切于斜截面的切应力 $\boldsymbol{\tau}_\alpha$[见图 6.22(c)],得

$$\left.\begin{aligned}\sigma_\alpha &= p_\alpha\cos\alpha = \sigma\cos^2\alpha \\ \tau_\alpha &= p_\alpha\sin\alpha = \frac{\sigma}{2}\sin2\alpha\end{aligned}\right\} \tag{6-6}$$

应力 σ_α 和 τ_α 都是 α 角的函数,说明斜截面上的应力随截面的方位而变化。当 $\alpha = 0°$ 时,$\sigma_0 = \sigma = \sigma_{\max}$,$\tau_0 = 0$,说明杆件轴向拉(压)时,在横截面上的正应力具有最大值,切应力为零。

对于有些材料,如灰口铸铁,因抗拉能力比其抗剪能力差,故在正应力达到最大值的横截面处被拉断。当 $\alpha = 45°$ 时,$\sigma_{45°} = \sigma\cos^2 45° = \sigma/2$,$\tau_{45°} = \sigma/2 = \tau_{\max}$,说明杆件轴向拉(压)时,在 45° 斜截面上的切应力最大,并且该截面上正应力和切应力数值相等,其值为横截面上正应力的一半。还有一些材料,如以低碳钢为代表的塑性材料,因为抗剪能力较抗拉能力差,故在切应力达到最大值的斜截面处破坏,低碳钢试样拉伸时,在其进入屈服阶段后,其表面出现与轴线成 45° 角的滑移线,这就表明出现了屈服失效破坏。又如铸铁这种典型的脆性材料,其抗剪能力较抗压能力差,故压缩试样时,在与轴线成 45° 的斜截面上有最大的切应力而产生剪切破坏。当 $\alpha = 90°$ 时,$\sigma_{90°} = 0$,$\tau_{90°} = 0$,说明杆件轴向拉(压)时,在平行于杆件轴线的纵向截面上无应力。

6.8　应力集中的概念

等截面直杆受轴向拉伸或压缩时,横截面上的应力是均匀分布的。如果截面尺寸突然变化,那么在截面突变处应力就不是均匀分布了。这种因横截面形状尺寸突变而引起的局部应力增大的现象,称为**应力集中**。如图 6.23 所示,开有圆孔的直杆受到拉伸时,在圆孔附近的局部区域内,应力的数值剧烈增加,而在离开这一区域稍远的地方,应力迅速下降并趋于均匀。

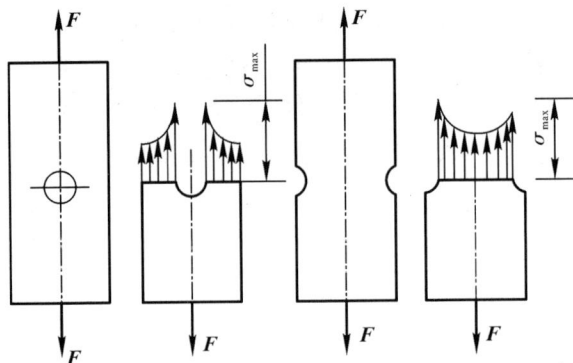

图 6.23

应力集中对构件强度的影响与构件的材料性能密切相关。对于塑性材料,当应力集中处的 σ_{max} 达到材料的屈服极限时,如继续增大外力,该点应力不会增大,只是应变增加,而其他点处的应力继续增大,外力不断增大,截面上达到屈服极限的区域也逐渐扩大,直至整个截面各点应力都达到屈服极限,构件才丧失工作能力。因此,塑性材料构件尽管有应力集中,却不显著降低抵抗载荷的能力,在静载下可以不考虑应力集中的问题。对于脆性材料,由于没有屈服阶段,当应力集中处的 σ_{max} 达到材料的强度极限时,将引起局部断裂,从而导致整个构件断裂,大大降低了构件的承载能力,因此必须考虑应力集中对强度的影响。

小　结

1. 材料力学的基本概念

(1)变形体的基本假设为:连续性假设、均匀性假设、各向同性假设、弹性小变形假设。

(2)杆件变形的基本形式为:轴向拉伸与压缩、剪切、扭转和弯曲。

2. 轴向拉(压)的应力和强度

(1)轴向拉(压)的受力与变形特点是:作用于杆端的外力(或合外力)沿杆件的轴线作用,杆件沿轴线方向伸长(或缩短),沿横向缩短(或伸长)。

(2)内力计算采用截面法和平衡方程求得。

(3)拉(压)杆的正应力在横截面上均匀分布,其计算公式为

$$\sigma = \frac{F_N}{A}$$

(4)强度计算:等截面直杆强度设计准则为

$$\sigma_{max} = \frac{F_{Nmax}}{A} \leqslant [\sigma]$$

强度计算的三类问题是:①强度校核;②设计截面尺寸;③确定许可载荷。

3. 拉(压)杆的变形

(1)胡克定律建立了应力与应变之间的关系,其表达式为

$$\sigma = E\varepsilon \quad \text{或} \quad \Delta l = \frac{F_N l}{EA}$$

（2）EA 值是拉（压）杆抵抗变形的量度，称为杆件的抗拉（压）刚度。

4.材料的力学性能

（1）低碳钢的拉伸应力-应变曲线分为四个阶段：弹性阶段、屈服阶段、强化阶段和缩颈断裂阶段，对应的三个重要的强度指标为比例极限 σ_p、屈服点 σ_s 和抗拉强度 σ_b。

（2）材料的塑性指标有断后伸长率 δ 和断面收缩率 Ψ。

（3）冷作硬化工艺是将材料预拉到强化阶段后卸载，再重新加载，使材料的比例极限提高，而塑性降低的现象。

（4）低碳钢的抗拉性能与抗压性能是相同的。

（5）对于没有明显屈服阶段的塑性材料，常用其产生 0.2% 塑性应变所对应的应力值作为名义屈服点，称为材料的屈服强度，用 $\sigma_{0.2}$ 表示。

（6）铸铁的抗压性能远大于其抗拉性能。

5.许用应力

材料的许用应力 $[\sigma]$ 等于材料的极限应力 σ_u 与安全系数 n 的比值，即

$$[\sigma] = \frac{\sigma_u}{n}$$

6.轴向拉（压）杆斜截面上的应力

$$\begin{cases} \sigma_\alpha = p_\alpha \cos\alpha = \sigma\cos^2\alpha \\ \tau_\alpha = p_\alpha \sin\alpha = \frac{\sigma}{2}\sin2\alpha \end{cases}$$

▲拓展阅读

直升机设计中的力学原理

最初人们在设计直升机时，并没有设计尾桨，只有旋翼（最初只关心飞起来）。后来发现，当旋翼在机身上绕 z 轴旋转时，根据作用力与反作用力关系，旋翼也将给机身一个反作用力矩，使得机身发生相反方向的旋转，这将严重影响飞机的操控。为了解决这一问题，设计人员设计了在竖直平面内旋转的尾桨，这相当于在尾部施加了一个水平力，从而产生了抵抗绕 z 轴的力矩，保证了机身绕 z 轴的平衡问题。

从力学角度看，顺时针旋转的旋翼对机身产生逆时针方向的反力矩，那么逆时针旋转的旋翼也将对机身产生顺时针方向的反力矩，如果设计两个相反转向的旋翼，其反力矩就可以相互平衡。因此，双旋翼直升机出现了。不仅如此，由于反力矩只与转向有关，而与布置位置无关（位置不影响绕 z 轴的平衡），所以双旋翼可以纵列、横列、共轴，只要双旋翼施加在机身上的反力矩大小相当，就可以确保机身绕 z 轴的平衡，两个旋翼产生"副作用"相互平衡。

习 题 六

一、填空题

1.构件的承载能力包括_____、_____、_____三个方面。

2.强度是指构件抵抗_____的能力;刚度是指构件抵抗_____的能力。

3.材料力学的任务就是:在保证构件_____的前提下,以最经济的代价为构件选择合适的_____,确定合理的_____,提供必要的理论基础和实用的计算方法。

4.研究构件的承载能力时,构件所产生的变形不能忽略,这种固体被称为_____。

5.变形体材料的基本假设是:_____假设、_____假设、_____假设、_____假设。

6.杆件的基本变形形式是_____、_____、_____、_____。

7.轴向拉伸的受力特点是:载荷作用在直杆的两端,外力的作用线与直杆的_____重合。变形的特点是:杆件沿轴线方向_____,沿横向方向_____。

8.杆件由于外力作用而在其内部各部分之间产生的相互作用力称为_____。轴向拉(压)杆件的内力称为_____,用符号_____表示,并规定_____为正;_____为负。

9.用截面法求内力分为四个步骤:_____、_____、_____、_____。

10.由截面法求拉(压)杆截面的轴力可看出:在两外力作用点之间各截面的轴力_____。

11.胡克定律表明,在弹性范围内,拉(压)杆产生的绝对变形与杆截面的轴力成_____关系,与杆件长度成_____关系,与杆件截面面积成_____关系。比例常数称为_____,用符号_____表示。

12.由胡克定律可知,当应力没有超过材料的比例极限时,作用于杆件横截面上的应力与该截面处产生的_____成正比关系,其表达式为_____。

13.试验表明:拉(压)杆的横向应变与纵向应变的比值是一个_____量,称为_____。

14.由胡克定律表达式可知,材料的 E 值越大,相同外力作用下,同杆长、同截面压杆的变形就越_____,说明杆件抵抗变形的能力就越_____,因此,把杆长的弹性模量 E 与横截面 A 的乘积称为杆件的_____。

15.低碳钢材料在轴向拉伸时存在_____、_____、_____、_____四个阶段;铸铁材料在拉伸时的 $\sigma - \varepsilon$ 曲线与低碳钢曲线相比较,曲线没有明显的_____和_____阶段。

16.根据材料的抗拉、抗压性能不同,工程实际中低碳钢适宜制作承受_____杆件,铸铁材料适宜制作承受_____杆件。

17.冷作硬化是将材料预拉到_____阶段后卸载,再重新加载,使材料的_____提高,同时材料的_____降低的现象。

18.用强度设计准则可以解决拉(压)杆强度计算的三类问题,即校核_____、设计_____、确定_____。

19.因横截面形状尺寸突变而引起的局部应力增大的现象,称为_____。

二、判断题

1.静力学在研究物体平衡规律时,外力作用下物体产生的变形可以忽略不计,把物体抽象成刚体。　　　　　　　　　　　　　　　　　　　　　　　　　　　( )

2.材料力学研究物体的变形和破坏规律,由于外力作用下构件产生的变形很小,可以忽略不计。　　　　　　　　　　　　　　　　　　　　　　　　　　　( )

3.在研究构件的变形和破坏规律时,把构件所用材料本身包含的许多缺陷(杂质、气孔

等)忽略不计。　　　　　　　　　　　　　　　　　　　　　　　　　　　( )

4.各向同性假设认为,材料内部各个方向的力学性能(受力与变形的关系)相同,是因为工程材料都是各向同性的材料。　　　　　　　　　　　　　　　　( )

5.设计构件时,既要保证其具有足够的承载能力,又要兼顾降低其生产成本。　( )

6.杆件两端受等值、反向、共线的一对外力作用,杆件一定发生的是轴向拉(压)变形。
　　　　　　　　　　　　　　　　　　　　　　　　　　　　　　　　( )

7.截面法是材料力学求内力的普遍方法。　　　　　　　　　　　　　　　( )

8.应用截面法求内力,截面可以选在外力作用点处。　　　　　　　　　　( )

9.轴向拉杆的轴力是随外力的增大而增大,但它的增加是有一定限度的。　( )

10.当杆件轴向拉伸时,横截面轴力的方向是指向截面的。　　　　　　　　( )

11.当杆件轴向压缩时,横截面轴力的方向是指向截面的。　　　　　　　　( )

12.轴向拉(压)杆截面上应力的正负号规定与截面上轴力的正负号规定一致。( )

13.材料相同的两拉杆,若两杆的绝对变形相同,则相对变形也一定相同。　( )

14.不同材料的两拉杆,若纵向应变相同,则横向应变相同,横截面上的应力也相同。
　　　　　　　　　　　　　　　　　　　　　　　　　　　　　　　　( )

15.材料的弹性模量 E 是一个常量,任何情况下都等于应力与应变的比值。　( )

16.标准试件在常温、静载作用下测定的性能指标,作为材料的力学性能指标。( )

17.工程实际中,如果构件发生过大的塑性变形或断裂,则不能安全正常地工作,因此,塑性材料是以屈服点作为破坏时的极限应力的。　　　　　　　　　　　( )

18.应力达到材料的屈服极限,构件就产生了屈服变形。　　　　　　　　　( )

19.没有明显的屈服阶段的材料,称为脆性材料。　　　　　　　　　　　　( )

20.用塑性材料制作的构件,轴向拉伸与压缩时许用应力是相同的;用脆性材料制作的构件,轴向拉伸与压缩时的许用应力也是相同的。　　　　　　　　　　　　( )

21.强度设计准则仅适用于计算拉杆的强度。　　　　　　　　　　　　　　( )

三、选择题

1.构件在外力作用下,能否安全正常地工作,取决于构件是否具有足够的( )。通常把构件抵抗破坏的能力称为( ),构件抵抗变形的能力称为( ),受压杆保持直线平衡状态的能力称为( )。

A.强度　　　　　　　B.刚度　　　　　　　C.稳定性　　　　　　D.承载能力

2.飞机维护中,蒙皮出现的褶皱通常是因为受压( )不够引起的,出现裂纹通常是因为( )不够引起的,出现鼓起或凹陷通常是因为( )引起的。

A.强度　　　　　　　B.刚度　　　　　　　C.稳定性　　　　　　D.承载能力

3.金属材料在外力作用下会产生( ),随外力解除能够消失的变形称为( );随外力解除不能消失的变形称为( )。材料力学研究的构件变形只限定在( )范围内。

A.弹性变形　　　　　B.塑性变形　　　　　C.变形　　　　　　　D.弹性小变形

4.一般情况下,构件所用材料内部包含有杂质、气孔等缺陷,但连续性假设认为材料内部毫无空隙地充满物质,是因为( )。

A.材料内部的缺陷影响不大　　　　　　　　B.材料内部缺陷少,空隙不大

C.材料内部有缺陷,无空隙　　　　　　　D.能使问题得到简化

5.在图 6.24 所示的图形中,构件(　　)发生轴向拉伸变形,(　　)发生轴向压缩变形,(　　)不是轴向拉(压)变形。

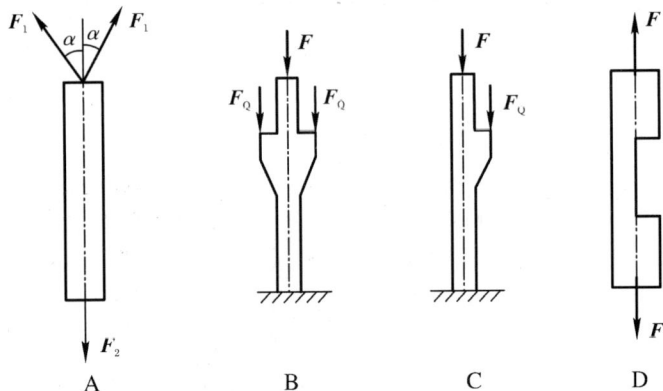

图　6.24

6.在图 6.25 所示的杆件中 1—1 截面的轴力是(　　),2—2 截面的轴力是(　　)。

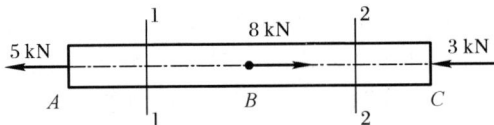

图　6.25

A.+5 kN　　　　　　B.−5 kN　　　　　　C.+3 kN　　　　　　D.−3 kN

7.当轴向拉(压)杆是等截面杆时,最大应力必发生在(　　)的这段杆件内;对于阶梯形截面杆,若其轴力相同,则最大应力发生在(　　)这段杆件内;大截面上作用大轴力,小截面上作用小轴力时,最大应力(　　)。

A.截面最小　　　　B.轴力最大　　　　C.需分别计算并比较　　D.不能确定

8.在弹性范围内,杆件的变形与(　　)有关,杆件的刚度与(　　)有关,杆件的应力与(　　)有关。

A.弹性模量　　　　B.截面面积　　　　C.杆长　　　　　　　　D.外力

9.如图 6.26 所示,两圆形截面杆件的材料相同,受到如图所示的力 F 的作用,则在弹性范围内杆 AB 的变形是杆 CD 的(　　)。

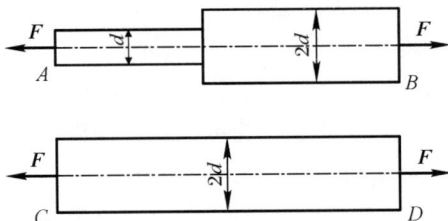

图　6.26

A.2 倍　　　　　　B.1 倍　　　　　　C.2.5 倍　　　　　　D.1.5 倍

10.如图 6.27 所示的 A、B、C 三种材料的 $\sigma - \varepsilon$ 曲线,(   )材料的强度最高,(   )材料的刚度最大,(   )材料的塑性最好。

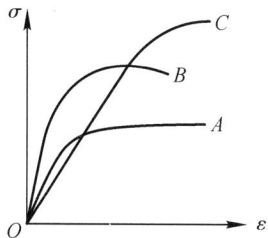

图 6.27

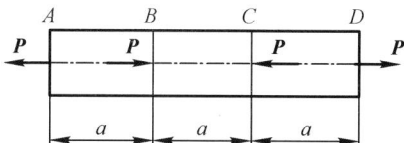

图 6.28

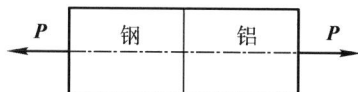

图 6.29

11.如图 6.28 所示,杆件受到大小相等的四个轴向力 P 的作用,其中(   )段的变形为零。

  A. AB B. AC C. AD D. BC

12.图 6.29 所示为一等直杆,在两端承受拉力作用,若其一半为钢,一半为铝,则两端的(   )。

  A.应力相同,变形相同   B.应力相同,变形不同

  C.应力不同,变形相同   D.应力不同,变形不同

13.低碳钢的拉伸过程中,(   )阶段的特点是应力变化不大,应变急剧增大。

  A.弹性   B.屈服   C.强化   D.颈缩

14.划分金属材料是脆性还是塑性所依据的指标是(   )。

  A.弹性模量   B.抗拉强度   C.伸长率   D.泊松比

15.低碳钢拉伸时沿横截面断裂,是由(   )应力引起的,铸铁压缩时沿 45°斜截面断裂,是由(   )应力引起的。

  A.正,正   B.切,切   C.正,切   D.切,正

16.有一段不同材料做成的拉压短杆,下面说法错误的是(   )。

  A.低碳钢杆可以拉断   B.低碳钢杆可以压断

  C.铸铁杆可以拉断   D.铸铁杆可以压断

17.现有铸件和低碳钢两种材料,则图 6.30 中杆 1 和杆 2 选用哪种材料较合适(   )。

  A.1—低碳钢,2—铸铁   B.1、2 都选铸铁

  C.1—铸铁,2—低碳钢   D.1、2 都选项低碳钢

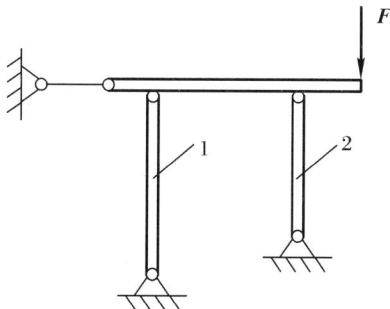

图 6.30

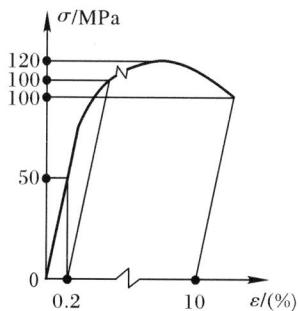

图 6.31

18.若安全系数 $n=2$,则图 6.31 所示材料的许用应力 $[\sigma]$ 为(　　)MPa。

A.60　　　　　　　B.55　　　　　　　C.50　　　　　　　D.25

四、计算题

1.如图 6.32 所示,已知 $F_1=20$ kN,$F_2=8$ kN,$F_3=10$ kN,用截面法求杆件指定截面的轴力,并画出轴力图。

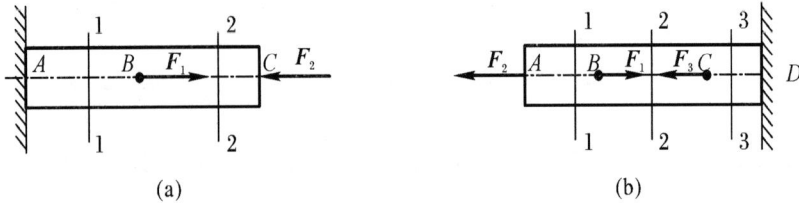

(a)　　　　　　　　　　　　　　　(b)

图　6.32

2.利用突变规则绘制图 6.33 所示杆件的轴力图。

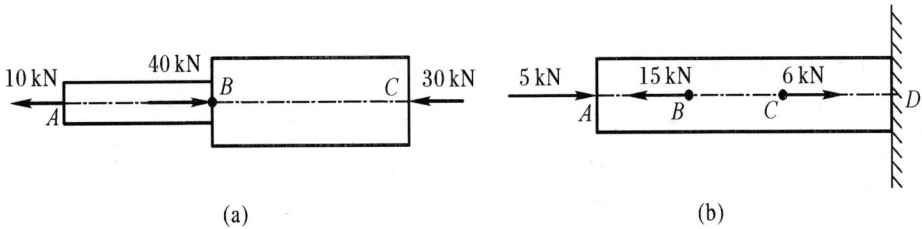

(a)　　　　　　　　　　　　　　　(b)

图　6.33

3.如图 6.34 所示,杆的横截面积 $A_1=200$ mm^2,$A_2=400$ mm^2,求各横截面上的应力。

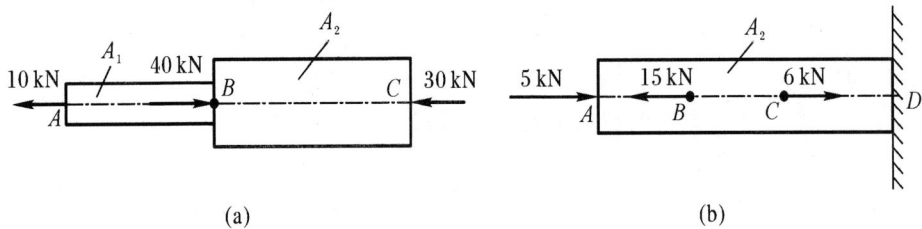

(a)　　　　　　　　　　　　　　　(b)

图　6.34

4.图 6.35 所示为一截面为正方形的阶梯杆,已知材料的 $E=200$ GPa,$\mu=0.25$,尺寸 $a=20$ mm,$b=10$ mm,$P=2$ kN。试求:①绘制杆的轴力图;②计算杆各段的应力,并确定 σ_{max} 值及位置;③计算杆的绝对变形 ΔL_{AD};④计算 CD 段的横向绝对变形 Δb。

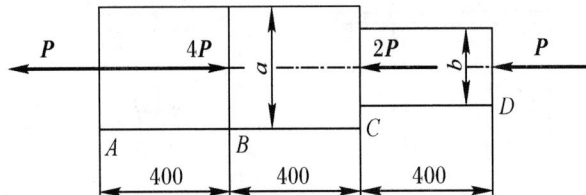

图　6.35

5.如图 6.36 所示的机构中,杆 1 为钢杆,$A_1 = 400\ \text{mm}^2$,$E_1 = 200\ \text{GPa}$;杆 2 为铜杆,$A_2 = 800\ \text{mm}^2$,$E_2 = 100\ \text{GPa}$;横杆 AB 的变形和自重忽略不计。求:①载荷作用在何处,才能使 AB 杆保持水平?②若 $F = 30\ \text{kN}$,则两杆截面的应力是多少?

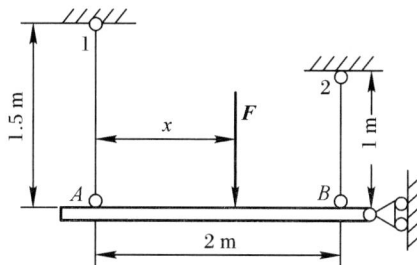

图　6.36

6.图 6.37 所示为某一设备上的液压缸,缸内工作液压 $p = 2\ \text{MPa}$,液压缸内径 $D = 75\ \text{mm}$,活塞杆直径 $d = 18\ \text{mm}$,且已知活塞杆材料的许用应力$[\sigma] = 50\ \text{MPa}$。试校核该活塞杆的强度。

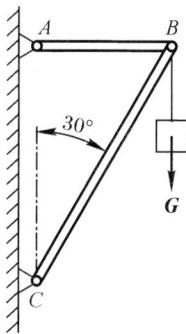
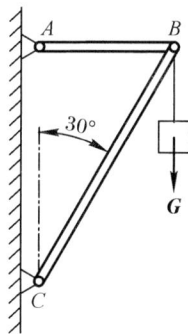

图　6.37　　　　图　6.38

7.如图 6.38 所示,铸铁支架的 B 点受到载荷 $G = 50\ \text{kN}$,铸铁的许用拉应力$[\sigma] = 30\ \text{MPa}$,许用压应力$[\sigma_{bc}] = 90\ \text{MPa}$,试确定杆 AB 和 BC 的横截面面积。

8.对于图 6.38 所示的支架,如果杆 AB 为钢杆,横截面面积 $A_1 = 600\ \text{mm}^2$,许用应力$[\sigma_1] = 100\ \text{MPa}$;杆 BC 为木杆,横截面面积 $A_2 = 200 \times 10^2\ \text{mm}^2$,许用应力$[\sigma_2] = 5\ \text{MPa}$,试确定支架的许用载荷$[G]$。

第7章　剪切与挤压

7.1　剪　　切

7.1.1　剪切的基本概念

工程中常遇到剪切问题。比如常用的连接件,如销钉、键、螺栓、铆钉、焊缝等,都是构件承受剪切的实例。如图 7.1(a)所示的铆钉连接,当拉力 F 增加时,铆钉沿 m—m 截面发生相对错动[见图 7.1(b)(c)],甚至可能被剪断[见图 7.1(d)]。

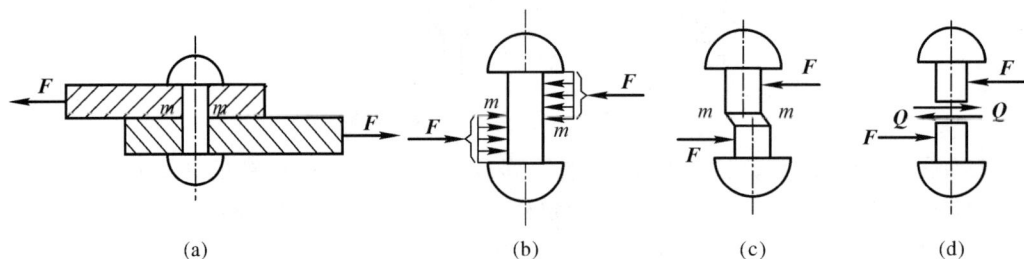

图　7.1

又如图 7.2 所示的齿轮与轴之间的键连接,由于作用在轮和轴上的力偶大小相等,方向相反,于是键上的受力情况如图 7.2(b)所示。由于键的左、右两个侧面上的力可以简化成一对 F 力,使键的上、下两部分沿 m—m 截面发生相对错动,这种变形称为**剪切变形**。

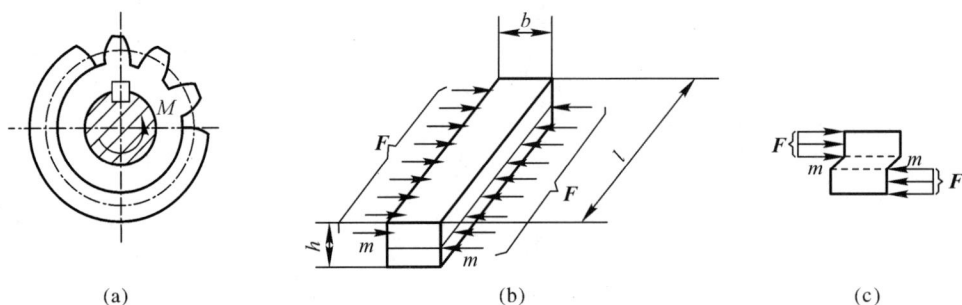

图　7.2

由上述两例可知,**剪切受力的特点**是:受到一对大小相等、方向相反、作用线平行且相距很近的外力作用。其变形特点是:沿两个力作用线之间的截面发生相对错动。发生相对错动的面称为剪切面,剪切面平行于作用力的方向。

研究剪切的内力时,以剪切面 $m-m$ 将受剪切件分成两部分,并以其中一部分为研究对象,如图 7.3 所示。剪切面 $m-m$ 上的内力与截面相切,该力称为**剪切力**,简称剪力,用 Q 表示。

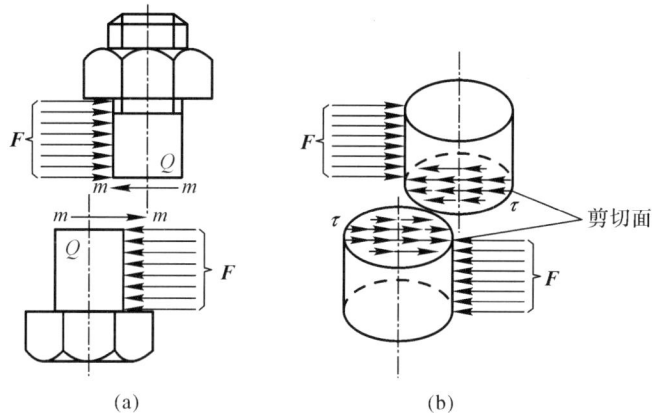

图　7.3

如图 7.4 所示,只有一个剪切面的剪切变形称为单剪,有两个剪切面的剪切变形称为**双剪**。

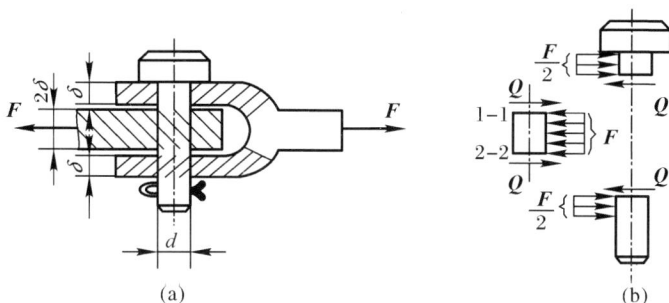

图　7.4

7.1.2　剪切的实用计算

构件受剪切作用时,在剪切面上产生了内力。内力的大小和方向可用截面法求得。例如,在图 7.1(c)中,如沿剪切面 $m—m$ 假想地将铆钉分成两部分,并取下半部分为研究对象,如图 7.1(d)所示。由平衡可知,在截面 $m—m$ 上的分布内力系的合力必然是一个平行于 F 的力 Q,且由平衡方程 $\sum F = 0$,得

$$F-Q=0$$
$$Q=F$$

Q 与截面 $m—m$ 相切,称为截面 $m—m$ 上的剪切力,简称剪力。

在求得剪力 Q 以后,还应进一步计算剪切面上应力的大小,但上述这些发生剪切的零

件都不是细长杆件,且变形及受力情况比较复杂,难以简化成简单的计算模型。用理论的方法确定各种情况下剪切面上应力分布规律情况是比较困难的。工程上为了简便,常采用以实验和经验为基础的**"实用计算法"**,即假设切应力在剪切面上是均匀分布的,于是有

$$\tau=\frac{Q}{A} \qquad (7-1)$$

式中:A 为剪切面的面积,单位为 mm^2;Q 为剪切面上的剪切力,单位为 N;τ 为剪切面上的切应力,单位为 MPa。因为以上计算方法是以假设为基础的,所以也称为**"名义切应力"**。

为了保证构件工作时安全可靠,要求切应力不超过材料的许用切应力。**剪切实用计算的强度条件**可以表示为

$$\tau=\frac{Q}{A}\leqslant[\tau] \qquad (7-2)$$

式中:$[\tau]$ 为材料的许用切应力。常用材料的许用切应力可从有关手册中查得。对于金属,也可按如下的约略关系确定其许用切应力:

塑性材料: $[\tau]=(0.6\sim0.8)[\sigma]$

脆性材料: $[\tau]=(0.8\sim1.0)[\sigma]$

其中,$[\sigma]$ 为材料**许用正应力**。

运用强度条件可以进行强度校核、设计截面面积和确定许可载荷等三类强度问题的计算。

【例 7-1】 如图 7.5 所示,冲床的最大冲力为 $F=400$ kN,冲头材料的许用压应力 $[\sigma_y]=440$ MPa,被冲剪的钢板的剪断切应力 $[\tau]=360$ MPa。求在最大冲力作用下所能冲剪的圆孔最小直径 d 和板的最大厚度 t。

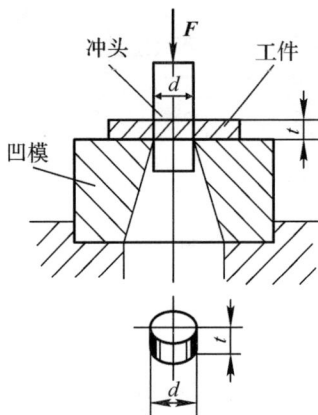

图 7.5

解 (1)确定圆孔的最小直径 d。冲剪的孔径等于冲头的直径。冲头工作时需满足抗压强度条件,即

$$\sigma=\frac{F}{A}=\frac{4F}{\pi d^2}<[\sigma_y]$$

解得

$$d\geqslant\sqrt{\frac{4F}{\pi[\sigma_y]}}=\sqrt{\frac{4\times400\times10^3}{\pi\times440}}\ mm=34\ mm$$

考虑生产实际情况,圆整后取最小直径为 35 mm。

(2)确定钢板的最大厚度 t。冲剪时钢板剪切面上的剪力 $Q=F$,剪切面的面积 $A=\pi dt$,为了能冲剪成孔,需满足下列条件

$$\tau=\frac{Q}{A}=\frac{F}{\pi dt}\geqslant[\tau]$$

解得

$$t\leqslant\frac{F}{\pi d[\tau]}=\frac{400\times10^{3}}{\pi\times35\times360}\text{ mm}=10\text{ mm}$$

7.2　挤　　压

7.2.1　挤压的基本概念

连接件在发生剪切变形的同时,在传力的接触面上,由于局部受到压力作用,致使接触面处的局部区域产生塑性变形,这种现象称为**挤压**。如图 7.1 及图 7.6(b)所示,下钢板孔左侧与铆钉下部左侧互相挤压。当挤压力过大时,相互接触面处将产生显著的局部塑性变形,铆钉孔被压成长圆孔。可见,连接件除了可能以剪切的形式破坏外,也可能因挤压而破坏。工程机械上常用的平键经常发生挤压破坏,如图 7.2 及图 7.6(a)所示。构件上产生挤压变形的接触面称为挤压面。挤压面上的压力称为挤压力,用 $\boldsymbol{F}_{\text{jy}}$ 表示。一般情况下,挤压面垂直于挤压力的作用线。

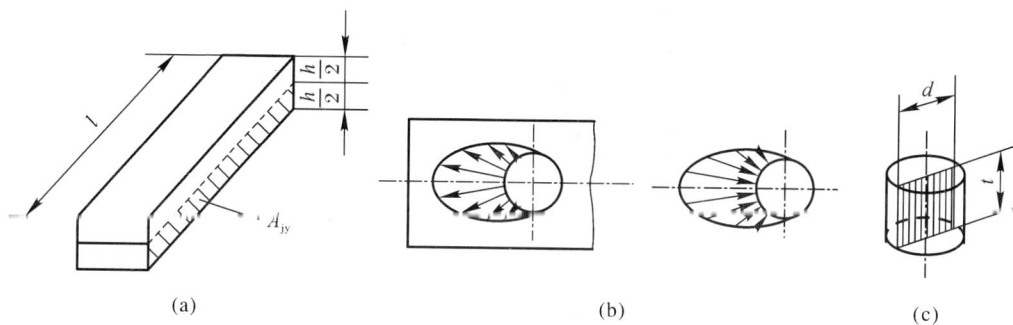

| (a) | (b) | (c) |

图　7.6

7.2.2　挤压的实用计算

由挤压而引起的应力称为挤压应力,用 $\boldsymbol{\sigma}_{\text{jy}}$ 表示。挤压应力与直杆压缩中的压应力不同,压应力遍及整个受压杆件的内部,在横截面上是均匀分布的。挤压应力则只限于接触面附近的区域,在接触面上的分布也比较复杂。像剪切的实用计算一样,挤压在工程上也采用实用计算方法,即假定在挤压面上应力是均匀分布的。如果以 F_{jy} 表示挤压面上的作用力,A_{jy} 表示挤压面面积,那么

$$\sigma_{\text{jy}}=\frac{F_{\text{jy}}}{A_{\text{jy}}} \tag{7-3}$$

于是,建立**挤压强度的条件**为

$$\sigma_{jy} = \frac{F_{jy}}{A_{jy}} \leqslant [\sigma_{jy}] \tag{7-4}$$

式中:$[\sigma_{jy}]$为材料的许用挤压应力,其数值由试验确定,可从有关设计手册中查到。$[\sigma_{jy}]$一般可取:

塑性材料: $\qquad\qquad\qquad [\sigma_{jy}] = (1.5 \sim 2.5)[\sigma]$

脆性材料: $\qquad\qquad\qquad [\sigma_{jy}] - (0.9 \sim 1.5)[\sigma]$

其中,$[\sigma]$为材料的许用正应力。

关于挤压面面积 A_{jy} 的计算,要根据接触面的具体情况而定。例如图 7.2 中所表示的键连接,其接触面是平面,挤压面的计算面积就是接触面的面积。在图 7.6(a)中,画阴影线的面积即为键的挤压面积,即 $A_{jy} = \frac{hl}{2}$。而对于螺栓、销钉和铆钉等圆柱形连接件,其接触面为圆柱面的一部分,板上的孔被挤压成椭圆形,板与钉之间的挤压应力分布如图 7.6(b)所示,最大挤压应力发生在圆柱形接触面的中点。在实际计算中以圆柱面的正投影的面积作为挤压面积,即 $A_{jy} = dt$,如图 7.6(c)所示。这样计算所得的挤压应力近似于半圆柱面中央的最大挤压应力值。

【例 7-2】 如图 7.7 所示的拉杆,用四个直径相同的铆钉固定在格板上,拉杆与铆钉的材料相同,试校核铆钉与拉杆的强度。已知载荷 $F = 80$ kN,板宽 $b = 80$ mm,板厚 $t = 10$ mm,铆钉直径 $d = 16$ mm,许用切应力 $[\tau] = 100$ MPa,许用挤压应力 $[\sigma_{jy}] = 100$ MPa,许用拉应力 $[\sigma] = 160$ MPa。

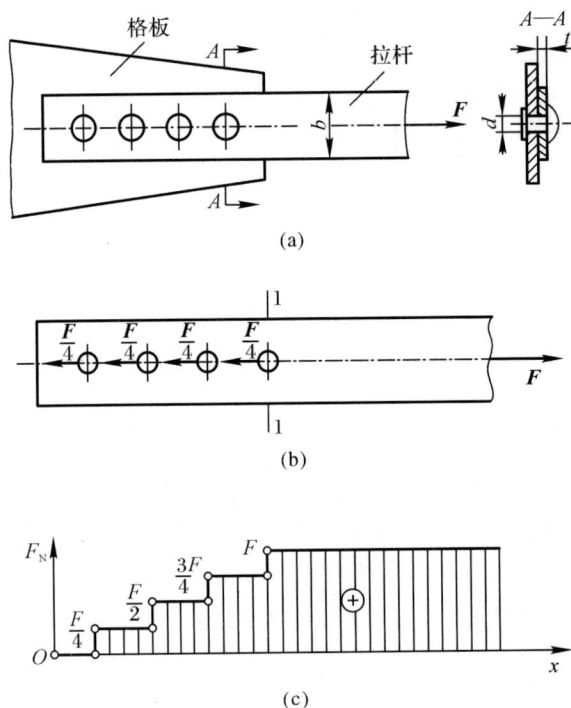

(a)

(b)

(c)

图 7.7

解　(1)铆钉的剪切强度计算。首先计算各铆钉剪切面上的剪力。分析表明,当各铆钉的材料和直径均相同,且外力作用线通过铆钉群剪切面的形心时,通常认为各铆钉切面的剪力相同。因此,对于图 7.7(a)所示的铆钉群,各铆钉剪切面上的剪力均为

$$Q = \frac{F}{4} = \frac{80 \times 10^3}{4} \text{ N} = 2.0 \times 10^4 \text{ N}$$

而相应的切应力则为

$$\tau = \frac{4Q}{\pi d^2} = \frac{4 \times 2.0 \times 10^4}{\pi \times 16^2} \text{ MPa} = 99.5 \text{ MPa} < [\tau]$$

(2)铆钉的挤压强度的计算。本例中,铆钉所受挤压力等于铆钉剪切面上的剪力,即

$$F_{jy} = Q = 2.0 \times 10^4 \text{ N}$$

因此,最大挤压应力为

$$\sigma_{jy} = \frac{F_{jy}}{td} = \frac{2.0 \times 10^4}{10 \times 16} \text{ MPa} = 125 \text{ MPa} < [\sigma_{jy}]$$

(3)拉杆的拉伸强度计算。拉杆的受力情况及轴力图分别如图 7.5(b)(c)所示。显然,横截面 1—1 处的正应力最大,其值为

$$\sigma_{max} = \frac{F_{Nmax}}{(b-d)t} = \frac{80 \times 10^3}{(80-16) \times 10} \text{ MPa} = 125 \text{ MPa} < [\sigma]$$

可见,铆钉与拉杆均满足强度要求。

7.3　剪切与挤压的工程实例与计算

【例 7 - 3】　图 7.8(a)所示为某齿轮用平键与轴连接,已知轴的直径 $d = 56$ mm,键的尺寸 $l \times b \times h = 80 \times 16 \times 10$ mm³,传递外力矩 $M = 1$ kN·m,键的许用切应力$[\tau] = 60$ MPa,许用挤压应力$[\sigma_{jy}] = 100$ MPa,试校核键的连接强度。

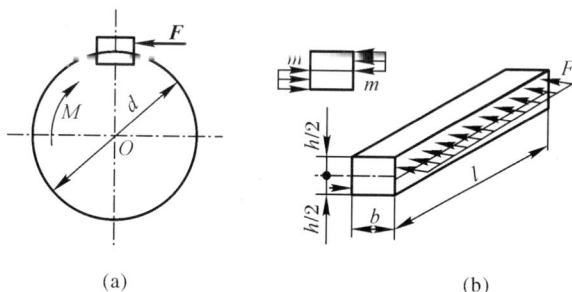

图　7.8

解　(1)以键和轴为研究对象,如图 7.8(b)所示,由平衡方程得键所受的力为

$$F = \frac{M}{d/2} = \frac{2 \times 1 \times 10^6}{56} \text{ kN} = 35.71 \text{ kN}$$

(2)变形分析。键的破坏可能是沿截面被剪断或与键槽之间产生挤压塑性变形。用截面法可求得剪力和挤压力为

$$Q = F_{jy} = F = 35.71 \text{ kN}$$

（3）键的强度校核。键的剪切面积为 $A=bl$，挤压面积为 $A_{jy}=hl/2$，则切应力和挤压应力分别为

$$\tau=\frac{Q}{A}=\frac{F}{bl}=\frac{35.71\times10^3}{16\times80}\text{ MPa}=27.9\text{ MPa}<[\tau]$$

$$\sigma_{jy}=\frac{F_{jy}}{A_{jy}}=\frac{2F}{lh}=\frac{2\times37.71\times10^3}{80\times10}\text{ MPa}=89.3\text{ MPa}<[\sigma_{jy}]$$

因此，键的剪切和挤压强度均满足要求。可以看出：键的剪切强度一般有较大的储备，而挤压强度的储备较少，因此工程上通常对键只作挤压强度校核。

【例 7-4】 如图 7.9 所示拖车挂钩用插销连接，已知挂钩厚度 $\delta=10$ mm，许用切应力 $[\tau]=100$ MPa，许用挤压应力 $[\sigma_{jy}]=200$ MPa，拉力 $F=56$ kN，试设计插销的直径 d。

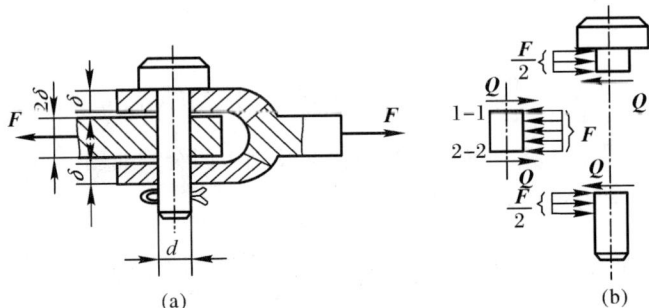

图 7.9

解 （1）分析破坏形式。从图 7.9（b）可看出，插销承受剪切和挤压，它的破坏可能是被剪断或孔壁间的挤压破坏。

（2）求剪力和挤压力。插销有两个剪切面，可以分成三段，对本例来说，任取一段进行分析都可以，现取中间段进行计算。用截面法由平衡方程可得

$$Q=\frac{F}{2}=28\text{ kN}$$

$$F_{jy}=F=56\text{ kN}$$

（3）按剪切强度准则设计插销直径 d，即

$$\tau=\frac{Q}{A}=\frac{F/2}{\pi d^2/4}\leqslant[\tau]$$

$$d\geqslant\sqrt{\frac{4Q}{\pi[\tau]}}=\sqrt{\frac{4\times28\times10^3}{\pi\times100}}\text{ mm}=18.9\text{ mm}$$

（4）按挤压强度准则设计插销直径 d，即

$$\sigma_{jy}=\frac{F_{jy}}{A_{jy}}=\frac{F}{d\times2\delta}\leqslant[\sigma_{jy}]$$

$$d\geqslant\frac{F_{jy}}{2\delta[\sigma_{jy}]}=\frac{56\times10^3}{2\times10\times200}\text{ mm}=14\text{ mm}$$

若要插销同时满足剪切强度和挤压强度的要求，则其最小直径选择 $d=18.9$ mm，按此最小直径，再从有关设计手册中查取插销的公称直径为 $d=20$ mm。

【例 7-5】 如图 7.10 所示，两块钢板搭接焊在一起，已知钢板 A 的厚度 $\delta=8$ mm，$F=150$ kN，焊缝的许用切应力 $[\tau]=108$ MPa，试求焊缝抗剪所需的长度 l。

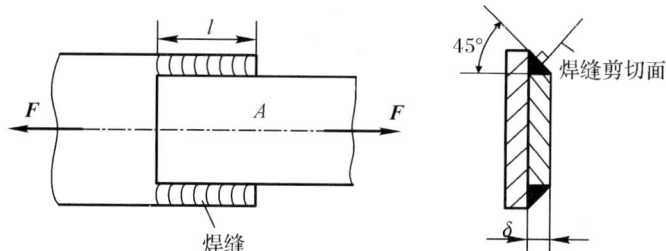

图　7.10

解　(1)变形分析。对于主要承受剪切的焊接焊缝,假定沿焊缝的最小断面,即焊缝最小剪切面发生破坏,并假定切应力在剪切面上是均匀分布的。焊缝发生剪切变形,两条焊缝的总剪力和总剪切面积分别为

$$Q=F$$
$$A=2\delta l\cos45°$$

(2)强度计算。由剪切强度准则可得

$$\tau=\frac{Q}{A}=\frac{F}{2\delta l\cos45°}\leqslant[\tau]$$

解得

$$l\geqslant\frac{F}{2\delta[\tau]\cos45°}=\frac{150\times10^3}{2\times8\times0.707\times108}\ \text{mm}=122.7\ \text{mm}$$

考虑到焊缝有可能未焊透,实际焊缝的长度应稍大于计算长度。一般在计算长度上再加上 2δ,所以,该焊接焊缝长度取 $l=140$ mm。

7.4　剪切胡克定律

7.4.1　切应变与剪切胡克定律

为分析物体受剪力作用后的变形情况,我们从剪切面上取一直角六面体来进行分析。如图 7.11 所示,在剪力的作用下,相互垂直的两平面夹角发生了变化,即不再保持直角,则此角度的改变量 γ 的正切函数 $\tan\gamma$ 称为剪应变,又称切应变。剪应变是对剪切变形的一个度量标准,在小变形情况下,$\tan\gamma$ 与 γ 近似相等,用弧度(rad)来度量,即

$$\gamma\approx\tan\gamma=\frac{ee'}{ae}\tag{7-5}$$

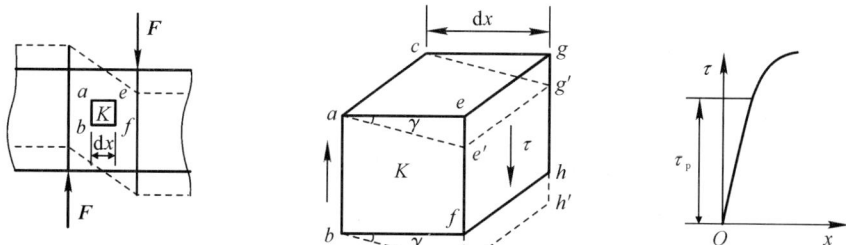

图　7.11

这一近似处理是材料力学小变形假设的具体体现，以后的许多公式都是以此为前提推导的。在以后的实践中切不可盲目套用公式，而忘了小变形假设的前提。

7.4.2 切应力互等定理

在受力物体中，我们可以围绕任意一点，用六个相互垂直的平面截取一个边长为 dx、dy、dz 的微小正六面体作为研究的单元体，如图 7.12 所示。在单元体中的相互垂直的两个平面上，剪应力的大小（绝对值）相等，它们的方向不是共同指向这两个平面的交线，就是共同背离这两个平面的交线。这就是**切应力互等定理**，即

$$\tau = \tau' \tag{7-6}$$

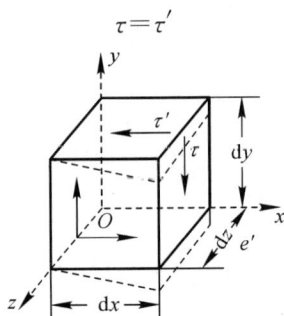

图 7.12

7.4.3 剪切胡克定律

实验证明：当切应力不超过材料的剪切比例极限 τ_p 时，切应力 τ 与剪应变 γ 成正比例，这就是**剪切虎克定律**，可以写为

$$\tau = G\gamma \tag{7-7}$$

式中：比例常数 G 称为材料的**剪切弹性模量（切变模量）**，是材料的一个常数，由试验确定，它的常用单位是 GPa。钢的剪切弹性模量 G 值约为 80 GPa。

拉伸弹性模量 E、切变模量 G、泊松比 μ 为表明材料弹性性质的三个常数，都由试验确定。对各向同性材料，G 值也可由下式得出：

$$G = \frac{E}{2(1+\mu)} \tag{7-8}$$

即材料只有两个弹性性质的基本参数。如 $\mu=0.25$，则 $G=0.4E$，$\mu=0.33$，$G=0.375E$。

小　结

1. 剪切和挤压的概念

(1)构件剪切的受力与变形特点是：沿构件两侧作用有大小相等、方向相反、作用线平行且相距很近的两外力，夹在两外力作用线之间的剪切面发生了相对错动。

(2)构件发生剪切变形的同时，其接触面相互作用而压紧，这种现象称为挤压。构件因压力过大，其接触面的局部范围内发生塑性变形或压溃，称为挤压破坏。

2. 实用计算

（1）工程实际中采用计算法来计算剪切和挤压的强度计算，其剪切和挤压的强度准则分别为

$$\tau = \frac{Q}{A} \leqslant [\tau]$$

$$\sigma_{jy} = \frac{F_{jy}}{A_{jy}} \leqslant [\sigma_{jy}]$$

（2）确定构件的剪切面和挤压面是进行剪切和挤压强度计算的关键。剪切面与外力平行且夹在两外力之间。当挤压面为平面时，其计算面积就是实际面积；当挤压面为一半圆柱形侧面时，其挤压计算面积为半圆柱侧面的正投影面积，即 $A_{jy} = dt$。

（3）焊接焊缝的实用计算。对于主要承受剪切的焊接焊缝，假定沿焊缝的最小剪切面发生破坏，其单边焊缝的抗剪强度准则为

$$\tau_{max} = \frac{Q}{A_{min}} = \frac{Q}{\delta l \cos 45°} \leqslant [\tau]$$

3. 剪切胡克定律

当切应力不超过材料的剪切比例极限 τ_p 时，剪切面上的切应力与该点处的切应变成正比，即 $\tau = G\gamma$。

在构件内部任意两个相互垂直的平面上，切应力必然成对存在，且大小相等，方向同时指向或同时背离这两个截面的交线。此即为切应力互等定理。

▲拓展阅读

马路上的力学——夺命的“碎片炸弹”

2016 年 5 月 29 日中午，杭州司机吴斌驾驶大巴车从无锡开往杭州，在沪宜高速公路上被飞来的金属片砸中导致肝脏破裂，三天后不治身亡。

据悉，吴斌驾驶的大巴车是金华青年尼奥普兰型，长 12 m，35 座。车窗挡风玻璃是双层夹胶玻璃，由两面钢化玻璃加黏合胶水构成，厚度约为 9 mm，符合国家标准，能保证 2.26 kg 的铁球从 4 m 高处下落砸中后也不会破碎，即使用榔头砸，也不会整体脱落，而会形成蜘蛛网状连体碎片。

破窗击中吴斌的刹车鼓碎片长约 30 cm、宽 15 cm、厚 1 cm，呈不规则的环形，重约 2.5 kg。经调取大巴的 GPS 定位系统后发现，事发时，大巴时速是 94 km/h，行驶平稳。现已查明当时逆向行驶的肇事车辆是江西宜春地区的一辆货车，其行驶时速为 70 km/h。因此，两车的相对速度为 164 km/h。

从上述资料可做一些估算。根据力学原理，刹车鼓碎片的撞击速度就是两车的相对速度，约合 45.6 m/s，相当于子弹速度的 1/10，所产生的冲击力超出挡风玻璃承受力标准的 4 倍，足以破窗而入，穿过 9 mm 的车窗玻璃约需 0.000 2 s。用动量守恒定律进行计算，碎片进入大巴车后仍能以 30 m/s 的速度前进，击中吴斌腹部时的冲量约为 90 kg·m/s，相当于 2.5 kg 的碎片从 50 m 的高处坠下，以吴斌的血肉之躯根本无法抵挡这样的重击，而他居然能在这种情况下完成一系列保护人车安全的动作，正因为如此，他赢得了全社会的尊敬和

爱戴。上面是根据初步调查的数据给出的力学分析,估算得比较粗略,读者还可以做更细致的分析。

"碎片炸弹"给人们的深刻教训是:要珍惜所有人的生命,千万不能掉以轻心。例如,开车上高速公路前,必须细致检查车况,决不能"带病"上路,从你车上掉下的小碎片,很有可能变成"炸弹",导致严重事故。当然,更不能在高速路上随意丢弃废物,要知道,一个小小的空烟盒,有时也会具有像子弹一样的杀伤力。但愿最美司机吴斌的悲剧不再重演!

习 题 七

一、填空题

1.构件发生剪切变形的受力特点是:沿杆件的横向两侧作用有大小_____、方向_____、作用线平行且_____一对力。其变形特点是:两力作用线之间的截面发生_____。发生相对错动的截面称为_____。

2.挤压变形是指在两构件相互机械作用的_____上,由于局部承受较大的作用力,而出现的_____或_____的现象。构件发生_____的接触面称为挤压面。

3.剪切变形的内力_____于剪切面,用_____表示。切应力在剪切面上的分布实际上是_____,工程实际中通常假定切应力在剪切面上是_____分布的,用公式_____表示。

4.挤压面上由挤压力引起的_____称为挤压应力。挤压力在挤压面上的分布实际是_____,工程实际中假定挤压力是_____分布的,用公式_____表示。

二、选择题

1.在校核构件的抗剪强度和抗挤压强度时,当其中一个应力超过许用应力时,构件的强度就(　　)。

A. 满足　　　　　　　B. 不满足　　　　　　　C. 无法确定

2.如图 7.13 所示,螺栓接头的剪切面大小是(　　),挤压面大小是(　　)。

A. $2\pi Dh$　　　　B. $\frac{\pi}{4}(D^2-d^2)$　　　　C. πdh　　　　D. $2\pi dh$

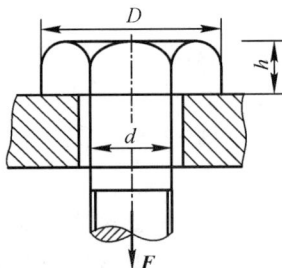 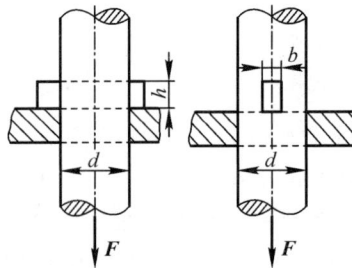

图 7.13　　　　　　　　　　图 7.14

3.图 7.14 所示为拉杆插销装置,已知拉杆直径,矩形截面插销的尺寸为 $l\times b\times h$,插销的剪切面大小是(　　),插销与拉杆的挤压面大小是(　　)。

A. $2bd$　　　　　　B. $2bh$　　　　　　C. bd　　　　　　D. bl

三、计算题

1.如图 7.15 所示的木榫接头,左右两部分的形状完全一样,在力 F 作用下,榫接头的剪切面积为＿＿＿＿,挤压面积为＿＿＿＿。

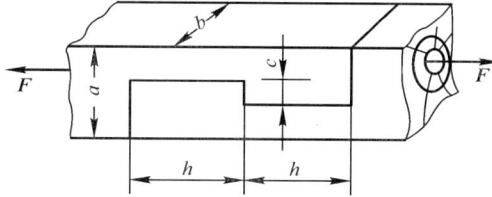

图　7.15

2.如图 7.16 所示的连接件,圆柱销剪切面上剪应力为＿＿＿＿。

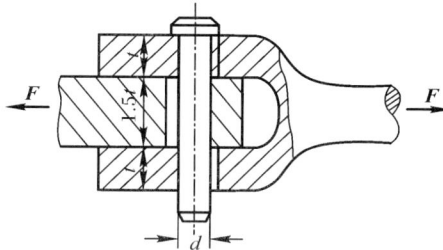

图　7.16

3.如图 7.17 所示,凸缘联轴器传递的力偶矩为 $M=200$ N·m,凸缘之间用四个螺栓连接,对称地分布在 $\Phi80$ mm 的圆周上,螺栓内径 $d=10$ mm。如螺栓的许用切应力 $[\tau]=60$ MPa,试校核螺柱的剪切强度。

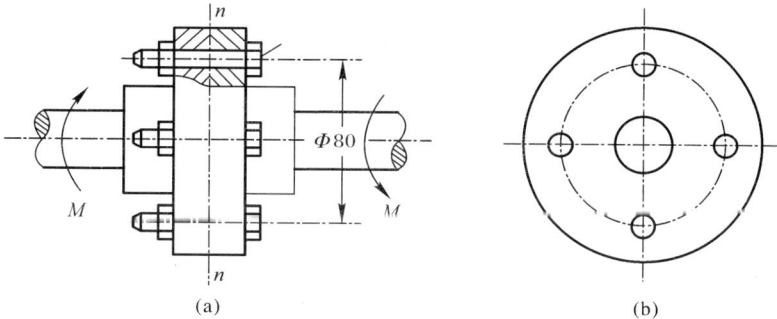

图　7.17

4.图 7.18 所示为一销钉接头,已知 $F=18$ kN,$t_1=8$ mm,$t_2=5$ mm,销钉的直径 $d=16$ mm,销钉的许用切应力 $[\tau]=60$ MPa,许用挤压应力 $[\sigma_{jy}]=200$ MPa,试校核销钉的抗剪强度和挤压强度。

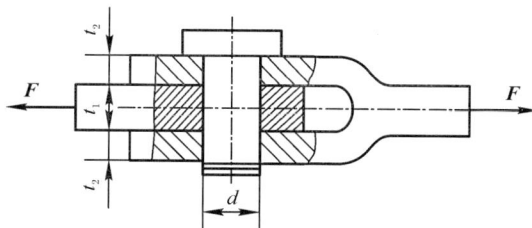

图　7.18

5. 如图 7.19 所示,轴与齿轮用普通平键连接,已知 $d=70$ mm,$b=20$ mm,$h=12$ mm,轴传递的转矩 $M=2$ kN·m,键的许用切应力 $[\tau]=60$ MPa,许用挤压应力 $[\sigma_{jy}]=100$ MPa,试设计键的长度 l。

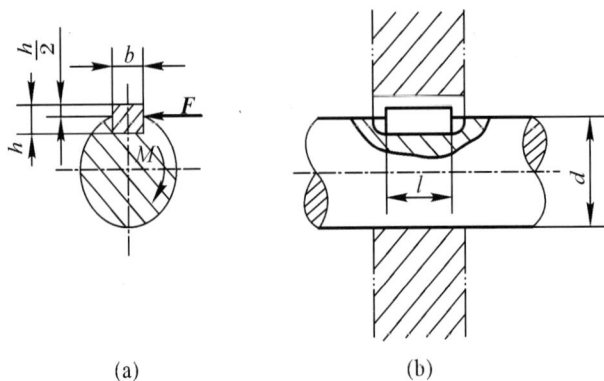

(a)   (b)

图　7.19

6. 图 7.20 所示为一铆钉接头,已知钢板的厚度 $t=10$ mm,铆钉的直径 $d=17$ mm,铆钉与钢板的材料相同,许用切应力 $[\tau]=140$ MPa,许用挤压应力 $[\sigma_{jy}]=320$ MPa,$F=24$ kN,试校核铆钉接头的强度。

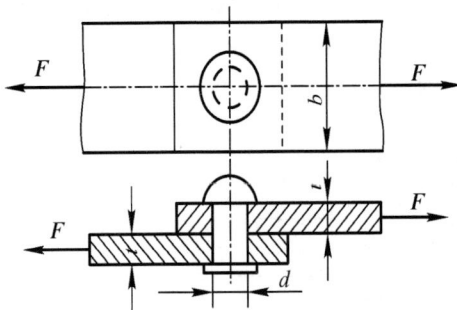

图　7.20

7. 如图 7.21 所示,手柄与轴用普通平键连接。已知轴的直径 $d=35$ mm,手柄长 $l=700$ mm,键的尺寸 $l \times b \times h = 36 \times 10 \times 8$ mm³,键的许用切应力 $[\tau]=60$ MPa,许用挤压应力 $[\sigma_{jy}]=120$ MPa,试确定作用于手柄上的许可载荷 $[F]$。

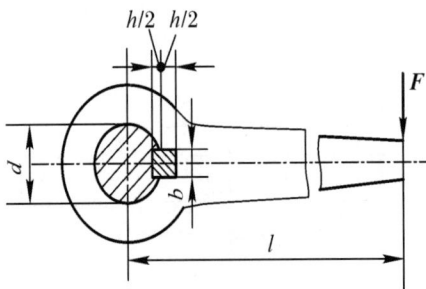

图　7.21

8.两块钢板的搭接焊缝如图 7.22 所示,两块钢板的厚度 δ 相同,且 $\delta = 12$ mm,左端钢板宽度 $b = 120$ mm,轴向加载,焊缝的许用切应力 $[\tau] = 90$ MPa,许用挤压应力 $[\sigma] = 120$ MPa。试求钢板与焊缝等强度时(同时失效称为等强度),每边所需的焊缝长度 l。

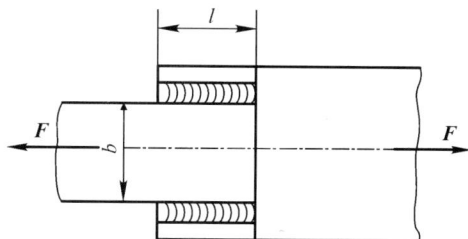

图 7.22

9.如图 7.23 所示,冲床的最大冲力 $F = 400$ kN,冲头材料的许用挤压应力 $[\sigma_{jy}] = 440$ MPa,钢板的抗剪强度 $\tau_b = 360$ MPa,试求在最大冲力作用下所能冲剪的最小圆孔直径 d 和钢板的最大厚度 t。

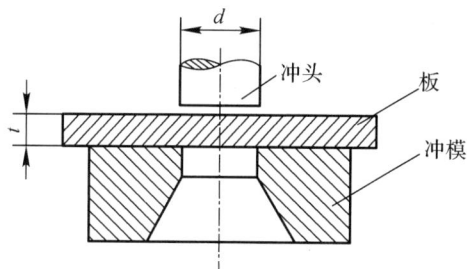

图 7.23

第8章 圆轴扭转

本章主要介绍圆轴扭转的基本概念,扭矩的计算方法,扭矩图的绘制方法,扭转时横截面上的应力、强度和刚度的计算,为研究圆轴扭转的工程问题中提供计算依据。

8.1 圆轴扭转的基本概念

8.1.1 工程实际中的圆轴扭转及基本概念

扭转是杆的又一种基本变形形式。在工程实际中,尤其是在机械传动中的许多构件,其主要变形都是扭转。在工程中,有许多构件承受着扭转作用,如图 8.1(a)中的汽车方向盘的操纵杆,图 8.1(b)中的传递动力的主传动轴,图 8.1(c)中的钻头,图 8.1(d)中的螺丝刀杆。

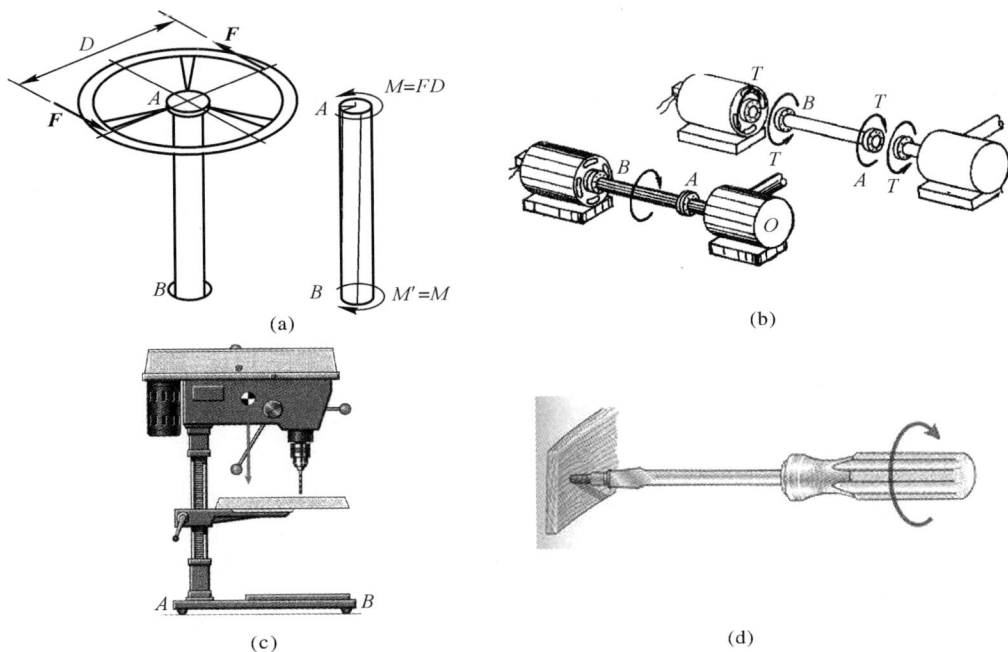

(a)

(b)

(c)

(d)

图 8.1

这些实例都是在杆件的两端作用两个大小相等、方向相反且作用平面垂直于杆件轴线的力偶,致使杆件的任意两个横截面都发生绕轴线的相对转动,这就是扭转变形。

扭转构件的**受力特点**是:构件两端受到两个作用在垂直于轴线平面内的力偶作用,两力偶大小相等、转向相反,其简图可表示为图 8.2。在这样一对力偶的作用下,其**变形特点**是:各横截面绕轴线发生相对转动,这时任意两横截面间有相对的角位移,这种角位移称为扭转角,用 φ 表示。

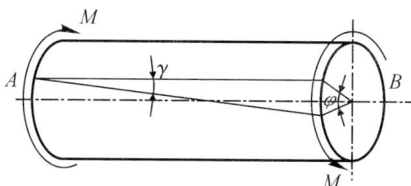

图 8.2

图 8.2 中的 φ 就是截面 B 相对于截面 A 的转角。在工程实际中,还有不少构件,如电动机主轴、水轮机主轴、机床传动轴等,它们的主要变形是扭转,但同时还可能伴随有弯曲、拉压等变形,不过后者的影响不大时,往往可以忽略,或者在初步设计中,暂不考虑这些因素,将其视为扭转构件。本章主要研究圆截面等直杆扭转时的强度和刚度计算,这是工程中最常见的情况,是扭转中最基本的问题。

8.1.2 圆轴扭转的力学分析

与拉压、剪切等问题一样,研究扭转构件的强度和刚度问题时,首先必须计算出构件上的外力,分析截面上的内力。

1.外力偶矩

扭转时,作用在轴上的外力是一对大小相等、转向相反的力偶。但是,在工程实际中,常常并不直接给出外力偶矩的大小,而是给出轴所传递的功率和轴的转速。功率、转速和力偶矩之间有一定的关系,利用它们之间的关系,可以求出作用在轴上的外力偶矩。它们之间的关系是

$$M = 9\,549\,\frac{P}{n} \qquad\qquad (8-1)$$

式中:M 为作用在轴上的外力偶矩,单位为 N·m;P 为轴传递的功率,单位为 kW;n 为轴的转速,单位为 r/min。

从式(8-1)可以看出,轴所承受的力偶矩与传递的功率成正比,与轴的转速成反比。因此,在传递同样的功率时,低速轴所受的力偶矩比高速轴的大。所以,在一个传动系统中,低速轴的直径要比高速轴的直径粗一些。

2.扭矩

现在讨论扭转时轴横截面上的内力。设圆轴在一对大小相等、转向相反的外力偶作用下产生扭转变形,如图 8.3(a)所示。为了揭示轴的内力,仍用截面法,以一个假想的截面在

轴的任意处 n—n 垂直地将轴截开,取左段为研究对象,如图 8.3(b)所示。由于 A 端作用有一个力偶,为了保持平衡,在截面的平面内,必然存在一个内力偶矩 T 与它平衡。由平衡方程即可求得这个内力偶矩的大小,即

$$T = M_A \qquad (8-2)$$

由此可见,杆扭转时,其横截面上的内力,是一个在截面平面内的力偶,其力偶矩 T 称为**扭矩**。

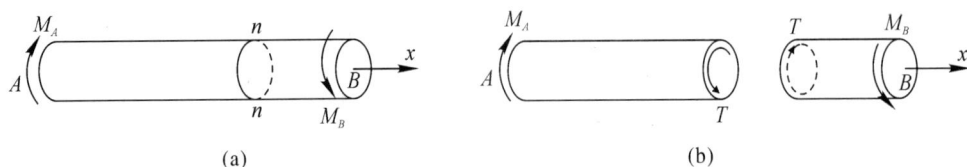

图 8.3

如取轴的右段为研究对象[见图 8.3(b)],也可得到同样的结果。取截面左边部分为研究对象与取截面右边部分为研究对象所求得的扭矩数值相等而转向相反。为了使从两段杆上求得的同一截面上的扭矩相同,将扭矩的**正负号**做如下的规定:采用**右手螺旋法则**,以右手握住轴线,四指弯曲方向表示扭矩的转向,则拇指的指向离开截面时的扭矩为正,如图 8.4(a)所示;反之,拇指指向截面时则扭矩为负,如图 8.4(b)所示。由图中轴的变形情况可以看到,无论扭矩为正还是为负,截面左右两段轴扭转变形的转向是一致的。因此,扭矩正负号的规定实际上也是根据轴的变形而来的。

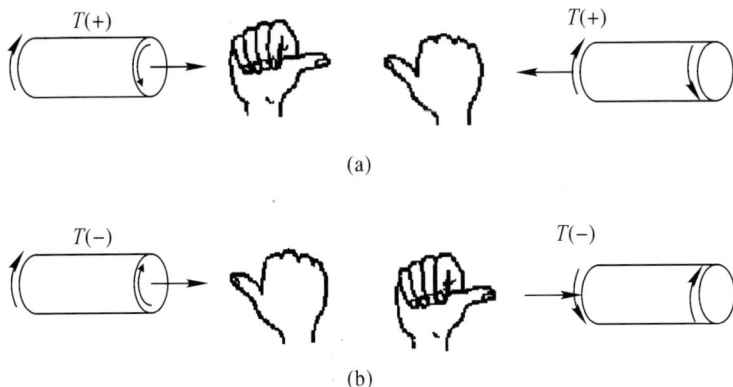

图 8.4

3.扭矩图

若作用在轴上的外力偶有多个时,与在轴向拉压问题中作轴力图一样,可用图线表示出轴在各横截面上的扭矩变化规律,以横轴表示横截面的位置(x),纵轴表示相应截面上的扭矩(T),这种图线称为**扭矩图**。现通过下面例题进一步说明。

【例 8-1】 某传动轴如图 8.5 所示,主动轮 A 输入功率 $P_A = 400\text{ kW}$,从动轮 B、C、D 输出功率分别为 $P_B = P_C = 120\text{ kW}$,$P_D = 160\text{ kW}$。轴的转速为 700 r/min(由于轴做匀速转动,不计损耗,输入功率与输出的总功率应相等),试绘出轴的扭矩图。

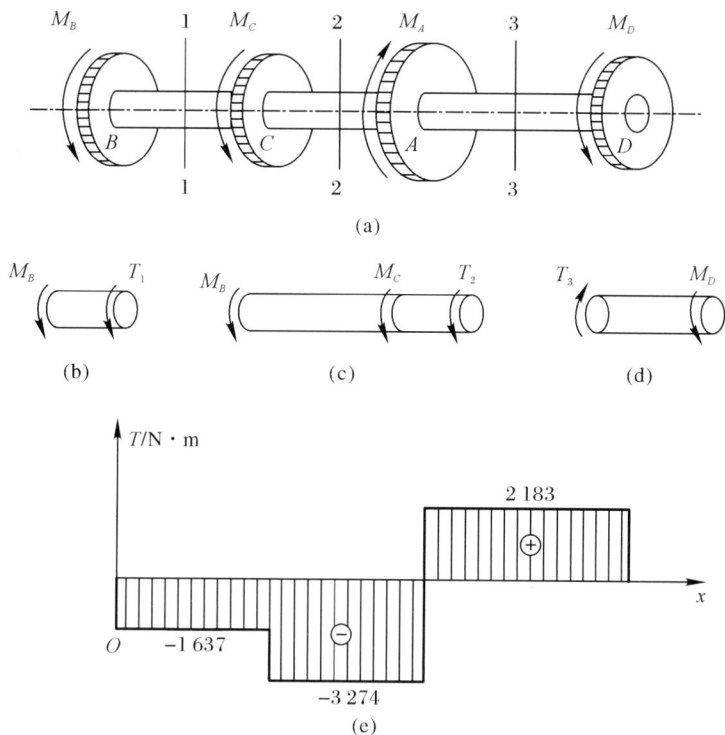

(a)

(b)　　　　　　　　(c)　　　　　　　　(d)

(e)

图　8.5

解　(1)外力偶矩计算。由式(8-1)可得

$$M_A = 9\,549 \times \frac{400}{700}\ \text{N} \cdot \text{m} = 5457\ \text{N} \cdot \text{m}$$

$$M_B = M_C = 9\,549 \times \frac{120}{700}\ \text{N} \cdot \text{m} = 1\,637\ \text{N} \cdot \text{m}$$

$$M_D = 9\,549 \times \frac{160}{700}\ \text{N} \cdot \text{m} = 2\,183\ \text{N} \cdot \text{m}$$

(2)扭矩计算。从受力情况可以看出,轴在 BC、CA、AD 三段内各截面上的扭矩是不相等的。现在用截面法,根据平衡方程计算各段内的扭矩。

在 BC 段内,以 T_1 表示截面 1—1 上的扭矩,并任意地把 T_1 的方向假设为如图 8.5(b)所示的方向。由平衡方程可得

$$T_1 + M_B = 0$$

解得

$$T_1 = -M_B = -1\,637\ \text{N} \cdot \text{m}$$

T_1 为负值,说明在图 8.5(b)中对 T_1 所假定的方向与截面 1—1 上的实际扭矩方向相反。按照扭矩的符号规定,与图 8.5(b)中假设的方向相反的扭矩是负的。在 BC 段内各截面上的扭矩不变,皆为 $-1\,637$ N·m。所以,这一段扭矩图为一水平线[见图 8.5(e)]。

同理,在 CA 段内,由图 8.5(c)可得

$$T_2 + M_C + M_B = 0$$

$$T_2 = -M_C - M_B = -3\,274\ \text{N} \cdot \text{m}$$

在 AD 段内,由图 8.5(d)可得

$$T_3 - M_D = 0$$
$$T_3 = M_D = 2\,183\ \text{N} \cdot \text{m}$$

(3)作扭矩图。根据所得数据,把各截面上的扭矩沿轴线变化的情况用图 8.5(e)表示出来,就是扭矩图。从图中看出,最大扭矩发生于 CA 段内,且 $|T_{\max}| = 3\,274\ \text{N} \cdot \text{m}$。

在上述例题的解题过程中,**当用截面法求解扭矩 T_1、T_2、T_3 时,由于其方向未知,一般在解题的过程中按右手螺旋定则假设成正方向,然后根据内外力矩平衡原理进行求解**。

对同一根轴,若把主动轮安置于轴的一端,例如放在右端,则轴的扭矩图将如图 8.6 所示。这时,轴的最大扭矩是 $|T_{\max}| = 5\,457\ \text{N} \cdot \text{m}$。可见,传动轴上主动轮和从动轮安置的位置不同,轴所承受的最大扭矩就不同,通过合理安置主动轮和从动轮可以提高轴的承载能力。

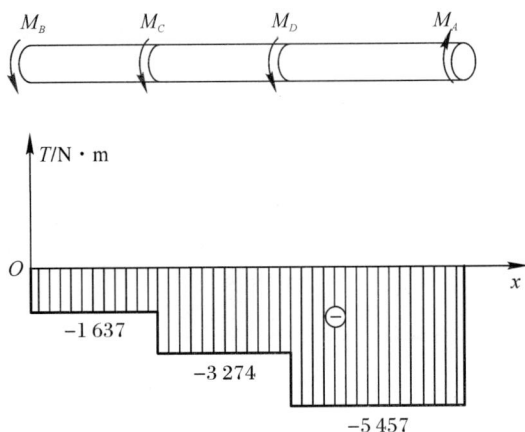

图 8.6

由上例可以总结出扭矩的变化情况与外力矩的关系,称为**突变规则**。根据突变规则可以直接画出扭矩图,并求出扭矩的最大值。

突变规则为:

(1)凡有外力矩作用的截面,扭矩发生突变时,其突变量等于外力矩的大小。

(2)突变方向按照:当从左至右画图时,向上的外力矩所对应的扭矩向上突变,向下的外力矩所对应的扭矩向下突变,简称"同上同下"规则。两外力矩之间的扭矩与 x 轴平行。

(3)作图时从坐标原点出发,按照突变规则,最终回到 x 轴上。

8.2 圆轴扭转的应力

8.2.1 圆轴扭转时横截面上的应力分布规律

取一等截面圆轴,如图 8.7(a)所示,在其表面上划出两条平行于轴线的纵向线和两条代表横截面的圆周线,观察圆轴的扭转变形。圆轴扭转后的情况如图 8.7(b)所示。

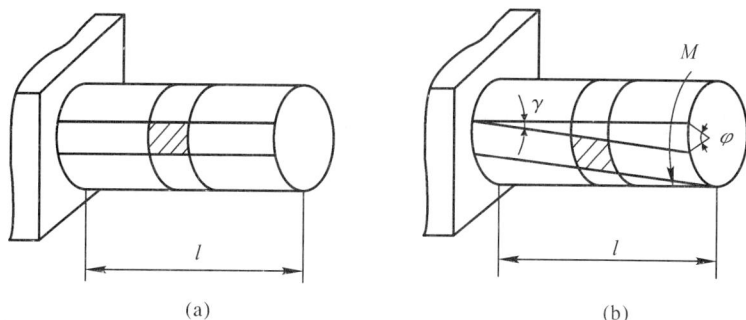

图　8.7

由前述扭转变形的特点,可得到如下结论:

(1)扭转变形时,圆轴相邻横截面间的距离不变,圆轴没有纵向变形,所以横截面上没有正应力。

(2)扭转变形时,各纵向线同时倾斜了相同的角度,各横截面绕轴线产生了相对转动,即相邻横截面上各点都发生了相对错动,出现了剪切变形。因此,各截面上各点都存在切应力。又因为截面半径长度不变,所以切应力方向与半径垂直。

综上所述,圆轴扭转时横截面上只有垂直于半径方向的切应力。

8.2.2　圆轴扭转横截面上的应力

应用静力学平衡条件、变形的几何条件及胡克定律,由图 8.8 可推导出圆轴扭转时横截面上各点切应力的计算公式为

$$\tau_\rho = \frac{T\rho}{I_p}$$
(8-3)

式中:T 为横截面上的扭矩;ρ 为横截面上任一点到圆心的距离;I_p 为横截面对形心的**极惯性矩**,与截面的形状和尺寸有关。

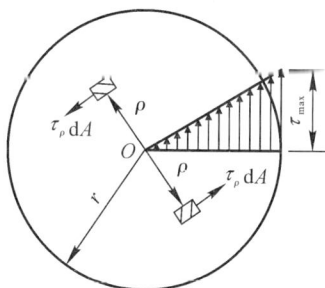

图　8.8

由式(8-3)可见,截面上各点切应力的大小与该点到圆心的距离成正比,并沿半径方向呈线性分布,轴圆周边缘的切应力最大。当 $\rho=r=\frac{D}{2}$ 时,切应力值最大,即

$$\tau_{max} = \frac{TD}{2I_p} = \frac{T}{W_p}$$
(8-4)

式中:D 为截面直径;$W_p=\frac{2I_p}{D}$ 为抗扭截面系数。

值得注意的是,式(8-3)和式(8-4)只适用于圆轴截面,且截面上的最大切应力不得超过材料的许用切应力。

8.2.3 截面极惯性矩和抗扭截面系数

工程中,轴通常有实心和空心两种类型,它们的极惯性矩和抗扭截面系数按下列公式计算。

1. 实心轴截面

如图 8.9(a)所示,设截面直径为 D,取微小面积为一圆环,即 $dA=2\rho d\rho$,则其惯性距为

$$I_p=\frac{\pi D^4}{32}\approx 0.1D^4 \tag{8-5}$$

抗扭截面系数为

$$W_p=\frac{2I_p}{D}=\frac{\pi D^3}{16}\approx 0.2D^3 \tag{8-6}$$

2. 空心轴截面

如图 8.9(b)所示,设外径为 D,内径为 d,$\alpha=d/D$,同理可得极惯性矩为

$$I_p=\frac{\pi D^4}{32}(1-\alpha^4)\approx 0.1D^4(1-\alpha^4) \tag{8-7}$$

抗扭截面系数为

$$W_p=\frac{2I_p}{D}=\frac{\pi D^3}{16}(1-\alpha^4)\approx 0.2D^3(1-\alpha^4) \tag{8-8}$$

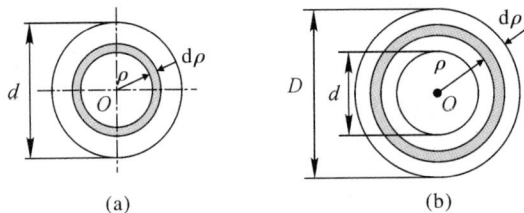

图 8.9

(a)实心截面;(b)空心截面

【例 8-2】 一轴 AB 传递的功率为 $P=7.5$ kW,转速 $n=360$ r/min。轴的 AC 段为实心圆截面,CB 段为空心圆截面,如图 8.10 所示。已知 $D=30$ mm,$d=20$ mm。试计算 AC 段横截面边缘处的切应力以及 CB 段横截面外边缘和内边缘处的切应力。

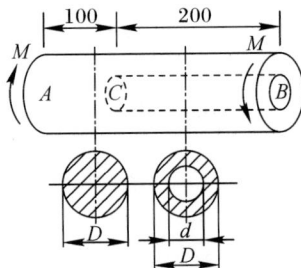

图 8.10

解 (1)计算扭矩。由式(8-1)可得,轴所受的外力偶矩为

$$M = 9\ 549\ \frac{P}{n} = 9\ 549 \times \frac{7.5}{360}\ \text{N} \cdot \text{m} = 199\ \text{N} \cdot \text{m}$$

由截面法可得,各横截面上的扭矩均为

$$T = 199\ \text{N} \cdot \text{m}$$

(2)计算极惯性矩。

由式(8-5)和式(8-7)可得,AC 段横截面的极惯性矩为

$$I_{p_1} = \frac{\pi D^4}{32} \approx 0.1 D^4 = 0.1 \times 30^4\ \text{mm}^4 = 81\ 000\ \text{mm}^4$$

CB 段横截面的极惯性矩为

$$I_{p_2} = \frac{\pi D^4}{32}(1 - \alpha^4) \approx 0.1 D^4 (1 - \alpha^4) = 0.1 \times 30^4 \left[1 - \left(\frac{20}{30} \right)^4 \right]\ \text{mm}^4 = 65\ 000\ \text{mm}^4$$

(3)计算应力。由式(8-3)可得,AC 段在横截面边缘处的切应力为

$$\tau_{p_1} = \frac{T\rho}{I_{p_1}} = \frac{199 \times \dfrac{30}{2} \times 10^{-3}}{81\ 000 \times (10^{-3})^4}\ \text{Pa} = 36.85\ \text{MPa}$$

CB 段横截面外边缘处的切应力为

$$\tau_{p2} = \frac{T\rho}{I_{p_2}} = \frac{199 \times \dfrac{30}{2} \times 10^{-3}}{65\ 000 \times (10^{-3})^4}\ \text{Pa} = 45.92\ \text{MPa}$$

CB 段轴横截面内边缘处的切应力为

$$\tau_{p2}' = \frac{T\rho'}{I_{p_2}} = \frac{199 \times \dfrac{20}{2} \times 10^{-3}}{65\ 000 \times (10^{-3})^4}\ \text{Pa} = 30.62\ \text{MPa}$$

8.3　圆轴扭转的变形

如前已述,圆轴扭转时两横截面间将有相对的角位移,称为**扭转角**,常用 φ 表示,单位是弧度(rad)。理论分析证明:扭转角 φ 与扭矩 T 及轴长 l 成正比,而与材料的切变模量 G 及轴横截面的极惯性矩成 I_p 反比,即

$$\varphi = \frac{Tl}{GI_p} \tag{8-9}$$

式中:T 为横截面上的扭矩;l 为两横截面间的距离;G 为材料的切变模量;I_p 为横截面对圆心的极惯性矩。

从式(8-9)可以看到:当扭矩 T 和轴长 l 一定时,GI_p 越大,扭转角 φ 越小。GI_p 反映了圆轴抵抗扭转变形的能力,称为轴的**抗扭刚度**。

对于阶梯轴或各段扭矩不相等的轴,若要计算整个圆轴的扭转角,应先分段计算各段的扭转角,然后求各段扭转角的代数和,即得全轴的扭转角。

【例 8-3】 图 8.11(a)所示为一传动轴,已知 $M_1 = 640\ \text{N} \cdot \text{m}$,$M_2 = 840\ \text{N} \cdot \text{m}$,$M_3 = 200\ \text{N} \cdot \text{m}$,轴材料的切变模量 $G = 80\ \text{GPa}$,AB 段长度为 400 mm,直径为 40 mm,BC 段长度为 200 mm,直径为 32 mm,试求截面 C 相对于截面 A 的扭转角。

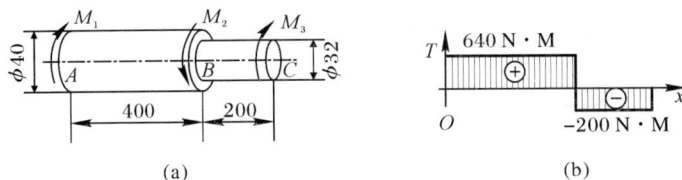

图 8.11

解 (1)分段计算各段截面的扭矩并画出扭矩图[如图 8.11(b)所示]。

AB 段： $$T_1 = M_1 = 640 \text{ N} \cdot \text{m}$$

BC 段： $$T_2 = M_1 - M_2 = (640 - 840) \text{ N} \cdot \text{m} = -200 \text{ N} \cdot \text{m}$$

(2)计算扭转角。由于 A、C 两截面间的扭矩 T 和极惯性矩 I_p 均不是常量，故应分段计算 AB 和 BC 段的相对扭转角，然后进行叠加。于是有

$$\varphi_{AC} = \varphi_{AB} + \varphi_{BC} = \frac{T_1 l_1}{GI_{p1}} + \frac{T_2 l_2}{GI_{p2}}$$

$$= \left[\frac{640 \times 400 \times 10^{-3}}{80 \times 10^9 \times 0.1 \times (40 \times 10^{-3})^4} + \frac{-200 \times 200 \times 10^{-3}}{80 \times 10^9 \times 0.1 \times (32 \times 10^{-3})^4} \right] \text{rad}$$

$$= (12.5 \times 10^{-3} - 4.8 \times 10^{-5}) \text{ rad} = 7.7 \times 10^{-3} \text{ rad}$$

8.4 圆轴扭转的强度和刚度准则

8.4.1 圆轴扭转的强度准则

为保证圆轴安全可靠地工作，要求圆轴工作时的最大切应力 τ_{max} 必须小于材料的许用切应力 $[\tau]$，因此等直圆轴扭转的**强度准则**为

$$\tau_{max} = \frac{T_{max}}{W_p} \leqslant [\tau] \tag{8-10}$$

扭转许用切应力 $[\tau]$ 是根据扭转试验，并考虑适当的安全因数确定的，可从有关手册中查得。

对于阶梯轴，由于各段轴上的 W_p 不同，最大切应力不一定发生在最大扭矩所在的截面上，因此需要综合考虑 W_p 和 T 两个量来确定。

8.4.2 圆轴扭转的刚度准则

扭转构件除需满足强度条件外，还需满足刚度方面的要求，否则将不能正常地进行工作。例如，机器中的轴若扭转变形过大，就会影响机器的精密度，或者使机器在运转过程中产生较大的振动。因此对圆轴的扭转变形需要有一定的限制。通常要求**单位长度的扭转角**不能超过某一许用值，即扭转构件应满足的**刚度准则**为

$$\theta_{max} = \frac{T_{max}}{GI_p} \times \frac{180°}{\pi} \leqslant [\theta] \tag{8-11}$$

式中：θ_{max} 单位是度/米(°/m)，单位轴长的许用扭转角 $[\theta]$ 是根据载荷性质和工作条件等因素决定的，其具体数值可由有关设计手册中查到。

【例 8-4】　如图 8.12 所示,已知汽车主传动轴传递的最大扭矩 $T = 1\ 500$ N·m,传动轴用外径 $D = 90$ mm、壁厚 2.5 mm 的钢管做成,材料为 20 钢,其许用切应力为 60 MPa,试校核此轴的强度。

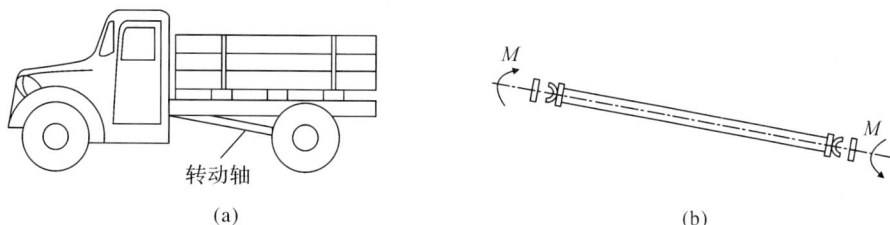

（a）　　　　　　　　　　　　　　　　（b）

图　8.12

解　(1)计算抗扭截面系数。由题意可得

$$D = 90\ \text{mm}$$

$$d = (90 - 5)\ \text{mm} = 85\ \text{mm}$$

将上述两式代入式(8-8),得

$$W_p = 0.2D^3(1 - \alpha^4) = 0.2 \times 90^3 \times \left[1 - \left(\frac{85}{90}\right)^4\right]\ \text{mm}^3 = 29\ 798.6\ \text{mm}^3$$

(2)强度校核。由强度条件式[见式(8-10)],得

$$\tau_{\max} = \frac{T_{\max}}{W_p} = \frac{1\ 500}{29\ 798.6 \times 10^{-9}}\ \text{Pa} = 50.3 \times 10^6\ \text{Pa} = 50.3\ \text{MPa} \leqslant [\tau]$$

故轴满足强度条件。

上例中,如果传动轴不用钢管(空心轴)而采用实心圆轴,并使其与空心轴有同样的强度(即两者的最大切应力相同),试设计实心轴的直径 D_1。

解　由于实心轴和空心轴的扭矩相同,当它们的强度相同(即两者的最大切应力相同)时,它们的抗扭截面系数相等,于是得

$$W_p = 0.2D_1^3 = 0.2D^3(1 - \alpha^4)$$

解得

$$D_1 = D\sqrt[3]{1 - \alpha^4} = 90 \times \sqrt[3]{1 - \left(\frac{85}{90}\right)^4}\ \text{mm} = 53\ \text{mm}$$

此时,实心轴截面面积 A_1 和空心轴截面面积 A 之比为

$$\frac{A_1}{A} = \frac{\pi D_1^2}{\pi(D^2 - d^2)} = \frac{53^2}{90^2 - 85^2} = 3.21$$

可见,在相同强度条件下,采用钢管(空心轴)的重量只有实心圆轴重量的 31% 左右,耗费的材料要少得多。

【例 8-5】　上例中,若材料的切变模量 $G = 80$ GPa,许用单位扭转角 $[\theta] = 1°/\text{m}$。试校核轴的刚度。

解　(1)计算极惯性矩。由式(8-7)可得

$$I_p = 0.1D^4(1 - \alpha^4) = 0.1 \times 90^4 \times \left[1 - \left(\frac{85}{90}\right)^4\right]\ \text{mm}^4 = 1.34 \times 10^6\ \text{mm}^4$$

(2)刚度校核。

$$\theta_{max}=\frac{T_{max}}{GI_p}\times\frac{180°}{\pi}=\frac{1\,500}{80\times10^9\times1.34\times10^6\times10^{-12}}\times\frac{180°}{\pi}\ °/m=0.802°/m\leqslant[\theta]$$

故轴满足刚度条件。

【例 8-6】 图 8.13(a)所示为某机器的传动轴，$n=300$ r/min，输入力矩 $M_C=955$ N·m，输出力矩 $M_A=159.2$ N·m，$M_B=318.3$ N·m，$M_D=477.5$ N·m，已知 $G=80$ GPa，$[\tau]=40$ MPa，$[\theta]=1\ °/m$，试按强度和刚度准则设计轴的直径。

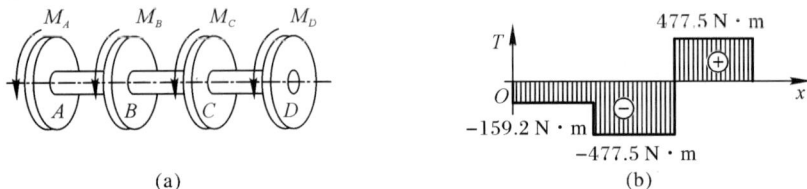

图 8.13

解 (1)求各段轴上的扭矩。

AB 段：$\qquad\qquad T_1=-M_A=-159.2$ N·m

BC 段：$\qquad\qquad T_2=-M_A-M_B=-477.5$ N·m

CD 段：$\qquad\qquad T_3=-M_A-M_B+M_C=477.5$ N·m

(2)画轴的扭矩图[见图 8.13(b)]。

(3)按强度设计轴的直径 d。

由强度准则可得

$$\tau_{max}=\frac{T_{max}}{W_p}=\frac{T_{max}}{0.2d^3}\leqslant[\tau]$$

解得

$$d\geqslant\sqrt[3]{\frac{T_{max}}{0.2[\tau]}}=\sqrt[3]{\frac{477.5}{0.2\times40\times10^6}}\ m=0.039\,1\ m=39.1\ mm$$

(4)按刚度准则设计轴的直径 d。

由刚度准则可得

$$\theta_{max}=\frac{T_{max}}{GI_p}\times\frac{180°}{\pi}\leqslant[\theta],\quad I_p\approx0.1d^4$$

解得

$$d\geqslant\sqrt[4]{\frac{T_{max}\times180°}{G\times0.1\times\pi\times[\theta]}}=\sqrt[4]{\frac{477.5\times180°}{80\times10^9\times0.1\times\pi\times1}}\ m=0.043\ m=43\ mm$$

因此，轴的直径取公称直径 $d=45$ mm。

小　　结

1.作用在扭转轴上的外力偶矩

$$M=9\,549\frac{P}{n}$$

式中：M 为作用在轴上的外力偶矩，单位为 N·m；P 为轴传递的功率，单位为 kW；n 为轴的转速，单位为 r/min。

2.应力和强度计算

(1)圆轴扭转时横截面上任意一点的切应力与该点到圆心的距离成正比,即

$$\tau_\rho = \frac{T\rho}{I_p}$$

最大切应力分布在截面边缘各点处,其计算公式为

$$\tau_{max} = \frac{T}{W_p}$$

(2)圆轴扭转的切应力强度准则为

$$\tau_{max} = \frac{T_{max}}{W_p} \leqslant [\tau]$$

应用强度准则可以校核强度、设计截面尺寸和确定许可载荷。

3.变形和刚度计算

(1)圆轴扭转变形计算公式为

$$\varphi = \frac{Tl}{GI_p}$$

(2)圆轴扭转的刚度准则为

$$\theta_{max} = \frac{T_{max}}{GI_p} \times \frac{180°}{\pi} \leqslant [\theta]$$

▲ 拓展阅读

飞机的升力是如何产生的?

任何航空器都必须产生大于自身重力的升力才能升空飞行,这是航空器飞行的基本原理。航空器可分为轻于空气的航空器和重于空气的航空器两大类,轻于空气的航空器如气球、飞艇等,其主要部分是一个大大的气囊,中间充以比空气密度小的气体(如热空气、氢气等),这样就如同我们小时候的玩具氢气球一样,可以依靠空气的静浮力升上空中。远在1 000多年以前,我们的祖先便发明了孔明灯这种借助热气升空的精巧器具,可以算得上是轻于空气的航空器的鼻祖了。

然而,对于重于空气的航空器,如飞机,又是靠什么力量飞上天空的呢?

相信大家小时候都玩过风筝和竹蜻蜓,它们构造都十分简单,但却蕴含着深刻的飞行原理。飞机的机翼包括固定翼和旋翼两种,风筝的升空原理与滑翔机有一些类似,都是靠迎面气流吹动而产生向上的升力,但与固定翼的飞机有一定的差别,而旋翼机与竹蜻蜓却有着异曲同工之妙,都是靠旋翼旋转产生向上的升力。

机翼是怎样产生升力的呢? 让我们先来做一个小小的试验。

手持一张白纸,捏紧其一端,由于重力的作用,白纸的另一端会自然垂下,现在我们将白纸拿到嘴前,从手持端在白纸上方沿着水平方向吹气,看看会发生什么样的情况。哈,白纸不但没有被吹开,垂下的一端反而飘了起来,这是什么原因呢?

流体力学的基本原理告诉我们,流动慢的大气压强较大,而流动快的大气压强较小,白

纸上面的空气被吹动,流动较快,压强比白纸下面不动的空气小,因此将白纸托了起来。图8.14所示为机翼产生升力的示意图。这一基本原理在足球运动中也得到了体现。

大家可能都听说过足球比赛中的"香蕉球",在发角球时,脚法好的队员可以使足球绕过球门框和守门员,直接飞入球门,由于足球的飞行路线是弯曲的,形似一只香蕉,因此叫作"香蕉球"。这股使足球偏转的神秘力量也来自于空气的压力差,由于足球在踢出后向前飞行的同时还绕自身的轴线旋转,因此足球的两个侧面相对于空气的运动速度不同,所受到的空气的压力也不同,该压力差蒙蔽了守门员。

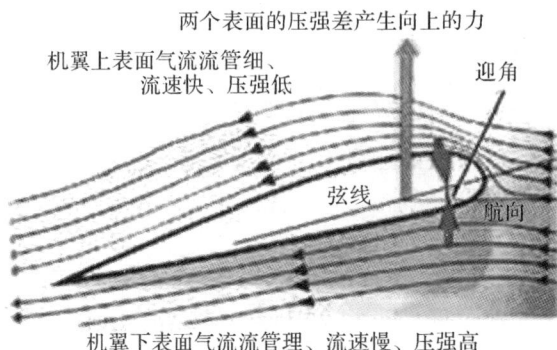

两个表面的压强差产生向上的力

机翼上表面气流流管细、流速快、压强低

迎角

弦线

航向

机翼下表面气流流管理、流速慢、压强高

图 8.14

对于固定翼的飞机,当它在空气中以一定的速度飞行时,根据相对运动的原理,机翼相对于空气的运动可以看作是机翼不动,而空气气流以一定的速度流过机翼。空气的流动在日常生活中是看不见的,但低速气流的流动与水流有较大的相似性。日常的生活经验告诉我们,当水流以一个相对稳定的流量流过河床时,在河面较宽的地方流速慢,在河面较窄的地方流速快。流过机翼的气流与河床中的流水类似,由于机翼一般是不对称的,上表面比较凸,而下表面比较平,流过机翼上表面的气流就类似于较窄地方的流水,流速较快,而流过机翼下表面的气流正好相反,类似于较宽地方的流水,流速较上表面的气流慢。根据流体力学的基本原理,流动慢的大气压强较大,而流动快的大气压强较小,这样机翼下表面的压强就比上表面的压强高,换言之,就是大气施加于机翼下表面的压力(方向向上)比施加于机翼上表面的压力(方向向下)大,二者的压力差便形成了飞机的升力。

当飞机的机翼为对称形状,气流沿着机翼对称轴流动时,由于机翼两个表面的形状一样,因此气流速度一样,所产生的压力也一样,此时机翼不产生升力。但是当对称机翼以一定的倾斜角(称为攻角或迎角)在空气中运动时,就会出现与非对称机翼类似的流动现象,使得上下表面的压力不一致,从而也会产生升力。

习 题 八

一、填空题

1.圆轴扭转时的受力特点是:一对外力偶的作用面均_____于轴线,其转向_____。

2.圆轴扭转的变形特点是:轴的横截面绕其轴线发生_____。

3. 在受扭转圆柱的横截面上,其扭矩的大小等于该截面一侧(左侧或右侧)轴段上所有外力偶矩的_____。

4. 在扭转杆上作用集中力偶的地方,所对应的扭矩图要发生_____,突变幅值与作用在此处的集中外力偶矩的大小_____。

5. 圆轴扭转时,横截面上任意点的切应力与该点到圆心的距离成_____。

6. 受扭圆轴横截面内同一圆周上各点的切应力大小是_____。

7. 圆轴扭转时,截面上的内力是_____,作用于截面内;应力是_____(正或切)应力,应力沿着截面呈_____分布。

8. 横截面面积相等的实心轴和空心轴相比,虽然材料相同,但_____轴的抗扭承载能力要强些。

9. 圆轴扭转变形的内力称为_____,用符号_____表示,其正负号用_____判断。

二、选择题

1. 图 8.15 所示,扭转切应力分布规律正确的是( )。

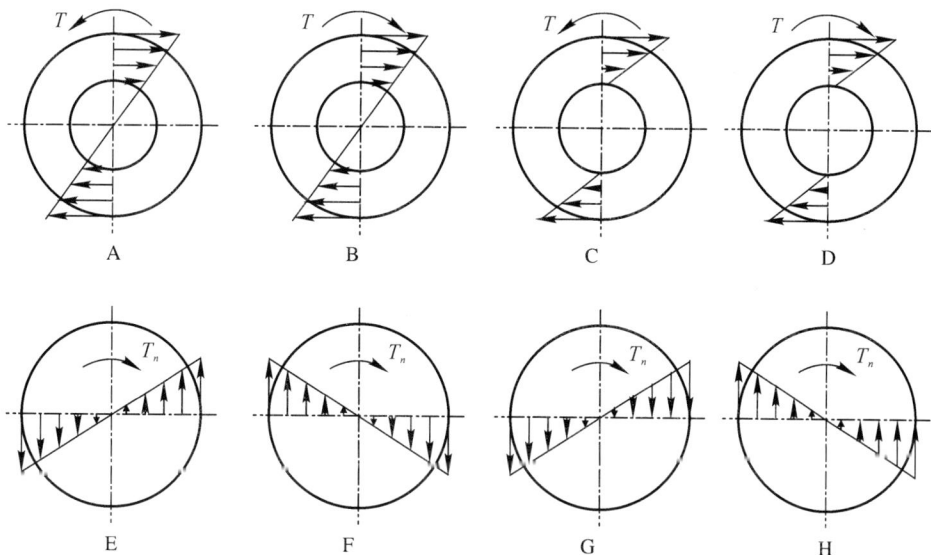

图 8.15

2. 如图 8.16 所示,一圆轴在外力矩 M 的作用下发生扭转变形,则横截面上 A、B、O 三点切应力的关系正确的是( )。

A. A、B、O 三点的切应力相等

B. A、B、O 三点的切应力不相等

C. A、B 两点切应力相等

D. B、O 两点切应力相等

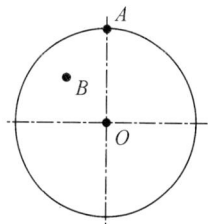

图 8.16

3. 一两端受扭转力偶作用的等截面圆轴,若将轴的横截面增加 1 倍,则其抗扭刚度变为原来的( )倍。

    A. 16   B. 8   C. 4   D. 2

4.一两端受扭转力偶作用的圆轴,下列结论中正确的是(　　)。

　　A.该圆轴中最大正应力出现在圆轴横截面上

　　B.该圆轴中最大正应力出现在圆轴纵截面上

　　C.最大切应力出现在圆柱面上

　　D.最大切应力出现在圆轴纵截面上

5.单位长度扭转角与(　　)无关。

　　A.杆的长度　　　　　　B.扭矩　　　　　　　C.材料性质　　　　　D.截面几何性质

6.变速箱中,通常高速轴的轴径较小,而低速轴的轴径较大,这是因为(　　)。

　　A.传递的功率不同,高速轴的扭矩大,低速轴的扭矩小

　　B.传递的功率相同,高速轴的扭矩小,低速轴的扭矩大

　　C.作用的外力矩不同,高速轴的外力矩大,低速轴的外力矩小

　　D.作用的外力矩相同,高速轴的外力矩小,低速轴的外力矩大

7.若有一输入功率为 10 kW,输出功率分别为 5 kW、3 kW 和 2 kW 的四个皮带轮安装于同一等直径的轴上,则最合理的安装顺序为(　　)。

　　A.10—5—3—2　　　　B.5—10—3—2　　　　C.5—2—10—3　　　　D.5—3—10—2

8.有一水平放置的圆轴,若保留截面左边轴上的外力偶矩计算截面的扭矩,则该扭矩值等于向(　　)的外力偶矩减去向(　　)的外力偶矩。

　　A.上,下　　　　　　　B.下,上　　　　　　　C.左,右　　　　　　D.右,左

9.在弹性小变形范围内,圆轴扭转变形过程中,两指定横截面之间的距离(　　)。

　　A.增大　　　　　　　　B.减小　　　　　　　　C.不变　　　　　　　D.不确定

三、计算及作图题

1.如图 8.17 所示,试绘出其扭矩图。

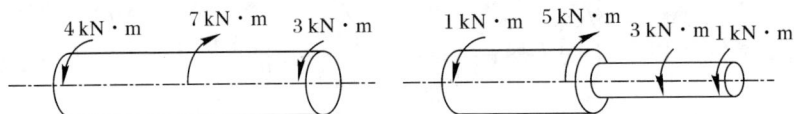

图　8.17

2.试绘出图 8.18 所示各轴的扭矩图,并求 T_{max}。

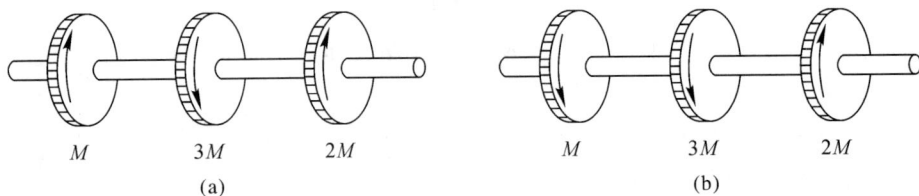

| (a) | (b) |

图　8.18

3.一传动轴如图 8.19 所示,已知 $m_A = 1.3$ N·m,$m_B = 1$ N·m,$m_C = 3$ N·m,$m_D = 0.7$ N·m,各段轴的直径分别为 $d_1 = 50$ mm,$d_2 = 75$ mm,$d_3 = 50$ mm,试:

(1)画出该轴扭矩图;

(2)求截面1—1、2—2、3—3的最大切应力。

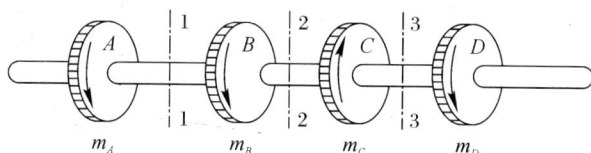

图 8.19

4. 图 8.20 所示的传动轴上的外力偶矩 $M_1=3$ kN·m，$M_2=1$ kN·m，直径 $d_1=50$ mm，$d_2=40$ mm，$l=100$ mm，材料的切变模量 $G=80$ GPa，试：

(1) 画出轴的扭矩图；

(2) 求轴的最大切应力 τ_{max}；

(3) 求 C 截面相对于 A 截面的扭转角 φ_{AC}。

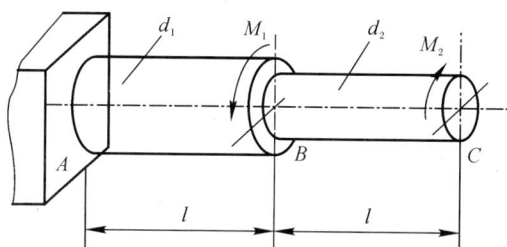

图 8.20

5. 圆轴的直径 $d=50$ mm，转速 $n=120$ r/min，若该轴的最大切应力为 $\tau_{max}=60$ MPa，试求轴所传递的功率是多大？

6. 传动轴直径 $d=55$ mm，转速 $n=120$ r/min，传递的功率 $P=18$ kW，轴材料的许用应力 $[\tau]=50$ MPa，试校核该轴的强度。

7. 某钢制传动轴的转速 $n=300$ r/min，传递的功率 $P=60$ kW，轴材料的许用应力 $[\tau]=60$ MPa，材料的切变模量 $G=80$ GPa，轴的许用单位长度的扭转角 $[\theta]=0.5°/$m，试按强度准则和刚度准则设计轴径 d。

8. 起动机实心传动轴的直径为 10 mm，轴材料的许用应力 $[\tau]=40$ MPa，试按强度准则设计轴的许可扭矩 $[t]$。

第9章 梁的弯曲

9.1 平面弯曲的基本概念及梁的力学模型

9.1.1 平面弯曲的基本概念及工程实例

工程实际中经常遇到如图 9.1 所示的火车轮轴,图 9.2 所示的桥式起重机的大梁等杆件。这些杆件的受力特点为:在杆的轴线平面内受到力偶或垂直于杆轴线的外力作用,杆的轴线由原来的直线变为曲线,这种形式的变形称为**弯曲变形**。垂直于杆轴线的力称为横向力。以弯曲变形为主的杆件习惯上称为**梁**。

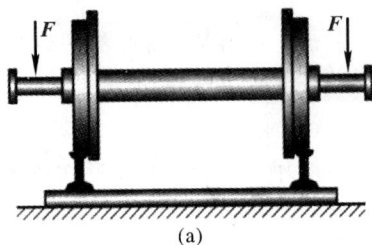

(a)

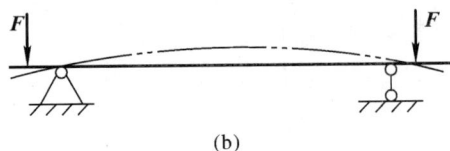

(b)

图 9.1

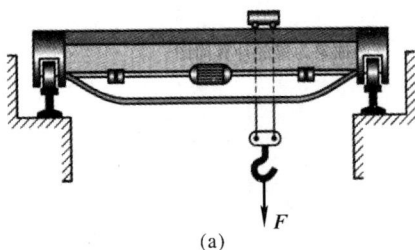

(a)

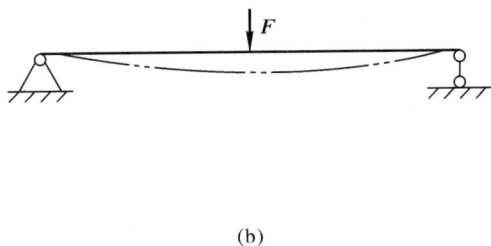

(b)

图 9.2

实际工程问题中,绝大多数受弯杆件的横截面都有一根对称轴(如 y 轴),图 9.3 所示为常见梁的截面形状。通过截面对称轴与梁轴线确定的平面,称为梁的**纵向对称面**,如图 9.4 所示。

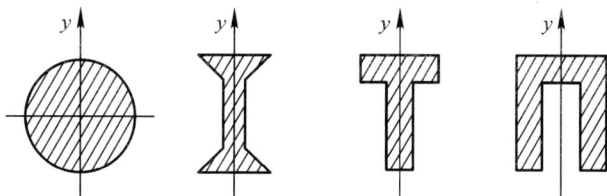

图 9.3

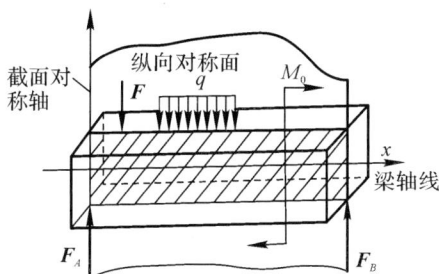

图 9.4

若作用在梁上的所有外力(包括约束力)都作用在梁的纵向对称面内,则梁变形后其轴线将是在纵向对称面内的一条平面曲线,这种弯曲变形称为**平面弯曲**。平面弯曲是最常见、最简单的弯曲变形。本章主要讨论直梁的平面弯曲变形。

从以上分析可以得出,**直梁平面内弯曲的受力与变形特点是**:外力沿横向作用于梁的纵向对称平面内并与轴向垂直,梁的轴线弯成一条平面曲线。

9.1.2 梁的力学模型及分类

为了便于对直梁的平面弯曲进行分析和计算,需建立梁的力学模型。梁的力学模型包括梁的简化、载荷的简化和支座的简化。

1. 梁的简化

由梁的平面弯曲的概念可知,载荷作用在梁的纵向对称平面内,梁的轴线将弯成一条平面曲线。因此,尤论梁的外形尺寸如何复杂,用梁的轴线来代替梁可使问题得到简化,如图9.1(b)和图 9.2(b)所示。

2. 载荷的简化

作用在梁上的外力,包括载荷和支座的约束力,可以简化为以下成三种力的形式。

(1)集中载荷。通过微小梁段(和梁的总长比可以忽略不计)作用在梁上的横向力,可简化为作用于一点的集中力,如图 9.1 中火车车厢对轮轴的作用力 F 和图 9.2 中起重机所吊重物对大梁的作用力 F。

(2)分布载荷。沿梁的全长或部分长度连续分布的横向力,其分布长度与梁全长相比不是一个很小的数值时,一般用载荷集度 $q(x)$ 表示,其单位为 N/m。$q(x)$ 是以梁轴为 x 轴的,关于 x 的函数,反映横向力沿 x 轴分布的规律。若分布均匀,则称为均布载荷,$q(x)=q$(q 为常数),如图 9.4 中的均布载荷 q。图 9.2 中起重机大梁的自重可看成分布载荷。

(3)集中力偶。对于图 9.5(a)所示的齿轮轴,若只讨论 P_x 对轴的作用,可将 P_x 平移到轴线上,得到一个轴向力 $\boldsymbol{P}_x$ 和一个集中力偶矩 $M = P_x r$,如图 9.5(c)所示。其中 r 为齿轮啮合点到齿轮轴轴线间的距离,M 为集中力偶。集中力偶的单位为 N·m 或 kN·m。

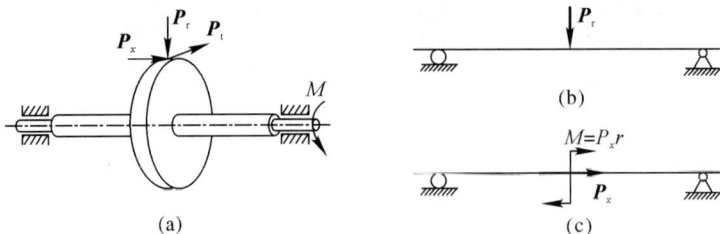

图 9.5

作用在梁上的一般形式的载荷如图 9.6 所示,其中 $q = q(x)$ 为非均布载荷。

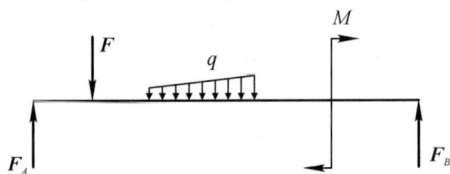

图 9.6

3. 支座的简化

按支座对梁的约束作用不同,可以将支座简化为下面三种基本的理想形式。

(1)活动铰支座。如图 9.7(a)所示,约束的情况是梁在支承点不能沿垂直于支承面的方向移动,但可以沿着支承面移动,也可以绕支承点转动。与此相应,只有一个垂直于支座平面的约束力。滑动轴承、桥梁下的滚动支座等,可简化为活动铰支座。

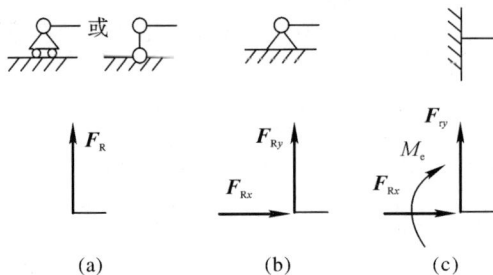

图 9.7

(2)固定铰支座。如图 9.7(b)所示,约束情况是梁在支承点不能沿任何方向移动,但可以绕支承点转动,所以可用水平和垂直方向的约束力表示。

(3)固定端约束。如图 9.7(c)所示,约束情况是梁不能向任何方向移动,也不能转动,故约束力有三个:水平约束力、垂直约束力和力偶。长滑动轴承、车刀刀架等,可简化为固定端支座。

4. 静定梁的基本形式

根据支承情况,可将静定梁简化为以下三种情况。

(1)简支梁。一端为固定铰支座约束,另一端为活动铰支座约束的梁,如图 9.8(a)所示。

（2）外伸梁。具有一端或两端外伸部分的简支梁，如图 9.8(b)所示。

（3）悬臂梁。一端为固定端约束，另一端为自由的梁，如图 9.8(c)所示。

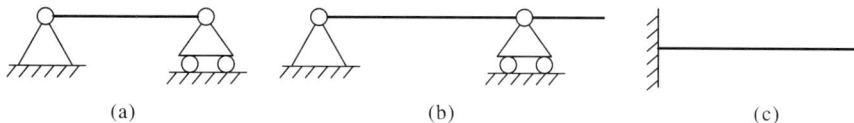

图　9.8

以上梁支座约束力均可通过静力学平衡方程求得，因此称为**静定梁**。若梁的支座约束力数目多于平衡方程数目，支座约束力就不能完全由静力平衡方程确定，这种梁称为**静不定梁**。

9.2　弯曲的内力——弯矩与剪力

为对梁进行强度和刚度计算，当作用于梁上的外力（包括施加的载荷和支座约束力）确定后，可用截面法来分析梁任意截面上的内力。内力包括**剪力**和**弯矩**。

9.2.1　用截面法求剪力和弯矩

如图 9.9 所示的悬臂梁 AB，已知梁长为 l，在其左侧自由端作用一集中力 $\boldsymbol{F}$，则该梁的约束力、约束力偶矩可由静力学平衡方程求得，即

$$F_B = F$$
$$M_B = Fl$$

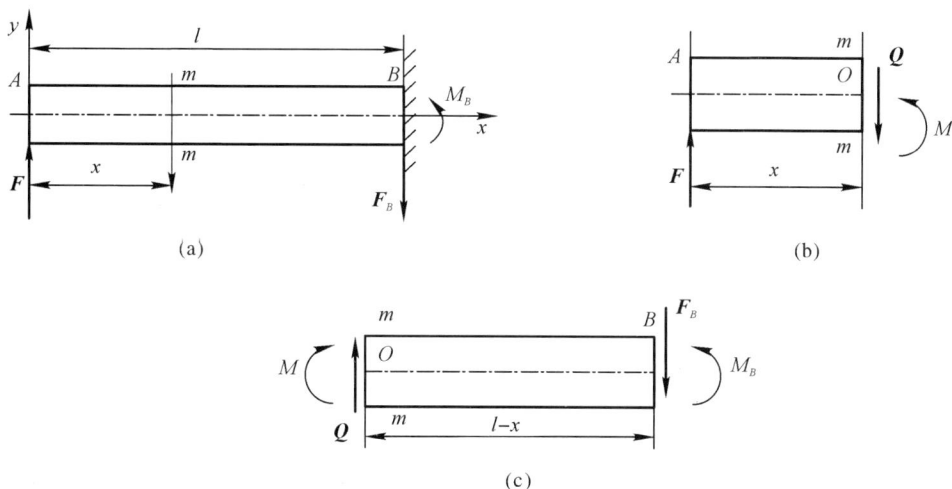

图　9.9

现欲求任意截面 m—m 上的内力，可在截面 m—m 处假想将梁截分为两段，取左段梁为研究对象，如图 9.9(b)所示。将该段上所有外力向截面 m—m 的形心 O 简化，列平衡方程，即

$$\sum F_y = 0, \quad F - Q = 0$$

解得

$$Q=F \tag{9-1}$$

式中:Q 称为横截面 $m\text{—}m$ 上的剪力,它是与横截面相切的分布内力的合力。式(9-1)称为剪力方程。

再由 $\sum M_O(\boldsymbol{F})=0$ 可得

$$M-Fx=0 \tag{9-2}$$

解得

$$M=Fx$$

式中:M 称为横截面 $m\text{—}m$ 上的弯矩,它是与横截面垂直的分布内力的合力偶矩。式(9-2)称为弯矩方程。

同理,取右段梁为研究对象,如图 9.9(c)所示,同理可求得截面 $m\text{—}m$ 上的 Q 和 M,即可列平衡方程,即

$$\sum F_y=0, \quad Q-F_B=0$$

解得

$$Q=F_B=F$$

$$\sum M_O(\boldsymbol{F})=0, \quad -M-F_B(l-x)+M_B=0$$

解得

$$M=M_B-F_B(l-x)=Fx$$

9.2.2 剪力、弯矩正负的规定

从图 9.9(b)(c)可以看出,应用截面法求任意截面 $m\text{—}m$ 上的剪力和弯矩,无论取左段梁还是取右段梁为研究对象,求得的剪力和弯矩,其数值是相等的,方向是相反的,反映了力的作用于反作用的关系。

为使取左段梁和取右段梁为研究对象而得到的同一截面上的内力符号一致,特规定**剪力和弯矩的正负**如下:凡使所取梁段具有作顺时针转动趋势的剪力为正,反之为负,如图 9.10所示;凡使所取梁段产生下弯曲变形的弯矩为正,反之为负,如图 9.11 所示。

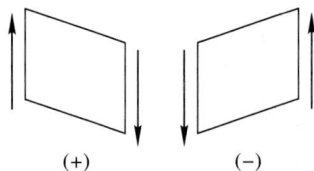

图 9.10

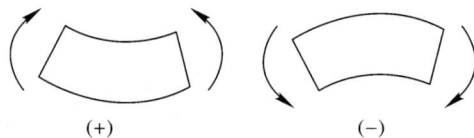

图 9.11

结合上述剪力和弯矩的正负规定,可以根据梁上的外力直接确定某横截面上剪力和弯矩的正负:截面左段梁上向上作用的横向外力或右段梁上向下作用的横向外力在该截面上产生的剪力为正,反之,产生的剪力为负;截面左段梁上的横向外力(或外力偶)对截面形心的力矩为顺时针转向或截面右段梁上的横向外力(或外力偶)对截面形心的力矩为逆时针转向时,在该截面上产生的弯矩为正,反之产生的弯矩为负,如图 9.12所示。上述结论可归纳为一个简单的口诀"**左上右下,剪力为正;左顺右逆,弯矩为正**"。

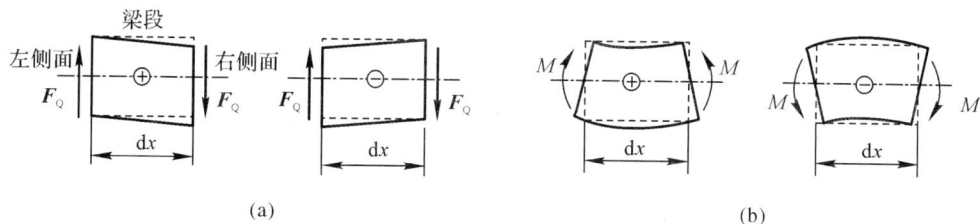

图　9.12

这样,计算梁上某横截面上的剪力和弯矩时,就不需要画分离体受力图,可直接列平衡方程。计算时按下面步骤进行。

(1)先求大小。梁上任一截面的剪力大小等于截面之左(或右)梁段上所有外力的代数和;弯矩大小等于截面之左(或右)梁段上所有外力对截面形心力矩的代数和。

(2)再判断正负。一般情况下,剪力和弯矩方向均先假设为正,如计算结果为正,表明实际的剪力和弯矩与假设方向相同;如计算为负,则表明与假设相反。

【例 9-1】　如图 9.13 所示为简支梁 AB,中点 C 作用有一集中力 F,试求梁指定临近截面 1—1 和截面 2—2 的剪力和弯矩值($\delta \to 0$,按 0 计算,但往往不能等于0)。

解　(1)画梁的受力图,求约束力,由图 9.13 可得

$$F_A = \frac{F}{2}, \quad F_B = \frac{F}{2}$$

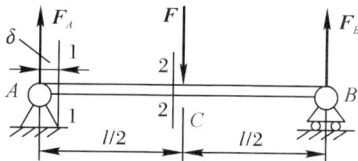

图　9.13

(2)求指定临近截面的剪力和弯矩。

1)截面 1—1:以截面左段梁为研究对象,得

$$Q_1 = F_A = \frac{F}{2}$$

$$M_1 = F_A \delta = 0$$

以截面右段梁为研究对象,得

$$Q_1 = F - F_B = \frac{F}{2}$$

$$M_1 = F_B l - F\frac{l}{2} = 0$$

2)截面 2—2:以截面左段梁为研究对象,得

$$Q_2 = F_A = \frac{F}{2}$$

$$M_2 = F_A\left(\frac{l}{2} - \delta\right) = \frac{Fl}{4}$$

以截面右段梁为研究对象,得

$$Q_2 = F - F_B = \frac{F}{2}$$

$$M_2 = F_B \left(\frac{l}{2} + \delta \right) = \frac{Fl}{4}$$

【例 9 - 2】 如图 9.14 所示的外伸梁 DB,已知均布载荷为 q,集中力偶 $M_C = qa^2$,试求梁指定截面的剪力和弯矩($\delta \to 0$,按 0 计算,但往往不能等于 0)。

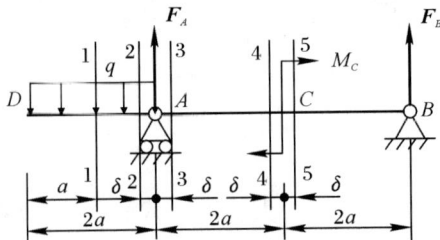

图 9.14

解 (1)画梁的受力图,求约束力,由图 9.14 可得

$$\sum F_y = 0, \quad F_A + F_B - q \cdot 2a = 0$$

$$\sum M_B(\boldsymbol{F}) = 0, \quad F_A \cdot 4a + M_C - q \cdot 2a \cdot 5a = 0$$

解得

$$F_A = \frac{9qa}{4}, \quad F_B = -\frac{qa}{4}$$

(2)求各截面的剪力和弯矩。

1)截面 1—1:以截面左段梁为研究对象,得

$$Q_1 = -q \cdot a$$

$$M_1 = -qa \cdot \frac{a}{2} = \frac{qa^2}{2}$$

2)截面 2—2:以截面左段梁为研究对象,得

$$Q_2 = -q \cdot 2a = -2qa$$

$$M_2 = -q \cdot 2a \cdot a = -2qa^2$$

3)截面 3—3:以截面左段梁为研究对象,得

$$Q_3 = -q \cdot 2a + F_A = \frac{qa}{4}$$

$$M_3 = -q \cdot 2a \cdot a = -2qa^2$$

4)截面 4—4:以截面右段梁为研究对象,得

$$Q_4 = -F_B = \frac{qa}{4}$$

$$M_4 = F_B \cdot 2a - M_C = -\frac{3qa^2}{2}$$

5)截面 5—5:以截面右段梁为研究对象,得

$$Q_5 = -F_B = \frac{qa}{4}$$

$$M_5 = F_B \cdot 2a = -\frac{qa^2}{2}$$

由以上计算结果可以看出：

（1）集中力作用处的两侧临近截面的弯矩相同，剪力不同，说明剪力在集中力作用处产生了突变，突变的幅值就等于集中力的大小。

（2）集中力偶作用处的两侧临近截面剪力相同，弯矩不同，说明弯矩在集中力偶作用处产生了突变，突变的幅值就等于集中力偶的大小。

（3）由于集中力的作用截面和集中力偶的作用截面上剪力和弯矩分别有突变，因此，应用截面法求任一指定截面的剪力和弯矩时，截面分别不能取在集中力和集中力偶所在的截面上。

9.3　弯矩图和剪力图

9.3.1　用剪力、弯矩方程画剪力图、弯矩图

在一般受力情况下，梁各截面上的剪力和弯矩是不相同的。对于等截面梁的强度计算而言，最大剪力、最大弯矩所在的截面都是危险截面。要确定危险截面的位置，必须知道剪力、弯矩沿梁轴线的变化情况。为此，可用横坐标 x 表示横截面沿梁轴线的位置，则剪力 Q 和弯矩 M 可表示为坐标 x 的函数，即

$$Q = Q(x) \qquad (9-3)$$
$$M = M(x) \qquad (9-4)$$

式（9-3）和式（9-4）分别称为**剪力方程**和**弯矩方程**。

为了清楚地表明梁各截面上剪力和弯矩沿梁轴线的变化，与绘制轴力图和扭矩图一样，可用图线来表示。作图时，取平行于梁轴线的直线为横坐标 x 轴，横坐标表示各截面的位置；纵坐标表示相应截面上的剪力、弯矩的大小及正负。这种表示梁各截面上剪力和弯矩的图线称为剪力图和弯矩图。

剪力图和弯矩图的基本作法是：①求出梁的支座约束力，沿梁的轴线取横坐标；②建立剪力方程和弯矩方程；③应用函数作图法画出剪力 $Q(x)$、弯矩 $M(x)$ 的图像，即为剪力图和弯矩图

下面举例说明如何建立剪力方程和弯矩方程，以及绘制剪力图和弯矩图的方法。

【例 9-3】 悬臂梁 AB 在自由端 B 处受集中载荷 F 作用，如图 9.15(a)所示，试作出其剪力图和弯矩图。

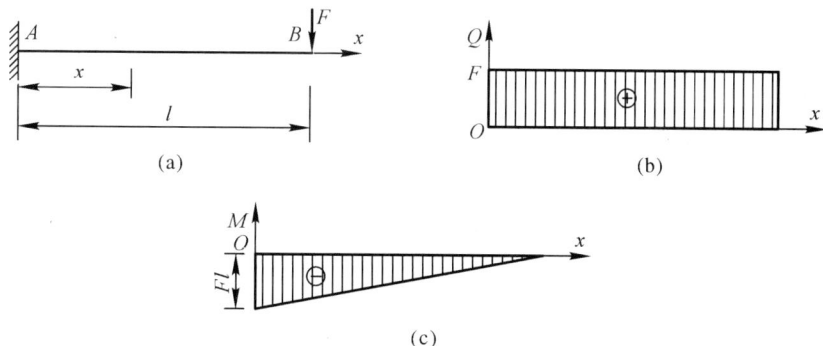

图　9.15

解 对于悬臂梁,可以不计算支反力。在本例中,可将坐标原点取在梁的左端点,取坐标为 x 的任一横截面的右段梁为研究对象。这样,在建立剪力和弯矩方程时,与支反力的大小就无关了。

(1)建立剪力方程和弯矩方程。以横坐标为 x 的截面的右段梁为研究对象,可得该截面上的剪力方程和弯矩方程为

$$Q(x)=F \quad (0 \leqslant x \leqslant l) \tag{a}$$

$$M(x)=-F(l-x) \quad (0 \leqslant x \leqslant l) \tag{b}$$

(2)绘制剪力图和弯矩图。根据式(a)可知,$Q(x)$ 为常数,所以剪力图为平行于 x 轴的直线。只需算出任意截面上的剪力值,如端点 B 截面上的剪力值,即可作出剪力图,如图9.15(b)所示。根据式(b)可知,$M(x)$ 为 x 的一次函数,所以弯矩图为斜直线。只要算出任意两个截面的弯矩值,如梁的右端和左端(稍右)两截面上的弯矩值($x=0$ 时,$M=-Fl$;$x=l$ 时,$M=0$)即可作出弯矩图,如图 9.15(c)所示。

【例 9-4】 图 9.16 所示为跨度为 l 的简支梁 AB,在其中点 C 作用有一集中力 F,试作出梁的剪力图和弯矩图。

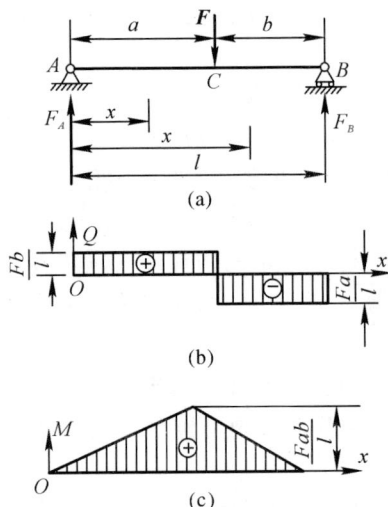

图 9.16

解 (1)求支反力。如图 9.16(a)所示,由平衡方程可得

$$\sum M_A = 0, \quad F_B l - Fa = 0$$

$$\sum M_B = 0, \quad F_A l - Fb = 0$$

解得

$$F_A = \frac{b}{l}F, \quad F_B = \frac{a}{l}F$$

(2)建立剪力方程和弯矩方程。以梁左端点 A 为坐标原点。取坐标为 x 的任一横截面,由图 9.16(a)可见,在 AC 段内任一横截面的左边梁上的外力只有支反力 F_A,而在 CB 段内任一截面的左边梁上的外力有支反力 F_A 和载荷 F 两个力。因此在这两段梁上,剪力方程和弯矩方程是各不相同的,必须分段建立方程。

AC 段：

$$Q_{AC}(x) = F_A = \frac{b}{l}F \quad (0 \leqslant x \leqslant a) \tag{a}$$

$$M_{AC}(x) = F_A x = \frac{b}{l}Fx \quad (0 \leqslant x \leqslant a) \tag{b}$$

CB 段：

$$Q_{CB}(x) = F_A - F = -\frac{a}{l}F \quad (a \leqslant x \leqslant l) \tag{c}$$

$$M_{CB}(x) = F_A x - F(x-a) = \frac{a}{l}F(l-x) \quad (a \leqslant x \leqslant l) \tag{d}$$

（3）绘制剪力图和弯矩图。

根据式（a）和式（c），$Q_{AC}(x)$ 和 $Q_{CB}(x)$ 分别为常数，故剪力图为两条平行于 x 轴的直线，如图 9.16（b）所示。

根据式（b）和式（d），$M_{AC}(x)$ 和 $M_{CB}(x)$ 均为 x 的一次函数，故弯矩图为两条斜直线，如图 9.16（c）所示。

由剪力图和弯矩图可知，在 $a > b$ 的情况下，绝对值最大的剪力在 CB 段上，其值为 $|Q|_{max} = \frac{a}{l}F$；最大弯矩在集中力作用处，其值为 $|M|_{max} = \frac{ab}{l}F$。

【例 9-5】　如图 9.17（a）所示，简支梁 AB 受集中力偶矩 M 作用，试作此梁的剪力图和弯矩图。

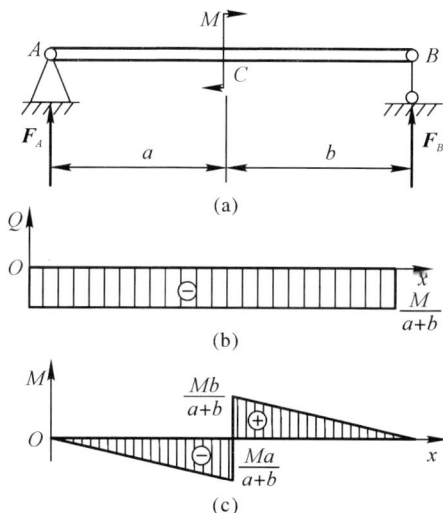

图　9.17

解　（1）求约束力。取整体梁为研究对象，由平衡方程可得

$$F_A = F_B = \frac{M}{a+b}$$

（2）画剪力图和弯矩图。以 A 点为坐标原点，建立坐标系。集中力偶矩 M 作用于 C 点，梁在 AC 和 CB 内的剪力方程和弯矩方程不同，故应分段考虑。用距 A 点为 x 的任一截面截取 AC 段梁，取左段梁为研究对象，列平衡方程得

$$Q(x) = -F_A = -\frac{M}{a+b} \quad (0<x<a) \tag{a}$$

$$M(x) = -F_A x = -\frac{M}{a+b}x \quad (0<x<a) \tag{b}$$

同理,用距 A 点为 x 的任一截面截取 CB 段梁,得

$$Q(x) = -F_A = -\frac{M}{a+b} \quad (a \leqslant x \leqslant a+b) \tag{c}$$

$$M(x) = M - F_A x = M - \frac{M}{a+b}x \quad (a \leqslant x \leqslant a+b) \tag{d}$$

由剪力方程式(a)和式(c)绘制剪力图,如图 9.17(b)所示;由弯矩方程式(b)和式(d)绘制弯矩图,如图 9.17(c)所示。

【例 9-6】 简支梁 AB 受均布载荷作用,如图 9.18(a)所示,试写出该梁的剪力方程和弯矩方程,并作剪力图和弯矩图。

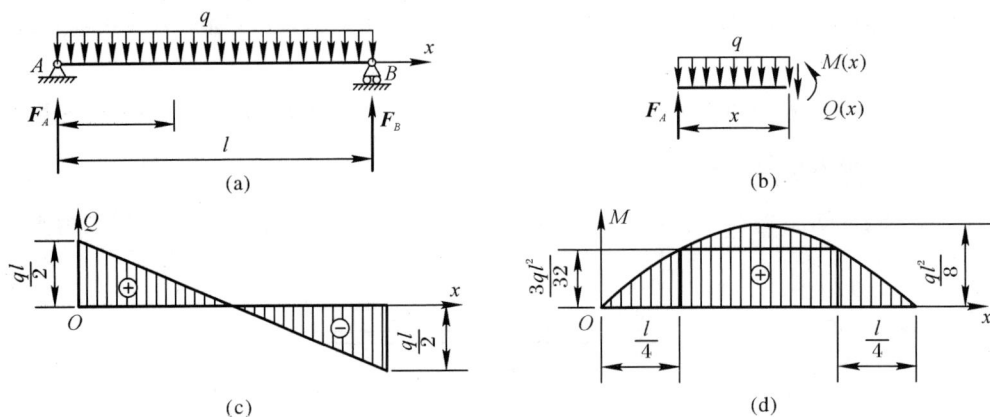

图 9.18

解 (1)求支反力。如图 9.18(a)所示,根据载荷及垂直方向约束的对称性,可求得梁的支反力为

$$F_A = F_B = \frac{ql}{2}$$

(2)建立剪力方程和弯矩方程。以梁的左端点 A 为 x 的坐标原点,取坐标为 x 的任一横截面的左段梁为研究对象,如图 9.18(b)所示。由平衡方程可得

$$\sum y = 0, \quad \frac{ql}{2} - qx - Q(x) = 0$$

$$\sum M_C = 0, \quad M(x) - \frac{ql}{2}x + qx \cdot \frac{x}{2} = 0$$

得剪力方程和弯矩方程为

$$Q(x) = \frac{ql}{2} - qx \quad (0 \leqslant x \leqslant l) \tag{a}$$

$$M(x) = \frac{ql}{2}x - \frac{q}{2}x^2 \quad (0 \leqslant x \leqslant l) \tag{b}$$

(3)绘制剪力图、弯矩图。根据式(a)可知,$Q(x)$ 为 x 的一次函数,所以剪力图为一斜直

线。只需算出任意两个截面的剪力值,如端点 A、B 两截面的剪力,即可作出剪力图,如图 9.18(c)所示。

根据式(b),$M(x)$ 为 x 的二次函数,所以弯矩图为抛物线,需要算出多个截面的弯矩值,才能作出其曲线。例如,计算下列 5 个截面的弯矩值:$x=0$,$x=l$ 时,$M=0$;$x=\dfrac{l}{4}$,$x=\dfrac{3l}{4}$ 时,$M=\dfrac{3ql^2}{32}$;$x=\dfrac{l}{2}$ 时,$M=\dfrac{ql^2}{8}$。由此可作出弯矩图,如图 9.18(d)所示。

由剪力图知,靠近 A、B 两支座的横截面上剪力的绝对值最大,其值为 $|Q|_{\max}=\dfrac{ql}{2}$;由弯矩图知,在梁的中点横截面上弯矩最大,其值为 $|M|_{\max}=\dfrac{ql^2}{8}$。

9.3.1　用简便方法画剪力图、弯矩图

从以上例题可总结出画**剪力图和弯矩图的简便方法**。

(1)无载荷作用的梁段上,剪力图为水平线,弯矩图为斜直线。

(2)集中力作用处,剪力图有突变,突变的幅值等于集中力的大小,突变的方向与集中力同向;弯矩图有折点。

(3)集中力偶作用处,剪力图不变;弯矩图突变,突变的幅值等于集中力偶矩的大小,突变的方向为:集中力偶矩为顺时针方向时向坐标正向突变;反之向坐标负向突变。

(4)均布载荷作用的梁段上,剪力图为斜直线;弯矩图为二次曲线。曲线凹向与均布载荷同向,在剪力等于零的截面上,曲线有极值。

尽管用剪力、弯矩方程能够画出剪力、弯矩图,但是应用简便方法绘制剪力、弯矩图会更加简捷方便。

【例 9-7】　如图 9.19 所示,外伸梁 AD 同时受均布载荷 q,集中力偶 $M=3qa^2$,集中力 $F=qa/2$ 作用,试用简便方法画出该梁的剪力图和弯矩图。

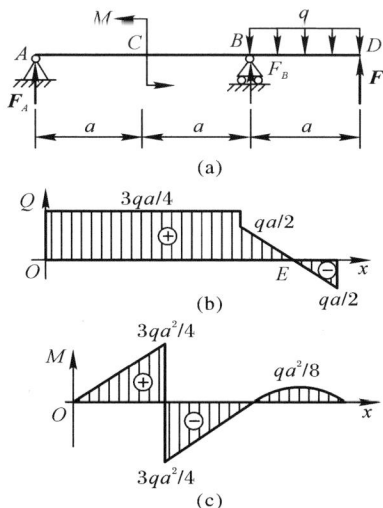

图　9.19

解 (1)求支座约束力。由平衡方程可求得支座约束力为

$$F_A = \frac{3qa}{4}, \quad F_B = -\frac{qa}{4}$$

(2)画剪力图。集中力、集中力偶矩和均布载荷将梁 AD 分为 AC、CB、BD 三段。从梁的左端开始,A 点处有集中力 $\boldsymbol{F}_A$ 作用,剪力图沿力方向向上突变,突变的幅值等于 $F_A = 3qa/4$;AC 段无载荷作用,剪力值保持常量;C 点处有集中力偶矩作用,剪力值不变;CB 段无载荷作用,剪力值为常量;B 点出有集中力 $\boldsymbol{F}_B$ 作用,剪力图沿力方向向下突变,突变幅值等于 $F_B = -qa/4$;BD 段有均布载荷 q 作用,剪力图为斜直线,确定出 B 点右侧临近截面(记作 $B+$)的剪力 $Q_{B+} = qa/2$,D 点左侧临近截面(记作 D_-)的剪力 $Q_{D-} = -qa/2$,画出此两点剪力值的坐标联系;D 处有集中力 $\boldsymbol{F}$ 作用,剪力图向上突变回到坐标轴。由此可画出该梁的剪力图,如图 9.19(b)所示。

(3)画弯矩图。AC 段无载荷作用,弯矩图为直线,确定 A 点右侧临近截面和 C 点左侧临近截面的弯矩值 $M_{A+} = 0$,$M_{C-} = 3qa^2/4$,过这两点作直线;CB 段无载荷作用,弯矩图为直线,确定 C 点右侧临近截面和 B 点左侧临近截面的弯矩值 $M_{C+} = -3qa^2/4$,$M_{B-} = 0$,过这两点作直线;BD 段有均布载荷 q 作用,弯矩图为抛物线,凹向与均布载荷同向向下,确定出 B 点右侧临近截面,BD 段中点 E 处和 D 点左侧临近截面的弯矩值 $M_{B+} = 0$,$M_E = qa/2 \cdot a/2 - qa/2 \cdot a/4 = qa^2/8$,$M_{D-} = 0$,过这三点描出抛物线,即得该梁的弯矩图,如图 9.19(c)所示。

9.4 弯矩、剪力与载荷集度之间的关系

9.4.1 梁的平衡方程

梁任一横截面上的剪力和弯矩,可直接根据截面一侧的外力来计算。同样,判断某一梁段内横截面上内力的变化规律,也可直接由这一梁段上的外力作用情况得出。为了建立梁段上内力与外力之间的定量关系,可以取梁的微段平衡来研究。

图 9.20 所示为一受任意载荷的梁。设分布载荷向上为正,x 轴向右为正。现截取一微段 $\mathrm{d}x$,在 x 及 $x+\mathrm{d}x$ 截面上分别作用有 $Q(x)$、$M(x)$ 及 $Q(x)+\mathrm{d}Q(x)$、$M(x)+\mathrm{d}M(x)$,均设其为正向。因 $\mathrm{d}x$ 很小,微段上的 $q(x)$ 可视为均布。微段在这些力作用下应处于平衡状态,其平衡方程为

$$\sum y = 0, \quad Q(x) + q(x)\mathrm{d}x - [Q(x) + \mathrm{d}Q(x)] = 0 \tag{9-5}$$

$$\sum M_O = 0, \quad M(x) + \mathrm{d}M(x) - M(x) - Q(x)\mathrm{d}x - q(x)\mathrm{d}x\frac{\mathrm{d}x}{2} = 0 \tag{9-6}$$

由式(9-5)可得

$$\frac{\mathrm{d}Q(x)}{\mathrm{d}x} = q(x) \tag{9-7}$$

由式(9－6)略去高阶微量 $\frac{1}{2}q(x)\mathrm{d}x^2$,可得

$$\frac{\mathrm{d}M(x)}{\mathrm{d}x}=Q(x) \tag{9-8}$$

再对式(9－6)求一次导,得

$$\frac{\mathrm{d}^2M(x)}{\mathrm{d}x^2}=q(x) \tag{9-9}$$

式(9－7)～式(9－9)描述了梁任一横截面上弯矩、剪力和分布载荷集度之间的微分关系,称为**平衡微分方程**。

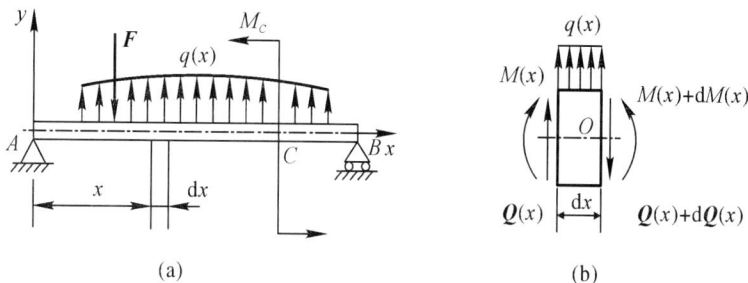

图 9.20

9.4.2 弯矩、剪力与分布载荷集度间的几何关系

根据平衡微分方程的几何意义,可以建立弯矩图、剪力图与载荷集度三者间的几何关系。导数 $\frac{\mathrm{d}Q(x)}{\mathrm{d}x}$ 和 $\frac{\mathrm{d}M(x)}{\mathrm{d}x}$ 分别表示剪力图和弯矩图在 x 处的斜率,所以式(9－7)～式(9－9)所表明的**载荷集度、剪力图和弯矩图三者间的几何关系**为:

(1)剪力图上某点的切线的斜率等于梁上对应点的分布载荷集度。

(2)弯矩图上某点的切线的斜率等于梁上相应截面的剪力。

(3)弯矩图上某点的凹凸方向由梁上相应点处的载荷集度的正负确定。

根据上述几何关系,可以由梁上载荷的变化情况推知剪力图与弯矩图的大致形状,一般规律如下:

(1)当梁段上无分布载荷作用,即 $q(x)=0$ 时,由 $\frac{\mathrm{d}Q(x)}{\mathrm{d}x}=q(x)=0$ 可知,该梁段上的 $Q(x)$ 为常数,剪力图的斜率为零,即剪力图为平行于 x 轴的直线;根据 $\frac{\mathrm{d}M(x)}{\mathrm{d}x}=Q(x)=$ 常数可知, $M(x)$ 为 x 的一次函数,弯矩图的斜率为常数,即弯矩图为斜直线。

(2)当梁段上作用均布载荷,即 $q(x)=q$ (常数)时,根据 $\frac{\mathrm{d}Q(x)}{\mathrm{d}x}=q(x)=q$(常数)可知,该梁段上的 $Q(x)$ 为 x 的一次函数,剪力图的斜率为常数,即剪力图为斜直线;根据 $\frac{\mathrm{d}M(x)}{\mathrm{d}x}=Q(x)$ 可知,该梁段上的 $M(x)$ 为 x 的二次函数,弯矩图为二次抛物线,且当 $q<0(q$ 向下)时,

$\dfrac{\mathrm{d}^2 M(x)}{\mathrm{d}x^2}=q<0$,弯矩图为凸曲线;当 $q>0$(q 向上)时,弯矩图为凹曲线。曲线极值点位置可

由 $\dfrac{\mathrm{d}M(x)}{\mathrm{d}x}=Q(x)=0$ 来决定,即在剪力 $Q=0$ 处,曲线取得极值点。

(3)在集中力作用处,剪力图有突变,突变值等于集中力值。弯矩图曲线的斜率在该处发生突变,即在弯矩图上出现一折角。在集中力偶矩处,剪力图无变化,弯矩图在该处有突变,突变值等于集中力偶矩的值。

以上这些规律可以用来指导剪力图、弯矩图的绘制,也可用来校核其正确性。

为帮助读者掌握上述规律,特列表 9-1,以供参考。

表 9-1　梁上载荷变化时剪力图和弯矩图变化的规律

图　形	$q=0$	$q=$ 常数($q\neq0$)	集中力 F	集中力偶矩 M
剪力图	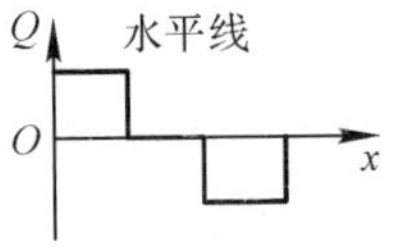 Q 水平线	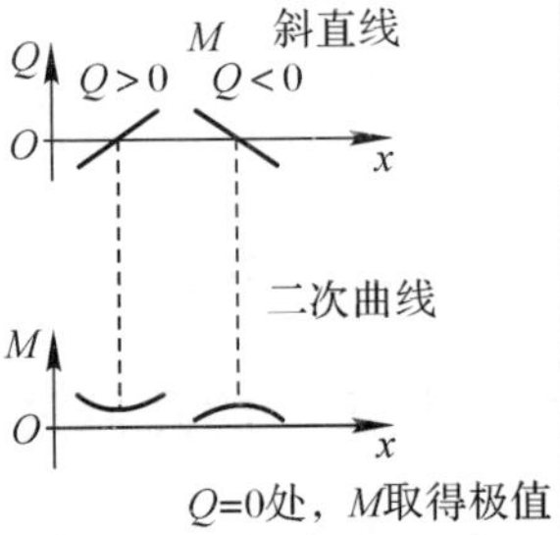 Q $Q>0$ $Q<0$ 斜直线	有突变,突变值等于 F	无影响
弯矩图	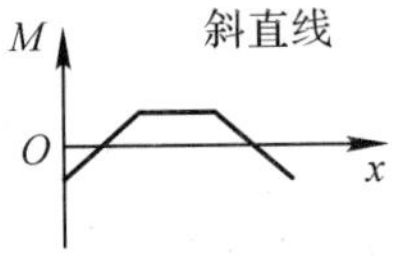 M 斜直线	二次曲线 $Q=0$ 处,M 取得极值	有折角	有突变,突变值等于 M

9.4.3　剪力图和弯矩图的快速绘制

剪力图和弯矩图一目了然地显示了梁各横截面上的剪力和弯矩。利用剪力图和弯矩图可以很方便地确定梁的剪力和弯矩的最大值及其所在截面的位置,为梁的强度计算提供依据。因此画剪力图和弯矩图是梁的强度计算的重要环节。由上述梁的平衡方程及其推导出来的剪力图、弯矩图与梁承载载荷之间的规律,可快速绘制梁的剪力图和弯矩图,主要步骤如下:

(1)求支座反力。

(2)根据载荷及约束力的作用位置确定控制面和分段数。

(3)求出各控制面上的剪力和弯矩数值。

(4)建立 Q-x 和 M-x 坐标系,并将控制面上的剪力和弯矩值标在相应的坐标系中。

(5)应用微分关系,判断各控制面之间的剪力图和弯矩图的大致形状,然后逐段画出梁的剪力图和弯矩图。

【例 9-8】　悬臂梁 AB 只在自由端受集中力 F 作用,如图 9.21(a)所示,试作出梁的剪力图和弯矩图。

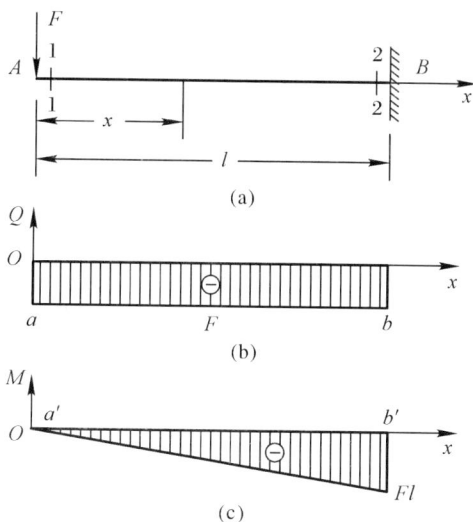

图 9.21

解 求悬臂梁求作其内力时,可不必求出梁的支座反力。按外力的作用情况,梁的剪力图和弯矩图均是连续的,不必分段。控制截面均为端截面,即截面1—1和截面2—2。这两个截面的剪力和弯矩分别为

截面1—1: $\qquad\qquad\qquad Q=Q, \quad M=0$

截面2—2: $\qquad\qquad\qquad Q=Q, \quad M=-Fl$

由于梁段上无分布载荷,故剪力图为水平直线,弯矩图为斜直线。连接截面1—1和截面2—2上剪力的坐标点和弯矩的坐标点,即得剪力图和弯矩图,如图9.21(b)(c)所示。

【例 9 - 9】 简支梁 AB 在 C 点处受集中力 F 作用,如图 9.22(a)所示,试作出此梁的剪力图和弯矩图。

解 (1)求支座反力。由平衡条件 $\sum M_A=0$ 和 $\sum M_B=0$ 求得

$$F_A=\frac{Fb}{l}, \quad F_B=\frac{Fa}{l}$$

(2)分段,确定控制截面及其剪力和弯矩。在 C 点处有集中力 F 作用,则 C 点处的两侧面和支座内侧面均为控制截面,如图 9.22(a)中的截面1—1、截面2—2、截面3—3和截面4—4。各控制截面的剪力和弯矩分别为

截面1—1: $\qquad\qquad\qquad Q=\dfrac{Fb}{l}, \quad M=0$

截面2—2: $\qquad\qquad\qquad Q=\dfrac{Fb}{l}, \quad M=\dfrac{Fab}{l}$

截面3—3: $\qquad\qquad\qquad Q=-\dfrac{Fa}{l}, \quad M=\dfrac{Fab}{l}$

截面4—4: $\qquad\qquad\qquad Q=-\dfrac{Fa}{l}, \quad M=0$

(3)建立坐标系,并将各控制截面上的剪力值和弯矩值分别标在坐标系中,便得到 a、b、c、d 和 a'、b'、c'、d'各点。

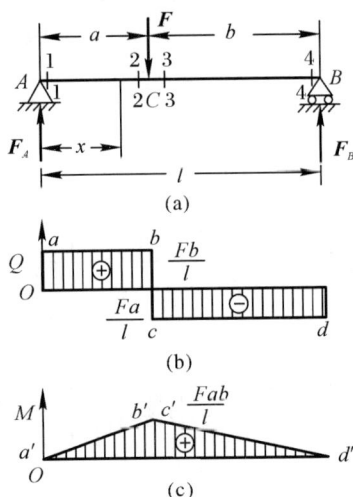

图 9.22

(4)判断各段梁的剪力图和弯矩图的大致图线,并绘制梁的剪力图和弯矩图。

因为梁上 AC 段和 CB 段均没有分布载荷作用,所以 AC 段和 CB 段的剪力图均为平行于 x 轴的直线,弯矩图均为斜直线。按大致图线形状顺序连接坐标系中的 a、b、c、d 及 a'、b'、c'、d'各点,便得到梁的剪力图和弯矩图,如图 9.22(b)(c)所示。

【例 9 - 10】 简支梁 AB 受集度为 q 的均布载荷作用,如图 9.23(a)所示,试作出梁的剪力图和弯矩图。

解 (1)求支座反力。根据平衡条件 $\sum M_A = 0$ 和 $\sum M_B = 0$,求得

$$F_A = F_B = \frac{ql}{2}$$

支座反力的方向如图 9.23(a)所示。

(2)确定控制截面及其各控制截面上剪力和弯矩。

由于梁上连续作用有均布载荷,故剪力图和弯矩图均是连续的图线,不必分段。支座反力截面 1—1 和截面 2—2 为控制截面。

应用截面法求得各控制面上的剪力和弯矩分别为

截面 1—1: $\qquad Q = \dfrac{ql}{2}, \quad M = 0$

截面 2—2: $\qquad Q = -\dfrac{ql}{2}, \quad M = 0$

(3)建立 Q-x、M-x 坐标系,并将各控制截面上的剪力值和弯矩值标在坐标系中,便得到 a、b 和 a'、b'点。

(4)判断梁的剪力图和弯矩图的大致形状,并绘制剪力图和弯矩图。

因为梁上有均布载荷作用,剪力图为一斜线,连接 a、b 两点便得到剪力图。

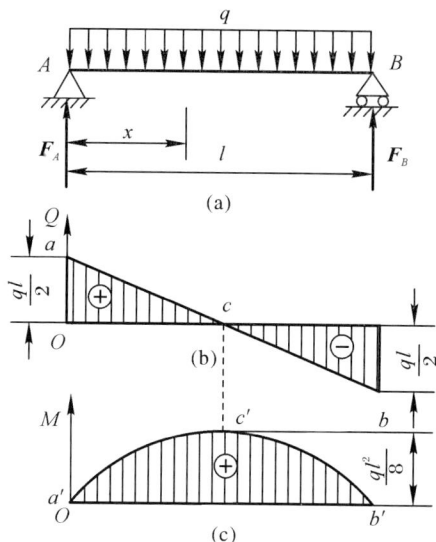

图 9.23

对于弯矩图,图形为二次抛物线。为了绘制这一曲线,除 a'、b' 两点以外,还需确定抛物线的凹凸方向、有无极值点和极值点的弯矩值。

因为 q 向下为负,所以 $\dfrac{\mathrm{d}^2 M}{\mathrm{d}x^2}<0$,故抛物线为凸曲线。

同时,从剪力图上可以看出,在梁的中点处,剪力 $Q=0$,故弯矩图在此处取得极值,并可求得弯矩极值 $M_c=\dfrac{1}{8}ql^2$。

由 a'、b'、c' 三点以及图形为凸曲线,即可画出梁的弯矩图,如图 9.23(c)所示。

【例 9-11】 简支梁 AB 受力如图 9.24(a)所示,试作出梁的剪力图和弯矩图,并确定二者绝对值的最大值 $|Q|_{\max}$、$|M|_{\max}$。

解 (1)求支座反力。由平衡方程 $\sum M_A=0$ 和 $\sum M_B=0$ 可得

$$F_A=0.889\ \text{kN},\quad F_B=1.11\ \text{kN}$$

方向如图 9.24(a)所示。

(2)分段,确定控制截面及其各控制截面上的剪力和弯矩。

由梁上载荷作用情况可分为三段,截面 1—1、截面 2—2、截面 3—3、截面 4—4、截面 5—5、截面 6—6 均为控制截面,如图 9.24(a)所示。

应用截面法,各控制截面上的剪力和弯矩分别为

截面 1—1: $Q=-0.889\ \text{kN},\quad M=0$

截面 2—2: $Q=-0.889\ \text{kN},\quad M=-1.33\ \text{kN·m}$

截面 3—3: $Q=-0.889\ \text{kN},\quad M=-0.33\ \text{kN·m}$

截面 4—4: $Q=-0.889\ \text{kN},\quad M=-1.67\ \text{kN·m}$

截面 5—5: $Q=1.11\ \text{kN},\quad M=-1.67\ \text{kN·m}$

截面 6—6: $Q=1.11\ \text{kN},\quad M=0$

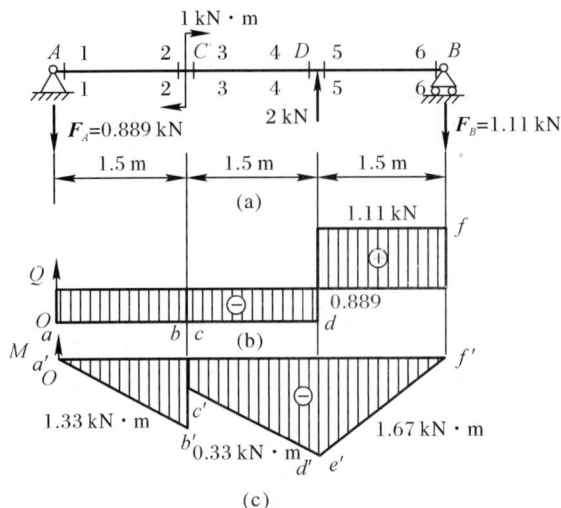

图 9.24

（3）建立坐标系,并将各控制截面的剪力值和弯矩值在坐标系中标出,得到相应的点 a、b、c、d、e、f 和 a'、b'、c'、d'、e'、f'。

（4）判断各段梁的剪力图和弯矩图的大致形状,并绘制剪力图和弯矩图。

梁上无分布载荷作用,所示剪力图均为平行于 x 轴的直线,弯矩图形均为斜直线,顺序连接 Q-x 和 M-x 坐标系中的各点,得到梁的剪力图和弯矩图,如图 9.24(b)(c)所示。

从图中得到剪力和弯矩的绝对值最大值分别为 $|Q|_{max}=1.11\ \text{kN}$,$|M|_{max}=1.11\ \text{kN}\cdot\text{m}$。

9.5 弯曲梁横截面上正应力和强度计算

梁弯曲时的内力为剪力和弯矩。在平面弯曲时,工程上可以近似地认为梁横截面上的弯矩是由横截面上的正应力形成的,而剪力是由横截面上的切应力形成的,本节将在梁弯曲时的内力分析的基础上,导出梁弯曲时的正应力计算。

9.5.1 横力弯曲和纯弯曲

图 9.25 所示的具有纵向对称面的简支梁上,对称作用有两处集中载荷 F,则从该梁的剪力图和弯矩图可知,在 AC、DB 段同时有弯矩和剪力作用,则此段梁既产生弯曲变形,也产生剪切变形,这种变形称为剪切弯曲,也称为**横力弯曲**；在 CD 段只有弯矩作用而无剪力作用,则只产生弯曲变形,这种弯曲称为**纯弯曲**。

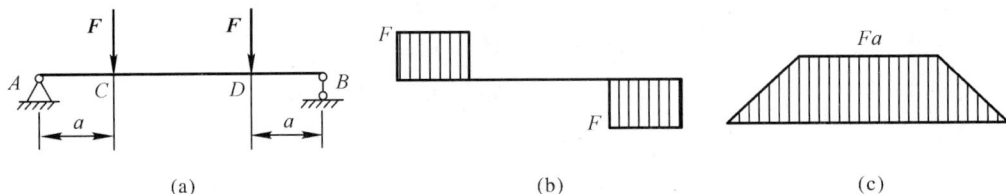

图 9.25

9.5.2　实验观察与假设

为了研究梁横截面上的正应力分布规律,可做纯弯曲试验。取一矩形截面等直梁,在表面画一些平行于梁轴线的纵线和垂直于梁轴线的横线,如图 9.26 所示。在梁的两端施加一对位于梁纵向对称面内的力偶,使梁发生弯曲。这样,用截面法求内力可知,梁内只有弯矩而无剪力,即为纯弯曲。

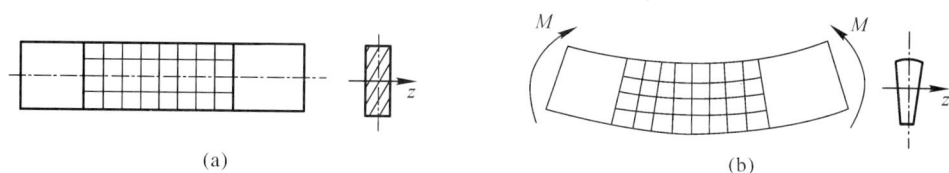

图　9.26

通过梁的纯弯曲实验可观察到如下现象。

(1)纵向线弯曲成圆弧线,其间距不变。靠近梁顶部凹面的纵向线缩短,靠近梁底部凸面的纵向线伸长。

(2)横向线仍为直线,且与纵向线正交,横向线间相对地转过了一个微小的角度。

根据上述现象,对梁的变形做出如下假设。

(1)平面假设:梁弯曲变形时,其横截面仍为平面,且绕某轴转过了一个微小的角度。

(2)单向受力假设:设梁由无数纵向纤维组成,则这些纤维处于单向受拉或单向受压状态。

根据观察结果,可以设想,梁弯曲时,梁下部的纵向纤维受拉伸长,上部的纵向纤维受压缩短,其长度的改变是沿着高度而逐渐变化的。因此,可以推断,在其间必然存在着一层纤维既不伸长也不缩短,这层纤维称为中性层。中性层和横截面的交线称为中性轴,即图9.26中的 z 轴。梁的横截面绕 z 轴转动一微小角度。

9.5.3　弯曲正应力的计算

由平面假设可知,矩形截面梁在纯弯曲时的应力分布有如下特点。

(1)中性轴上的线应变为零,所以其正应力亦为零。

(2)距中性轴距离相等的各点,其线应变相等。由胡克定律,这些点上的正应力也相等。

(3)在图 9.27 所示的受力情况下,正应力沿 y 轴线性分布,即 $\sigma = Ky$,K 为待定系数。中性轴上部的各点正应力为负值(受压),中性轴下部各点正应力为正值(受拉)。

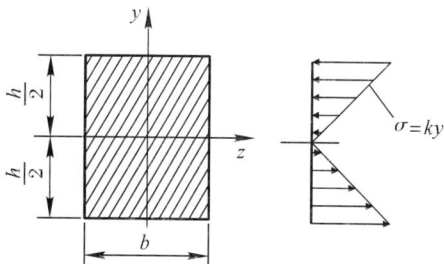

图　9.27

在纯弯曲梁的横截面上任取一微面积 dA,如图 9.28 所示,微面积上的微内力为 σdA。由于横截面上的内力只有弯矩 M,所以由横截面上的微内力构成的合力必为零,而梁横截面上的微内力对中性轴 z 的合力矩就是弯矩 M,即

$$F_n = \int_A \sigma dA = 0 \tag{9-10}$$

$$M = \int_A y\sigma dA \tag{9-11}$$

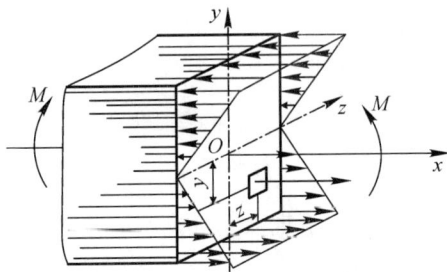

图 9.28

将 $\sigma = Ky$ 代入式(9-10)和式(9-11),得

$$\int_A Ky dA = 0 \tag{9-12}$$

$$M = \int_A Ky^2 dA \tag{9-13}$$

式中:$\int_A y dA$ 为截面对 z 轴的静矩,记作 S_z,单位为 m³;$\int_A y^2 dA$ 为截面对 z 轴的**惯性矩**,记作 I_z,单位为 m⁴。以上两式可写作

$$KS_z = 0 \tag{9-14}$$
$$M = KI_z \tag{9-15}$$

由式(9-14)可见,由于 K 不为零,故 S_z 必为零,说明中性轴 z 过截面形心。

将 $K = \sigma/y$ 代入式(9-15),得

$$\sigma = \frac{M}{I_z}y \tag{9-16}$$

式(9-16)即为**梁的正应力计算公式**。

计算梁横截面上的最大正应力,可定义 $W_z = I_z/y_{max}$,W_z 为**抗弯截面系数**,式(9-16)可写作

$$\sigma_{max} = \frac{M_{max}}{W_z} \tag{9-17}$$

式(9-17)是由纯弯曲梁变形推导出的,工程实践证明,只要梁具有纵向对称面,且载荷作用在纵向对称面内,则梁的跨度较大时,横力弯曲时也可应用此式。当梁横截面上的最大应力大于比例极限时,此式不再适用。

I_z、W_z 是仅与截面有关的几何量,常用型钢的 I_z、W_z 可在有关的工程手册中查到。长方形、正方形和圆形等基本几何形状的惯性矩和抗弯截面系数见表9-2。

表 9 - 2 基本几何形状的惯性矩和抗弯截面系数

	长方形	正方形	圆形
截面形状			
惯性矩(I_z)	$I_z = \dfrac{bh^3}{12}$	$I_z = \dfrac{a^4}{12}$	$I_z = \dfrac{\pi d^4}{64} = \dfrac{\pi r^4}{4}$
截面抗弯系数(W_z)	$W_z = \dfrac{bh^2}{6}$	$W_z = \dfrac{a^3}{6}$	$W_z = \dfrac{\pi d^3}{32} = \dfrac{\pi r^3}{4}$

9.5.4 弯曲正应力强度计算

由式(9-17)可知,梁弯曲时截面上的最大正应力发生在截面的上、下边缘处。对于等截面梁来说,全梁的最大正应力一定发生在最大弯矩所在截面的上、下边缘处。要使梁具有足够的强度,必须使梁的最大工作应力不得超过材料的许用应力,此即为**梁弯曲时的正应力强度准则**,即

$$\sigma_{\max} = \frac{M_{\max}}{W_z} \leqslant [\sigma] \tag{9-18}$$

需要说明的是:正应力强度准则式(9-18)是以平面纯弯曲正应力建立的强度准则,对于横力弯曲的梁,只要梁的跨长 l 远大于截面高度时 $h(l/h>5)$ 时,截面剪力对正应力的分布影响很小,可以忽略不计。因此,对于横力弯曲梁的正应力强度计算仍用纯弯曲应力建立的强度准则。

应用弯曲正应力强度准则式(9-18),可以解决弯曲正应力强度计算的三类问题,即校核强度、设计截面和确定许可载荷。

【例 9 - 12】 如图 9.29 所示的矩形截面简支木梁 AB,已知作用力 $F=100$ kN,$l=6$ m,$[\sigma]=100$ MPa,截面高度是宽度的 2 倍,试求:

(1)按弯曲正应力强度准则设计梁的截面尺寸。

(2)若将梁平放,如图 9.29(c)所示,设计梁的截面尺寸。

(3)计算梁平放与竖放时所用木材的体积比。

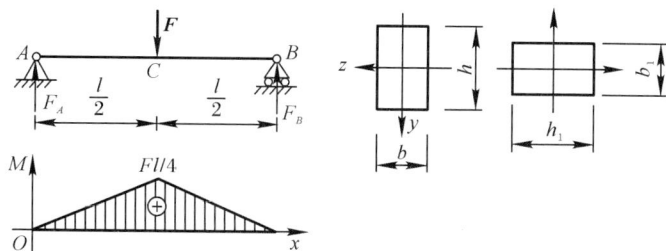

图 9.29

解 画梁的受力图,如图 9.29(a)所示,则求支反力为

$$F_A = F_B = \frac{F}{2}$$

画梁的弯矩图,如图 9.29(a)所示,则最大弯矩为

$$M_{\max} = \frac{F}{2} \cdot \frac{l}{2} = \frac{Fl}{4}$$

(1)按正应力强度准则设计截面尺寸,即

$$\sigma_{\max} = \frac{M_{\max}}{W_z} = \frac{Fl/4}{bh^2/6} = \frac{3Fl}{2b(2b)^2} = \frac{3Fl}{8b^3} \leqslant [\sigma]$$

$$b \geqslant \sqrt[3]{\frac{3Fl}{8[\sigma]}} = \sqrt[3]{\frac{3 \times 10 \times 10^3 \times 6}{8 \times 10 \times 10^6}} \ \mathrm{m} = 1.31 \times 10^{-1} \ \mathrm{m} = 131 \ \mathrm{mm}$$

故设计梁的截面尺寸为 $b = 131$ mm,$h = 262$ mm。

(2)设计梁平放时的截面尺寸,即

$$\sigma_{\max} = \frac{M_{\max}}{W_z} = \frac{Fl/4}{h_1 b_1^2/6} = \frac{3Fl}{2 \cdot 2b_1 \cdot b_1^2} = \frac{3Fl}{4b_1^3} \leqslant [\sigma]$$

$$b \geqslant \sqrt[3]{\frac{3Fl}{4[\sigma]}} = \sqrt[3]{\frac{3 \times 10 \times 10^3 \times 6}{4 \times 10 \times 10^6}} \ \mathrm{m} = 1.65 \times 10^{-1} \ \mathrm{m} = 165 \ \mathrm{mm}$$

故梁平放时,设计其截面尺寸为 $b_1 = 165$ mm,$h_1 = 330$ mm。

(3)梁平放与竖放所用木材的体积比为

$$\frac{V_1}{V} = \frac{A_1 l}{Al} = \frac{b_1 h_1}{bh} = \frac{165 \times 330}{131 \times 262} = 1.59$$

以上计算结果表明:矩形截面梁发生弯曲变形时,采用竖放安置可大大节省材料,而相同材料下若平放安置,将大大降低梁的承载能力。

9.6　组合截面的惯性矩

9.6.1　常见截面的惯性矩的计算

1. 矩形截面

图 9.30 所示为矩形截面,取平行于 z 轴的狭长条作为微面积 $\mathrm{d}A$,则

$$\mathrm{d}A = b\mathrm{d}y$$

$$I_z = \int_A y^2 \mathrm{d}A = \int_{-\frac{h}{2}}^{\frac{h}{2}} by^2 \mathrm{d}y = \frac{bh^3}{12}$$

$$W_z = \frac{bh^2}{6}$$

同理,对 y 轴有

$$I_y = \frac{bh^3}{12}$$

$$W_y = \frac{bh^2}{6}$$

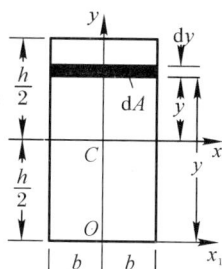

图 9.30

2. 圆形截面

图 9.31 所示为圆形截面,取平行于 z 轴的微面积 dA,则

$$dA = 2z\,dy = 2\sqrt{R^2 - y^2}\,dy$$

$$I_z = \int_A y^2\,dA = 2\int_{-R}^{R} y^2 \sqrt{R^2 - y^2}\,dy = \frac{\pi R^4}{4} = \frac{\pi d^4}{64}$$

$$W_z = \frac{\pi d^3}{32}$$

圆形截面是中心对称的,所以有

$$I_y = I_z = \frac{\pi d^4}{64}$$

因此,对圆心的极惯性矩

$$I_p = I_y + I_z = \frac{\pi d^4}{32}$$

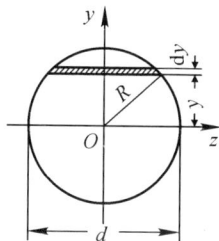

图 9.31

3. 环形截面

如图 9.32 所示,设圆环的直径比为 $a = d/D$,由圆形截面惯性矩的计算方法可得

$$I_z = \frac{\pi (D^4 - d^4)}{64}$$

$$W_z = \frac{\pi d^3 (1 - a^4)}{32}$$

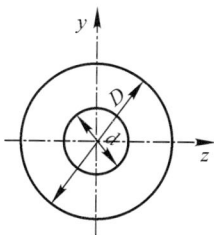

图 9.32

9.6.2 平行轴定理

同一截面对于两平行轴的惯性矩是不相同的,但当其中一根轴为截面的形心轴时,它们之间就存在着比较简单的关系。

如图 9.33 所示,设任一截面图形的面积为 A,形心为 C 点,已知其对形心轴 y_C、z_C 的惯性矩为 I_{yC}、I_{zC},现求截面对与形心轴平行 y、z 轴的惯性矩。

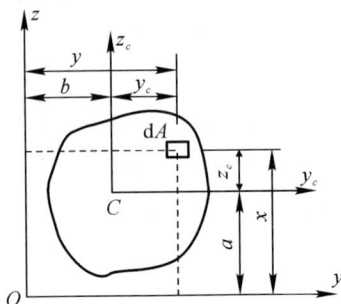

图 9.33

由图 9.33 可知,$y = y_C + b$,$z = z_C + a$,因此截面对 y、z 轴的惯性矩应为

$$I_y = \int_A z^2 \mathrm{d}A = \int_A (z_C + a)^2 \mathrm{d}A = \int_A z_C^2 \mathrm{d}A + 2a \int_A z_C \mathrm{d}A + a^2 \int_A \mathrm{d}A$$

$$I_z = \int_A y^2 \mathrm{d}A = \int_A (y_C + b)^2 \mathrm{d}A = \int_A y_C^2 \mathrm{d}A + 2b \int_A y_C \mathrm{d}A + b^2 \int_A \mathrm{d}A$$

在以上两式中,$\int_A z_C \mathrm{d}A$ 和 $\int_A y_C \mathrm{d}A$ 分别是截面对形轴 y_C 和 z_C 的静矩,其值应等于零,而 $\int_A \mathrm{d}A = A$。根据定义有 $\int_A z_C^2 \mathrm{d}A = I_{yC}$,$\int_A y_C^2 \mathrm{d}A = I_{zC}$,所以

$$\left.\begin{aligned} I_y &= I_{yC} + a^2 A \\ I_z &= I_{zC} + b^2 A \end{aligned}\right\} \qquad (9-19)$$

这就是惯性矩的平行移轴公式。它表明,截面对某轴的惯性矩等于它对平行于该轴的形心轴的惯性矩和两轴间距离的平方与截面面积的乘积之和。此即为平行轴定理。

由平行移轴公式[见式(9-19)]可知,在一组相互平行的轴中,截面对各轴的惯性矩中以对形心轴的惯性矩为最小。

利用平行移轴公式,可方便地计算组合截面对其形心轴的惯性矩,即

$$\left.\begin{aligned} I_y &= \sum I_{y_i} = \sum (I_{y_{Ci}} + a_i^2 A_i) \\ I_z &= \sum I_{z_i} = \sum (I_{z_{Ci}} + b_i^2 A_i) \end{aligned}\right\} \qquad (9-20)$$

式中:$I_{y_{Ci}}$、$I_{z_{Ci}}$ 分别表示每个简单图形对自身形心轴的惯性矩;a_i、b_i 分别表示每个简单图形的形心轴与组合截面形心轴 y、z 的距离;A_i 表示各简单图形的面积。

【例 9-13】 试求图 9.34 所示的 T 形截面对其中性轴的惯性矩。

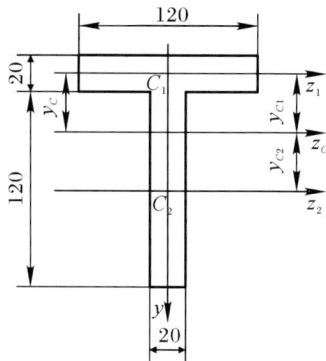

图 9.34

解 (1)将图形分成两个矩形 C_1 和 C_2,其面积分别为

$$A_1 = 120 \times 20 \text{ mm}^2 = 2\ 400 \text{ mm}^2, \quad A_2 = 20 \times 120 \text{ mm}^2 = 2\ 400 \text{ mm}^2$$

(2)选坐标系 y-z_1,确定截面的形心坐标 y_C。

$$y_C = \frac{A_1 y_1 + A_2 y_2}{A_1 + A_2} = \frac{120 \times 20 \times 0 + 20 \times 120 \times 70}{120 \times 20 + 20 \times 120} \text{ mm} = 35 \text{ mm}$$

(3)如图 9.34 所示,通过截面形心建立中性轴 z_C,则 A_1、A_2 的形心坐标分别为 $y_{C1} = -35$ mm,$y_{C2} = 35$ mm。

(4)应用平行轴定理,求截面对中性轴 z_C 的惯性矩为

$$I_{zC} = \left(\frac{120 \times 20^3}{12} + 120 \times 20 \times 35^2 + \frac{20 \times 120^3}{12} + 20 \times 120 \times 35^2 \right) \text{ mm}^4 = 8.84 \times 10^6 \text{ mm}^4$$

【例 9 - 14】 如图 9.35 所示螺旋压板装置,已知工件受到的压紧力 $F = 3$ kN,板长为 $3a$,$a = 50$ mm,压板材料的许用应力 $[\sigma] = 140$ MPa,试校核压板的弯曲正应力强度。

解 (1)建立力学模型。压板装置压紧工件时,压板产生弯曲变形,其力学分析模型如图 9.35(b)所示的外伸梁。

(2)画压板的弯矩图。压板的弯矩图如图 9.35(c)所示,由弯矩图可见,B 截面弯矩值最大,是梁的危险面,最大弯矩值为

$$M_{\max} = Fa = 3 \times 0.05 \text{ kN} \cdot \text{m} = 0.15 \text{ kN} \cdot \text{m}$$

(3)求抗弯截面系数。由组合截面惯性矩可知,压板 B 截面的抗弯截面系数最小,其值为

$$I_z = \left(\frac{30 \times 20^3}{12} - \frac{14 \times 20^3}{12} \right) \text{ mm}^4 = 1.07 \times 10^4 \text{ mm}^4$$

$$W_z = \frac{I_z}{y_{\max}} = \frac{1.07 \times 10^4}{10} \text{ mm}^4 = 1.07 \times 10^3 \text{ mm}^4$$

(4)强度校核。压板的最大弯曲正应力为

$$\sigma_{\max} = \frac{M_{\max}}{W_z} = \frac{0.15 \times 10^6}{1.07 \times 10^3} \text{ MPa} = 140.2 \text{ MPa} > [\sigma] = 140 \text{ MPa}$$

按有关设计规范,最大工作应力不超过许用应力的 5% 是允许的,即

$$\sigma_{max}=\frac{\sigma_{max}-[\sigma]}{[\sigma]}\times100\%=\frac{140.2-140}{140}\times100\%=1.43\%<5\%$$

因此,压板的弯曲正应力强度满足要求。

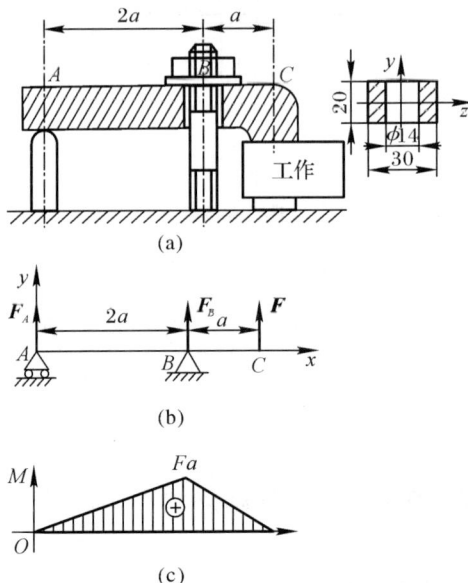

图 9.35

【例 9 - 15】 如图 9.36 所示为一 T 形截面铸铁梁,已知 $F_1=9$ kN,$F_2=4$ kN,$a=1$ m,许用拉应力 $[\sigma^+]=30$ MPa,许用压应力 $[\sigma^-]=60$ MPa。T 形截面尺寸如图 9.36(b)所示。若已知截面对形心轴 z 的惯性矩 $I_z=763$ cm^4,且 $y_1=52$ mm,试校核梁的弯曲正应力强度。

解 (1)求支反力,画梁的弯矩图。梁的支反力为

$$F_A=2.5\text{ kN},\quad F_B=10.5\text{ kN}$$

弯矩图如图 9.36(c)所示,最大正弯矩值在 C 截面,为 $M_C=F_Aa=2.5$ kN·m,最大负弯矩值在 B 截面,为 $M_B=-F_Ba=-4$ kN·m。

(2)强度校核。铸铁梁 B 截面上的最大拉应力发生在截面的上边缘各点处,最大压应力发生在截面的下边缘各点处,最大拉应力和最大压应力分别为

$$\sigma_B^+=\frac{M_By_1}{I_z}=\frac{4\times10^3\times0.052}{763\times10^{-8}}\text{ MPa}=27.2\text{ MPa}$$

$$\sigma_B^-=\frac{M_By_2}{I_z}=\frac{4\times10^3\times(120+20-52)\times10^{-3}}{763\times10^{-8}}\text{ MPa}=46.2\text{ MPa}$$

铸铁梁 C 截面上的最大拉应力发生在截面的下边缘各点处,最大压应力发生在截面的上边缘各点处,最大拉应力和最大压应力分别为

$$\sigma_C^+=\frac{M_Cy_2}{I_z}=\frac{2.5\times10^3\times(120+20-52)\times10^{-3}}{763\times10^{-8}}\text{ MPa}=28.8\text{ MPa}$$

$$\sigma_C^- = \frac{M_C y_1}{I_z} = \frac{2.5 \times 10^3 \times 0.052}{763 \times 10^{-8}} \text{ MPa} = 17 \text{ MPa}$$

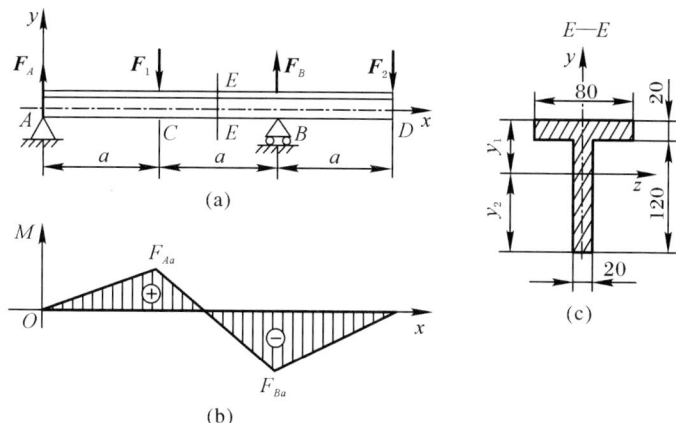

图 9.36

梁内最大拉应力发生在 C 截面下边缘处,最大压应力发生在 B 截面的下边缘处

$$\sigma_{max}^+ = \sigma_C^+ = 28.8 \text{ MPa} < [\sigma^+]$$

$$\sigma_{max}^- = \sigma_B^- = 46.2 \text{ MPa} < [\sigma^-]$$

因此,该铸铁梁的强度满足要求。

【例 9-16】 如图 9.37 所示,桥式起吊机大梁由 32b 工字钢制成,跨长 $l = 10$ m,材料的许用应力 $[\sigma] = 140$ MPa,电葫芦自重 $G = 0.5$ kN,梁的自重不计,求梁能够承受的最大起吊重量 F。

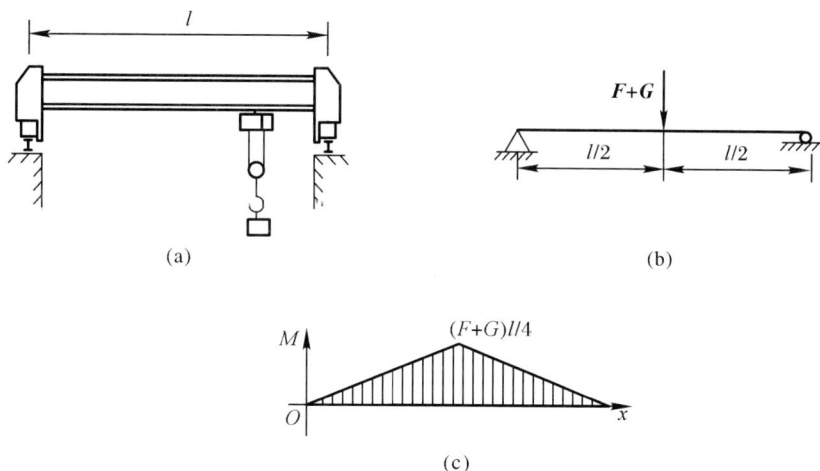

图 9.37

解 (1)建立起吊机大梁的力学模型。起吊机大梁的力学模型为简支梁,如图 9.37(b)所示。电葫芦移动到梁跨长的中点,梁中点处的截面有最大的弯矩,故该截面为梁的危险截面,最大弯矩为

$$M_{max} = \frac{(G+F)l}{4}$$

由弯曲正应力强度准则

$$\sigma_{max} = \frac{M_{max}}{W_z} \leqslant [\sigma]$$

可得

$$\frac{(G+F)l}{4} \leqslant [\sigma]W_z$$

查附录 C 热轧钢表中的 32b 工字钢,得 $W_z = 726.33 \ cm^3$,代入上式,得

$$F \leqslant \frac{4[\sigma]W_z}{l} - G = \left(\frac{4 \times 140 \times 10^6 \times 0.73 \times 10^{-3}}{10} - 0.5 \times 10^3 \right) \ kN = 40.38 \ kN$$

因此,梁能够承受的最大起吊重量为 $F = 40.38 \ kN$。

9.7   提高梁抗弯强度的措施

弯曲正应力是影响梁安全的主要因素,所以弯曲正应力强度准则往往是设计梁的主要依据。从这个强度准则可以看出,要提高梁的承载能力应从两方面考虑:一是合理安排梁的受力情况,以降低梁的最大弯矩值;二是采用合理的截面形状,以提高梁抗弯截面系数,充分利用材料的性能。

9.7.1   合理安排梁的受力情况

(1)合理布置梁的支座。如图 9.38(a)所示,梁内最大弯矩为 $M_{max} = 0.125ql^2$;若将两端支座向里移动 $0.2l$,如图 9.38(b)所示,则梁内最大弯矩减小为 $M_{max} = 0.025ql^2$。

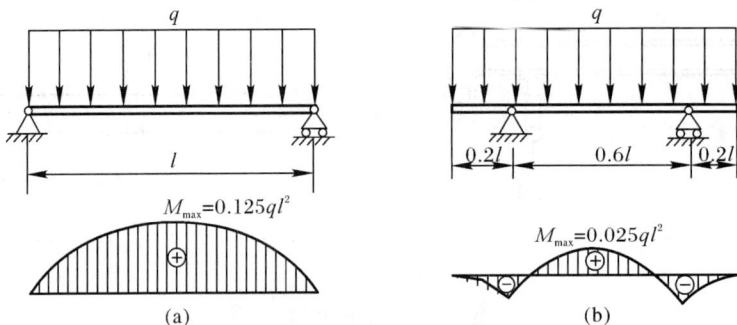

图   9.38

(2)合理布置载荷。当载荷已确定时,合理的布置载荷可以减小梁上的最大弯矩,提高梁的承载能力。如图 9.39(a)所示的简支梁:集中力 F 作用于梁的中点时,梁内最大弯矩为 $M_{max} = Fl/4$;若在距两端支点 $l/4$ 处各施加作用力 $F/2$,如图 9.39(b)所示,则梁内最大弯矩为 $M_{max} = Fl/8$;若将集中力 F 均匀分散作用于梁的跨长上,均布载荷集度为 $q = F/l$,如图 9.39(c)所示,则梁内最大弯矩为 $M_{max} = ql^2/8 = Fl/8$,且弯矩变化平缓。

因此,在梁的跨度上分散作用载荷,尽可能避免集中作用载荷,可降低最大弯矩,提高梁的抗弯强度。

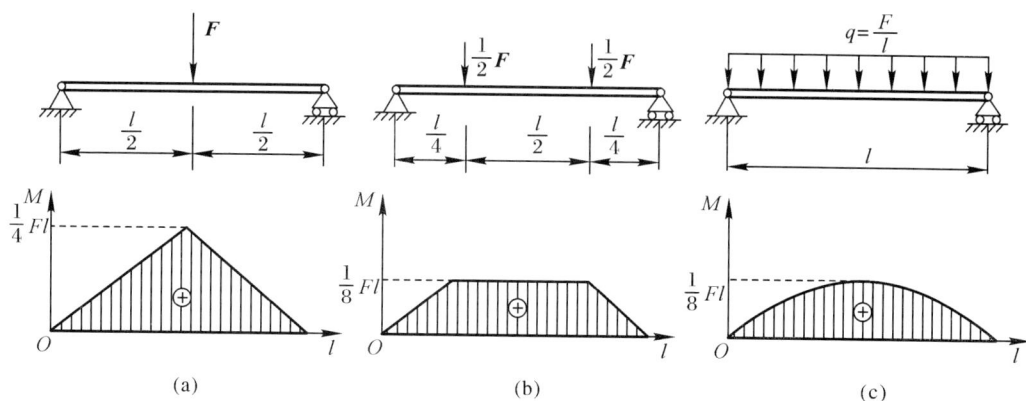

图 9.39

9.7.2 合理选择梁的截面

(1)梁的抗弯截面系数 W_z 与截面的面积、形状有关,在满足 W_z 的情况下选择适当的截面形状,使其面积减小,可达到节约材料、减轻自重的目的。由于横截面上正应力和各点到中性轴的距离成正比,靠近中性轴的材料正应力较小,未能充分发挥其潜力,故将靠近中性轴的材料移至截面的边缘,必然使 W_z 增大。因此,空心圆管、工字钢和槽钢制成的梁的截面较为合理。

若把弯曲正应力的强度条件写成

$$M_{max} \leqslant [\sigma] W_z$$

可见,梁可能承受的 M_{max} 与抗弯截面系数 W_z 成正比,W_z 越大越有利。另外,使用材料的多少和自重的大小,则与截面面积 A 成正比,面积越小,越经济。因此合理的截面形状应该是截面积 A 较小,而抗弯截面系数 W_z 较大。例如,使截面高度 h 大于宽度 b 的矩形截面梁,抵抗垂直平面内的弯曲变形时:如把截面竖放,如图 9.40(a)所示,则 $W_{z1} = bh^2/6$;若把截面平放,如图 9.40(b)所示,则 $W_{z2} = hb^2/6$,两者之比为

$$\frac{W_{z1}}{W_{z2}} = \frac{h}{b} > 1$$

因此,梁竖放比平放时有较高的抗弯强度,竖放更为合理。故房屋和桥梁等建筑物中的矩形截面梁,一般都是竖放的。

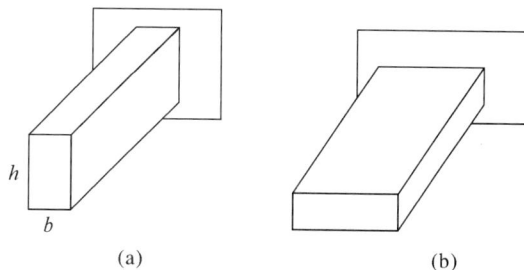

图 9.40

截面的形状不同,其抗弯截面系数 W_z 也就不同。可以用比值 W_z/A 来衡量截面形状的合理性和经济性。比值 W_z/A 较大,则截面的形状就较为经济合理。可以算出矩形截面

的 W_z/A 值为

$$\frac{W_z}{A} = \frac{1}{6}bh^2/bh \, h$$

圆形截面的 W_z/A 值为

$$\frac{W_z}{A} = \frac{\pi d^3}{32} / \frac{\pi d^2}{4} \, 125d$$

几种常用截面的 W_z/A 值见表 9-3。

表 9-3　几种常用截面的 W_z/A 值

	圆 形	矩 形	环 形	槽 钢	工字钢
截面形状	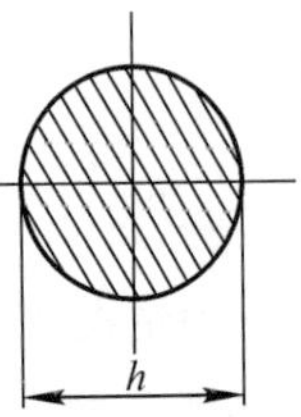	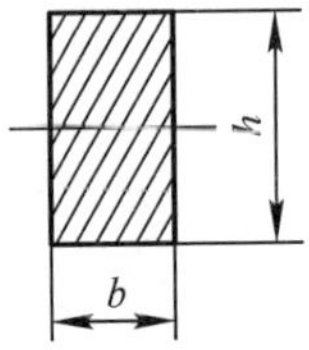	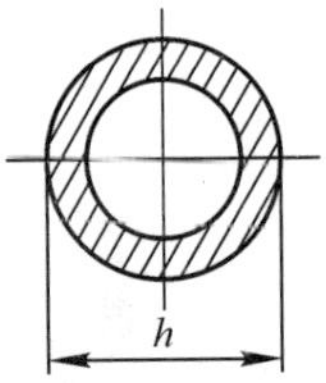	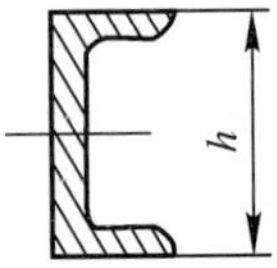	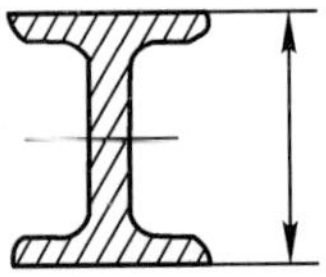
W_z/A	$0.125h$	$0.167h$	$0.205h$	$(0.27\sim0.31)h$	$(0.27\sim0.31)h$

　　从表 9-3 中所列数值可以看出,工字钢和槽钢比矩形截面经济合理,矩形截面比圆形截面经济合理。因此,桥式起重机的大梁以及其他钢结构中的抗弯构件,经常采用工字形截面、槽形截面等。从正应力的分布规律来看,弯曲时梁截面上的点离中性轴越远,正应力越大。为了充分利用材料,应尽可能地把材料置放到离中性轴较远处。因截面在中性轴附近聚集了较多的材料,使其未能充分地发挥作用。为了将材料移到离中性轴较远处,可将实心圆截面改为空心圆截面。至于矩形截面,如把中性轴附近的材料移到上、下边缘处,这就成了工字形截面。

　　上面是从静载抗弯角度讨论问题。事物是复杂的,不能只从单方面考虑,例如,把一根细长的圆杆加工成空心杆,势必因加工复杂而提高成本。又如轴类零件,虽然也承受弯曲,但它还承受扭转,还要完成传动任务,对它还有结构和工艺上的要求。考虑到这些方面,采用圆轴就比较切合实际了。

　　在讨论截面的合理形状时,还要考虑材料的特性。对抗拉和抗压强度相等的材料(如碳钢),宜采用对中性轴对称的截面,加圆形、矩形等,这样可使截面上、下边缘处的最大拉应力和最大压应力数值相等,同时接近于许用应力;对抗拉和抗压强度不相等的材料(如铸铁),宜采用中性轴偏于受拉一侧的截面形状。

　　(2)等强度梁。前面讨论的梁都是等截面的,$W_z=$ 常数,但梁在各个截面上的弯矩却随截面的位置而变化,对于等截面梁来说,只有在弯矩为最大值的截面上,最大应力才有可能接近许用应力,其余各截面上的弯矩较小,应力也就较低,材料没有充分利用。为了节约材料,减轻自重,可改变截面尺寸,使抗弯截面系数随弯矩而变化。在弯矩较大处采用较大截面,而在弯矩较小处采用较小截面。这种截面沿轴线变化的梁,称为变截面梁。变截面梁的正应力计算仍可近似地用等截面梁的公式,如变截面梁各横截面上的最大正应力都相等,且都等于许用应力,就是等强度梁,如图 9.41 所示摇臂钻床的摇臂、阶梯轴和汽车钢板弹簧等。

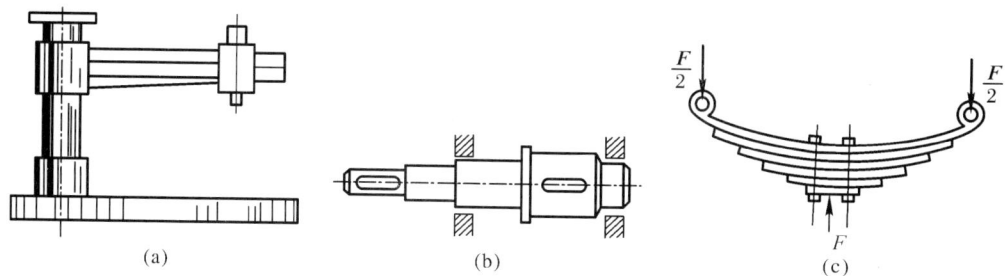

图 **9.41**

9.8 弯曲梁横截面上切应力简介

9.8.1 弯曲切应力

梁在横力弯曲时,其横截面上不仅有弯矩,还作用有剪力。因此,梁在横力弯曲下,其横截面上还存在切应力。对于矩形、圆形截面的跨度比高度大得多的梁,因其弯曲正应力比切应力大得多,这时切应力对强度的影响可略去不计。但对于跨度较小而截面较高的梁,以及一些薄壁梁或剪力较大的截面梁,应考虑切应力的存在。

9.8.2 常见截面梁横截面上的切应力

梁横截面上的切应力也是非均匀分布的,对于矩形截面梁,如图 9.42 所示,其横截面上的切应力,可作如下假设:

(1)横截面上各点的切应力方向和剪力 Q 的方向一致。

(2)切应力大小与距中性轴 z 的距离有关,到中性轴距离相等的点上的切应力大小相等。

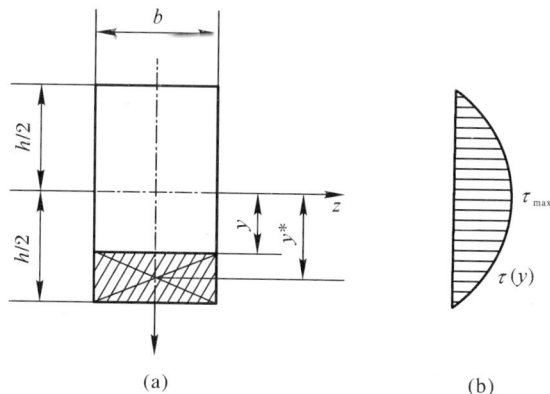

图 **9.42**

根据以上假设,可推导出矩形截面梁横截面上距中性轴为 y 处的切应力为

$$\tau = \frac{Q S_z}{b I_z}$$

(9-21)

式中:Q 为横截面上的剪力;S^z 为图 9.42(a)中打斜线的矩形截面面积对中性轴 z 的静矩;I_z 为截面对中性轴的惯性矩;b 为截面宽度。

矩形截面梁横截面上的切应力分布如图 9.42(b)所示,为二次曲线,中性轴上的切应力最大,上下边缘处的切应力为零。最大切应力为

$$\tau_{max}=\frac{3Q}{2A} \tag{9-22}$$

即矩形截面的最大切应力是截面平均切应力的 1.5 倍。

其他截面形状的切应力,也可由式(9-21)求得,其最大切应力总是出现在截面中性轴的各点处。如图 9.43 所示的工形截面,切应力按截面高度也是按抛物线规律分布的,但最大切应力与最小切应力相差不大,可近似认为其分布是均匀的,则其最大切应力为

$$\tau_{max}=\frac{Q}{A} \tag{9-23}$$

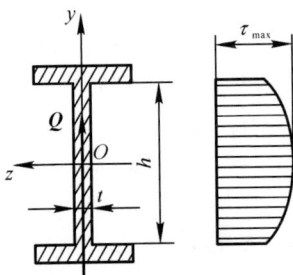

图 9.43

圆形截面,如图 9.44 所示,其最大切应力为

$$\tau_{max}=\frac{4Q}{3A} \tag{9-24}$$

圆环截面,如图 9.45 所示,其最大切应力为

$$\tau_{max}=\frac{2Q}{A} \tag{9-25}$$

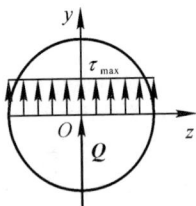

图 9.44

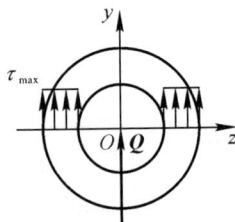

图 9.45

9.8.3 切应力强度计算

对于短跨梁、薄壁梁和承受较大剪力作用的梁,除了进行弯曲正应力强度计算外,还应进行弯曲切应力强度计算。**弯曲切应力强度准则**为:最大切应力不得超过材料的许用切应力,即

$$\tau_{max} \leqslant [\tau] \qquad\qquad (9-26)$$

【例 9-17】 如图 9.46 所示为简支梁 AB,作用载荷 $q=10$ kN/m,$l=2$ m,$a=0.2$ m,材料的许用正应力 $[\sigma]=160$ MPa,许用切应力 $[\tau]=120$ MPa,试选择工字钢的型号。

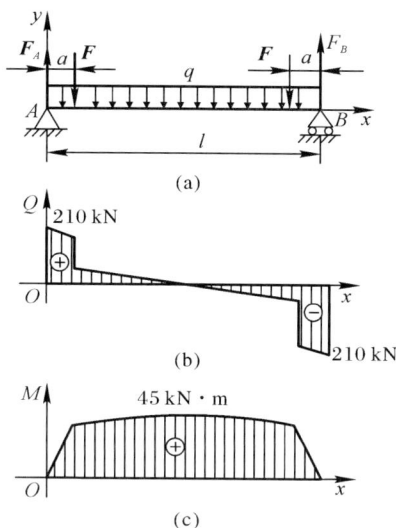

图 9.46

解 (1)求梁的支座反力,并画出梁的剪力图和弯矩图,如图 9.45(b)(c)所示。该梁中间截面的弯矩最大,其值为 $M_{max}=45$ kN·m。

(2)按正应力强度准则初选工字钢型号,由正应力强度准则

$$\sigma_{max}=\frac{M_{max}}{W_z}\leqslant[\sigma]$$

得

$$W_z \geqslant \frac{M_{max}}{[\sigma]}=\frac{45\times10^3}{160\times10^6} \text{ m}^3=281\times10^{-6} \text{ m}^3$$

查附录 C 热轧工字钢表,选用 22a 工字钢,其 $W_z=309$ cm^3,$h=220$ mm,$t=12.3$ mm,$d=7.5$ mm。

(3)按切应力强度准则进行校核。由图 9.46(b)可知,最大剪力为 $Q_{max}=210$ kN。

$$\tau_{max}=\frac{Q_{max}}{A}=\frac{Q_{max}}{(h-2t)d}=\frac{210\times10^3}{(220-2\times12.3)\times7.5\times10^{-6}} \text{ MPa}=150 \text{ MPa}$$

因最大切应力超过许用应力很多,故应重新选取较大的工字钢型号。现选取 22b 工字钢,由附录 C 热轧工字钢表查得 $h=220$ mm,$t=12.3$ mm,$d=9.5$ mm,代入切应力强度准则进行校核,得

$$\tau_{max}=\frac{Q_{max}}{A}=\frac{Q_{max}}{(h-2t)d}=\frac{210\times10^3}{(220-2\times12.3)\times9.5\times10^{-6}} \text{ MPa}=113.1 \text{ MPa}<[\tau]$$

因此,选用 22b 工字钢能同时满足正应力强度准则和切应力强度准则。

对于本例这样的跨度小的梁或薄壁梁,进行强度计算时,一般先按正应力强度准则进行设计,再用切应力强度准则进行校核。

9.9 梁的变形与刚度的计算

9.9.1 梁变形的概念

梁弯曲时,剪力对变形的影响一般都忽略不计。因此梁弯曲变形后的横截面仍为平面,且与变形后的梁轴线保持垂直,并绕中性轴转动,如图 9.47 所示。可以看出,梁弯曲时的变形可用横截面形心的线位移和横截面的角位移来描述。

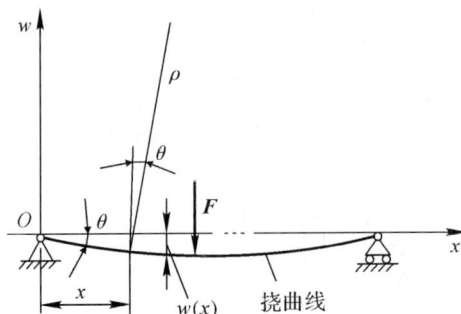

图 9.47

梁的横截面形心在垂直于梁轴线方向的位移称为**挠度**,用 w 表示;梁的横截面相对于变形前初始位置转过的角度称为**转角**,用 θ 表示。尽管梁弯曲变形时其横截面形心沿轴线方向也存在位移,但在小变形的条件下,这一位移远小于垂直于梁轴线方向的位移,故不予考虑。挠度和转角的表示用代数量,其正负规定为:在图 9.47 所示的坐标系中,**向上的挠度为正,向下的挠度为负;逆时针方向的转角为正,顺时针方向的转角为负**。

梁在弹性范围内弯曲变形后,其轴线变为一光滑连续曲线,称为挠曲线。以梁的左端为原点取一直角坐标系 xOw,如图 9.47 所示,挠度 w 与以梁变形前的轴线建立的坐标 x 的函数关系即为

$$w=w(x) \tag{9-27}$$

式(9-27)称为梁变形的**挠曲线方程**。由图 9.47 可以看出,梁的横截面转角 θ 等于挠曲线在该截面处点的切线与轴 x 的夹角。在工程实际中,梁的转角 θ 一般均很小,于是

$$\theta \approx \tan\theta = \frac{\mathrm{d}w(x)}{\mathrm{d}x} = w' \tag{9-28}$$

即横截面的转角近似等于挠曲线在该截面处的斜率。可见,只要得到梁变形后的挠曲线方程,就可通过微分得到转角方程,然后由方程计算梁的挠度和转角。

9.9.2 积分法求梁的变形

在梁纯弯曲时,梁的轴线弯成了一条平面曲线,其曲线的曲率公式为

$$\frac{1}{\rho(x)} = \frac{M(x)}{EI_z} \tag{9-29}$$

由高等数学可知,对于一平面曲线 $w=w(x)$ 上任意一点的曲率又可写成

$$\frac{1}{\rho(x)} = \pm \frac{w''}{[1+(w')^2]^{\frac{3}{2}}} \tag{9-30}$$

在小变形的条件下,梁的转角 θ 一般都很小,因此式(9-30)中的 $(w')^2$ 远小于 l,略去不计。因图 9.47 所选坐标系规定 w 向上为正,弯矩 $M(x)$ 应与 $\dfrac{\mathrm{d}^2 w}{\mathrm{d}x^2}$ 同号,故取式(9-30)左边为正号,将式(9-30)代入式(9-29),得

$$w'' = \frac{\mathrm{d}^2 w(x)}{\mathrm{d}x^2} = \frac{M(x)}{EI_z} \tag{9-31}$$

式(9-31)称为梁的挠曲线近似微分方程。根据此方程得出的解用于计算梁的挠度和转角,在工程上已足够精确。对于等截面直梁,只要将弯矩方程代入挠曲线近似微分方程,先后积分两次,就可得到**梁的转角方程和挠度方程**为

$$\theta = \frac{\mathrm{d}w(x)}{\mathrm{d}x} = \int \frac{M(x)}{EI_z}\mathrm{d}x + C \tag{9-32}$$

$$w = \int \left[\int \frac{M(x)}{EI_z}\mathrm{d}x \right]\mathrm{d}x + Cx + D \tag{9-33}$$

式中:积分常数 C 和 D 可利用梁上某些截面的已知位移来确定。例如,在梁的固定端处挠度和转角均为零,在梁的固定铰链支座处挠度为零,等等,这些称为梁变形的边界条件。当弯矩方程在分段建立时,各梁段的挠度、转角方程会不同,但相邻梁段交接处截面的挠度和转角是相同的,也就是梁的变形曲线在梁段交接处应满足光滑、连续条件,此即为梁变形的连续条件。

在转角方程和挠度方程确定后,只要代入截面形心位置坐标 x 的数值,即可求出该截面的挠度和转角。上面求梁弯曲变形的方法称为积分法。下面举例说明这种方法的应用。

【例 9-18】　图 9.48 为镗刀对工件镗孔的示意图。为了保证镗孔的精度,镗刀杆的弯曲变形不能过大。已知镗刀杆的直径 $d=10\ \mathrm{mm}$,长度 $l=500\ \mathrm{mm}$,弹性模量 $E=210\ \mathrm{GPa}$,切削力 $F=200\ \mathrm{N}$,试求镗刀杆上安装镗刀处截面 B 的挠度和转角。

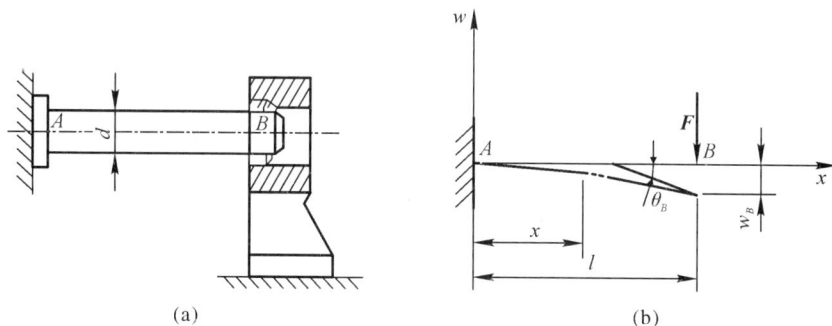

图　9.48

解　将镗刀杆简化为悬臂梁,如图 9.48(b)所示,选坐标系 xAw,梁的弯矩方程为

$$M(x) = -F(l-x)$$

由式(9-31)得梁的挠曲线近似微分方程为

$$EI_z w'' = M(x) = -F(l-x)$$

对上式积分得

$$EI_z w' = \frac{F}{2}x^2 - Flx + C \qquad (9-34)$$

$$EI_z w = \frac{F}{6}x^3 - \frac{Fl}{2}x^2 + Cx + D \qquad (9-35)$$

在梁的固定端 A 处,转角和挠度均等于零,亦即边界条件为:当 $x=0$ 时,$\theta_A=0$,$w_A=0$,把此边界条件代入式(9-34)和式(9-35),得

$$C = EI_z \theta_A = 0, \quad D = EI_z w_A = 0$$

把所得积分常数 C 和 D 代回式(9-34)和式(9-35),即得悬臂梁的转角方程和挠曲线方程分别为

$$EI_z w' = \frac{F}{2}x^2 - Flx$$

$$EI_z w = \frac{F}{6}x^3 - \frac{Fl}{2}x^2$$

以截面 B 处的横坐标 $x=l$ 代入以上两式,即得截面 B 的转角和挠度分别为

$$\theta_B = w'_B = -\frac{Fl^2}{2EI_z}, \quad w_B = -\frac{Fl^3}{3EI_z}$$

θ_B 和 w_B 皆为负,表示截面 B 的转角是顺时针方向的,而挠度是向下的。将已知的有关数据 $F=200$ N,$E=210$ GPa,$l=50$ mm,$I_z=491$ mm⁴ 代入以上两式,得

$$\theta_B = -0.00242 \text{ rad}, \quad w_B = -0.0805 \text{ mm}$$

9.9.3 叠加法求梁的变形

由于梁的挠曲线近似微分方程是在其小变形且材料服从胡克定律的情况下推导出来的,因此梁的挠度和转角与载荷呈线性关系。当梁上同时作用有几个载荷时,可分别求出每一载荷单独作用下的变形,然后将各个载荷单独作用下的变形叠加,即得这些载荷共同作用下的变形,这就是求梁变形的叠加法。几种常用的梁在简单载荷作用下的变形可参见附录B。

在复杂载荷作用下,由于梁的分段很多,积分和积分常量的运算相当麻烦。工程实际中,一般并不需要计算整个梁的挠曲线方程,只需要计算最大挠度和最大转角,所以应用叠加法求指定截面的挠度和转角比较方便。

【例 9-19】 如图 9.49(a)所示,一个抗弯刚度 EI_z 为常量的简支梁,受到集中力 F 和均布载荷 q 的共同作用。试求梁中点 C 的挠度和铰支端 A、B 的转角。

解 简支梁的变形是由集中力 F 和均布载荷 q 共同作用而引起的。在集中力 F 单独作用时,如图 9.49(b)所示,由附录B可查得梁中点 C 的挠度和铰支端 A、B 的转角为

$$w_{CF} = \frac{Fl^3}{48EI_z}, \quad \theta_{AF} = \frac{Fl^2}{16EI_z}, \quad \theta_{BF} = -\frac{Fl^2}{16EI_z}$$

在均布载荷 q 单独作用时,如图 9.49(c)所示,由附录B可查得梁中点 C 的挠度和铰支端 A、B 的转角为

$$w_{Cq} = -\frac{5ql^4}{384EI_z}, \quad \theta_{Aq} = -\frac{ql^3}{24EI_z}, \quad \theta_{Bq} = \frac{ql^3}{24EI_z}$$

叠加以上结果,即得梁中点 C 的挠度和铰支端 A、B 的转角为

$$w_C = w_{CF} + w_{Cq} = \frac{Fl^3}{48EI_z} - \frac{5ql^4}{384EI_z}$$

$$\theta_A = \theta_{AF} + \theta_{Aq} = \frac{Fl^2}{16EI_z} - \frac{ql^3}{24EI_z}$$

$$\theta_B = \theta_{BF} + \theta_{Bq} = -\frac{ql^3}{24EI_z} + \frac{Fl^2}{16EI_z}$$

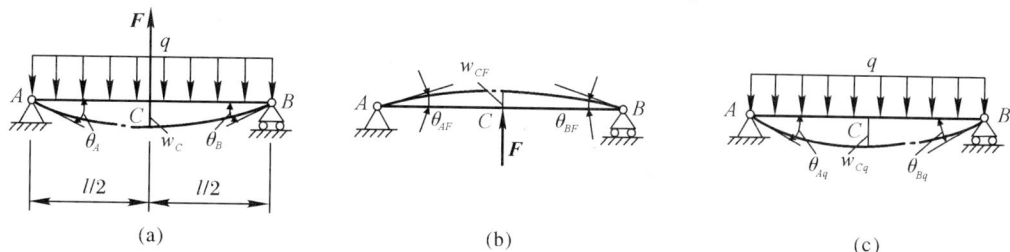

图　9.49

9.9.4　梁的弯曲刚度计算

设计梁时,除了进行强度计算外,还应考虑进行刚度计算,需要把梁的最大挠度和最大转角限制在一定的允许范围内,即梁的**刚度设计准则**为

$$|w|_{\max} \leqslant [w] \tag{9-36}$$

$$|\theta|_{\max} \leqslant [\theta] \tag{9-37}$$

式中:$[w]$为许用挠度;$[\theta]$为许用转角。其值可以根据梁的工作情况及要求查阅有关设计手册。

【例 9 - 19】　图 9.50(a)所示为机床空心主轴的平面简图,已知轴的外径 $D = 80$ mm,内径 $d = 40$ mm,AB 跨长 $l = 400$ mm,$a = 100$ mm,材料的弹性模量 $E = 201$ GPa,设切削力在该平面的分力 $F_1 = 2$ kN。若轴 C 端的许用挠度$[w] = 0.000\ 1l$,B 截面的许用转角$[\theta] = 0.001$ rad,并将全轴(包括 BC 段工件部分)近似为等截面梁,试校核该机床主轴的刚度。

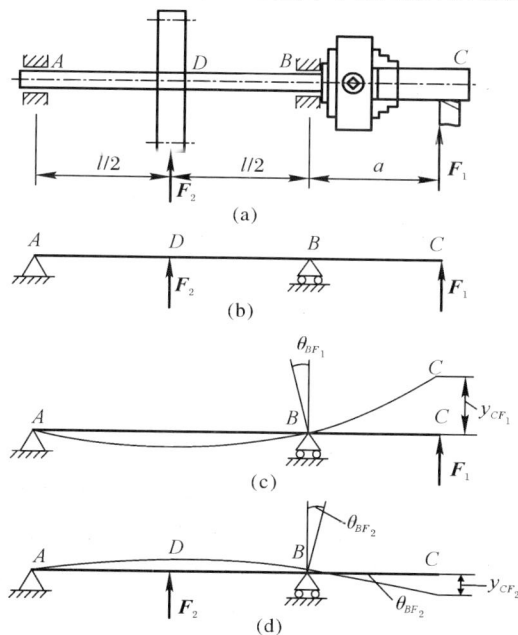

图　9.50

解 (1)求主轴的惯性矩。

$$I_z = \frac{\pi D^4}{64}(1-\alpha^4) = \frac{\pi (80\times10^{-3})^4}{64}\left[1-\left(\frac{40}{80}\right)^4\right] \text{ m}^4 = 1.88\times10^{-6} \text{ m}^4$$

(2)建立主轴的力学模型,如图 9.50(b)所示,分别画出 F_1、F_2 作用在梁上的变形,如图 9.50(c)(d)所示;然后,应用叠加法计算出 C 截面挠度和 B 截面的转角为

$$
\begin{aligned}
w_C &= w_{CF_1} + w_{CF_2} = \frac{F_1 a^2}{3EI_z}(l+a) - \frac{F_2 l^2}{16EI_z}a \\
&= \left[\frac{2\times10^3\times0.1^2}{3\times210\times10^9\times1.88\times10^{-6}}(0.4+0.1) - \frac{1\times10^3\times0.4^2}{16\times210\times10^9\times1.88\times10^{-6}}\times0.1\right] \text{ m} \\
&= (8.44-2.53)\times10^{-6} \text{ m} = 5.91\times10^{-6} \text{ m}
\end{aligned}
$$

$$
\begin{aligned}
\theta_B &= \theta_{BF_1} + \theta_{BF_2} = \frac{F_1 al}{3EI_z} - \frac{F_2 l^2}{16EI_z} \\
&= \left(\frac{2\times10^3\times0.1\times0.4}{3\times210\times10^9\times1.88\times10^{-6}} - \frac{1\times10^3\times0.4^2}{16\times210\times10^9\times1.88\times10^{-6}}\right) \text{ rad} \\
&= 4.23\times10^{-5} \text{ rad}
\end{aligned}
$$

(3)校核主轴的刚度。

主轴的许用挠度为

$$[w] = 0.000\ 1l = 0.000\ 1\times0.4 \text{ m} = 4.0\times10^{-5} \text{ m}$$

主轴的许用转角为

$$[\theta] = 0.001 \text{ rad} = 1.0\times10^{-3} \text{ rad}$$

根据计算结果,有

$$w_C = 5.91\times10^{-6} \text{ m} < [w]$$

$$\theta_B = 4.23\times10^{-5} \text{ rad} < [\theta]$$

因此,该主轴的刚度满足要求。

9.9.5 提高梁刚度的措施

从挠曲线的微分方程可以看出,弯曲变形与弯矩大小、跨度长短、支座条件、梁截面的惯性矩、材料的弹性模量有关,所以,提高梁的刚度,可以考虑从以下各因素入手。

(1)改善结构形式,减小弯矩的数值。弯矩是引起弯曲变形的主要因素,所以减小弯矩也就是提高弯曲刚度。在结构允许的情况下,应使轴上的齿轮、皮带轮等尽可能地靠近支座,把集中力分散成分布力。

减小跨度等是减小弯曲变形的有效方法。如跨度缩短一半,挠度减为原来的 1/8。在长度不能缩短的时候,可采用增加支承的方法提高梁的刚度,变静定梁为超静定梁。

(2)选择合理的截面形状。增大截面惯性矩,也可以提高刚度。工字钢、槽钢比面积相等的矩形截面有更大的惯性矩。一般来说,提高截面惯性矩,往往也同时提高了梁的强度。

弯曲变形还与材料的弹性模量有关。因为各种钢材的弹性模量大致相同,所以为提高刚度而采用高强度的钢材,并不会达到预期的效果。

9.10　简单超静定梁的解法

9.10.1　超静定梁的概念

前面讨论的梁都是静定梁,这种梁的约束反力仅凭静力平衡条件就能确定。在工程上,为了提高梁的强度和刚度,或因构造上的需要,除了维持平衡所必需的约束外,往往可能再增加一个或多个约束,这时梁的约束反力仅凭静力平衡方程无法全部确定。如图 9.51(a)所示的电动机转轴,当考虑其弯曲变形时,可简化为图 9.51(b)所示的梁。此梁共有三个约束反力,但只能列出两个静力平衡方程。再如图 9.52(a)所示的电杆上的木横担,它可简化为图 9.52(b)所示的梁,其约束反力的数目也多于静力平衡方程的数目。这些由于约束反力的数目多于静力平衡方程的数目,因此仅由静力平衡方程无法求得全部约束反力的梁,称为**超静定梁**(或静不定梁)。那些超出维持梁平衡所必须的约束,习惯上称为多余约束;与其相应的约束反力或反力偶,称为多余反力;而未知反力的数目与独立静力平衡方程数目的差数,称为**超静定次数**。

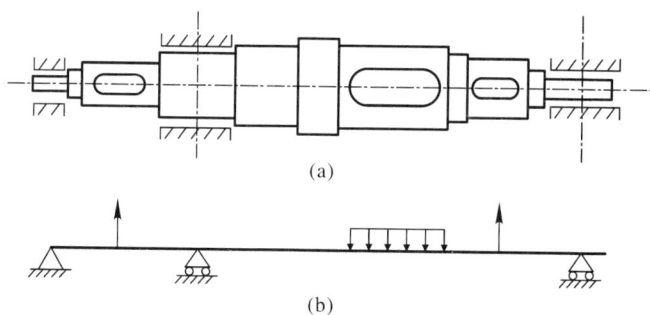

(a)

(b)

图　9.51

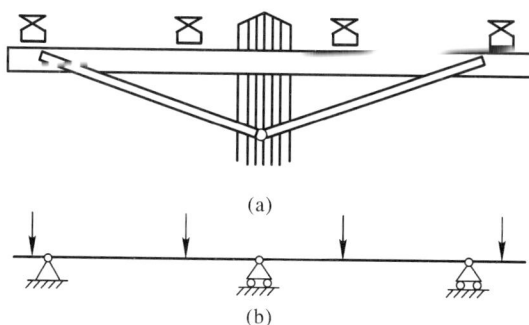

(a)

(b)

图　9.52

9.10.2　变形比较法求解超静定梁

超静定梁的求解,可将多余约束去掉,代之以约束力。去掉多余约束后的静定梁,称为原超静定梁的静定基。对于同一个超静定梁,可以选择不同的多余约束,去掉多余约束后,就得到不同的静定基。在静定基上画出全部外载荷,并在去掉多余约束处画出多余约束力,就得到了超静定梁的相当系统。查变形表比较外载荷和多余约束力在多余约束处的变形，即可解出多余约束力,使超静定梁求解。

【例 9 - 20】 图 9.53(a)所示为机床切削工件示意图,已知工件的 EI_z、l,车刀 C 在图示平面的分力为 F,试求工件的约束反力,并画出工件的弯矩图。

解 (1)建立工件的力学模型,如图 9.53(b)所示,工件的力学模型为超静定梁。

(2)去掉 B 端活动铰支座约束,所得悬臂梁为静定基,在静定基上画出外载荷 F 和多余约束力 F_B,得到如图 9.53(c)所示的相当系统。

(3)查变形表,比较 F 和 F_B 分别作用时 B 端的变形,因为 $w_B = 0$,所以得变形协调方程为

$$w_B = (w_B)_F + (w_B)_{F_B} = \frac{F(l/2)^2}{6EI_z}\left(3l - \frac{l}{2}\right) - \frac{F_B l^3}{3EI_z} = 0$$

解得

$$F_B = \frac{5F}{16}$$

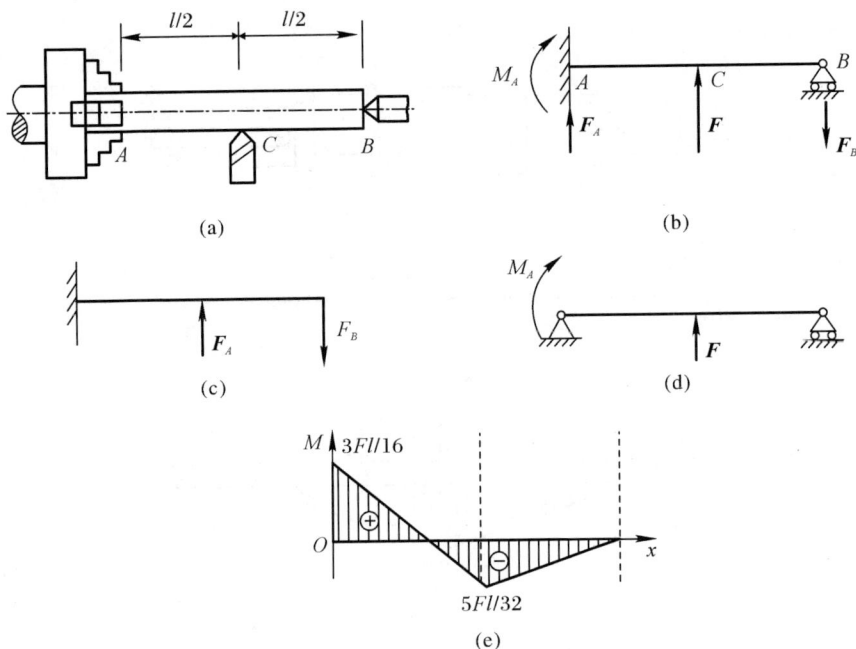

(a)

(b)

(c)

(d)

(e)

图 9.53

列平衡方程得

$$\sum F_y = 0, \quad F + F_A - F_B = 0$$

$$\sum M(F) = 0, \quad -M_A + F\frac{l}{2} - F_B l = 0$$

解得

$$F_A = -\frac{11F}{16}, \quad M_A = \frac{3Fl}{16}$$

（4）画工件弯矩图，如图 9.53（e）所示。若选取简支梁为静定基，建立图 9.53（d）所示的相当系统，因 $\theta_B = 0$，比较 A 端的变形得

$$\theta_A = (\theta_A)_F + (\theta_A)_{F_B} = \frac{Fl^2}{16EI_z} - \frac{M_A l}{3EI_z} = 0$$

$$M_A = \frac{3Fl}{16}$$

同理，列平衡方程也可求得

$$F_A = -\frac{11F}{16}, \quad F_B = \frac{5F}{16}$$

小　　结

1. 直梁平面弯曲

受力与变形特点是：外力沿横向作用于梁的纵向对称面内并与轴向垂直，梁的轴线弯成一条平面曲线。静定梁的常用力学模型是简支梁、外伸梁和悬臂梁。

2. 弯曲的内力——剪力和弯矩

梁上任一截面的剪力大小等于截面之左（或右）梁段上所有外力的代数和，弯矩大小等于截面之左（或右）梁段上所有外力对截面形心力矩的代数和。

3. 剪力图和弯矩图

剪力图和弯矩图是分析危险截面的重要依据，熟练、准确地绘制剪力图和弯矩图是本章的重点和难点。绘制剪力图和弯矩图的最基本方法是截面法。

4. 剪力、弯矩和载荷集度之间的微分关系

$$\frac{\mathrm{d}M(x)}{\mathrm{d}x} = Q(x), \quad \frac{\mathrm{d}^2 M(x)}{\mathrm{d}x^2} = \frac{\mathrm{d}Q(x)}{\mathrm{d}x} = q(x)$$

利用这种关系可绘制和校核剪力图和弯矩图，步骤如下。

（1）正确地求梁的约束力。

（2）分段。凡梁上有集中力、力偶作用点及载荷集度有变化的点，都作为分段的点。

（3）标值。计算各段起始点的剪力、弯矩值及弯矩图的极值点，并利用微分关系判断各段剪力、弯矩图的大致形状。

（4）连线。连成直线或光滑的抛物线。

5. 弯曲应力和强度计算

梁横截面上的正应力和弯矩有关，最大正应力发生在弯矩最大的截面上且距中性轴最远的边缘，计算公式为

$$\sigma = \frac{My}{I_z}, \quad \sigma_{\max} = \frac{M_{\max}}{W_z}$$

弯曲正应力强度准则为

$$\sigma_{\max} = \frac{M_{\max}}{W_z} \leqslant [\sigma]$$

6. 组合截面的惯性矩

由惯性矩的定义可知,组合截面的惯性矩就等于各简单图形面积对中性轴惯性矩的总和。

7. 弯曲切应力

梁横截面上的切应力与剪力有关,最大切应力发生在剪力最大的截面的中性层上。梁的弯曲切应力强度准则为

$$\tau_{max} \leqslant [\tau]$$

设计梁时,一般按正应力强度条件选择梁的截面,必要时再进行切应力强度计算。

8. 梁的变形和刚度计算

梁的变形用挠度 w 和转角 θ 度量。可通过积分法求出梁的挠曲线、转角方程,确定制定截面的挠度和转角;梁的变形和载荷为线性关系,可用叠加法求复杂载荷下梁的变形。

9. 超静定梁的求解

超静定梁可用静定基求解,静定基以约束力代替多余约束,且必须满足约束处的变形条件。

10. 提高梁的强度和刚度

可从增加约束、分散载荷、减小梁的跨度、合理选择截面形状等几方面入手,根据实际情况确定合适的方法。

▲ 拓展阅读

中国古代抗震建筑——应县木塔

在尼泊尔 8.1 级地震中,大量的文物古迹被损毁,令人痛心。但同时我们也能看到,中国的一些古建筑却经受住了地震的考验,例如山西应县木塔。我国古代建筑中有一些巧妙的建筑方法,或许在现代建筑中也可以吸收、借鉴。

应县木塔位于山西省朔州市应县,建于 1056 年,塔高 67.3 m,底层直径 30.3 m,是世界上现存的唯一的最古老、最高大的纯木结构楼阁式建筑。全塔结构上没用一颗铁钉,全靠木结构和 54 种斗拱卯榫咬合、叠垒而成,堪称世界古木建筑的典范。木塔曾经历 1626 年灵丘 7 级地震,身处 7 度区而毫发无损。

山西应县木塔的斗拱多达 54 种。由于斗拱系统本身是由若干小木料,即斗、拱等榫接在一起的,相当于许多小型的悬臂,它们能够调整倾角、平衡弯矩,因此在受到地震、炮击等异常振动时,通过斗拱榫卯间的摩擦、错位,可以消耗掉外来的巨大能量,使得木塔具有较好的抗震、抗冲击性能。

木构架的用材具有柔性,有一定的变形能力,构架的全部节点又都使用木榫,不是刚接,这就保证了建筑物的刚度协调,比较符合抗震要求,使整个木塔的地震荷载大为降低,起到抗震的作用。

习 题 九

一、填空题

1.直梁弯曲的受力特点是:直梁受到_____作用,变形的特点是梁的轴线_____。

2.梁上各截面纵向对称轴构成的平面称为_____。梁上外力沿横向作用在该平面内,梁的轴线将弯成一条_____。

3.梁的力学模型是通过用梁的_____来代替梁,简化梁的_____和_____所画出的平面图形。静定梁的基本力学模型分为_____梁、_____梁和_____梁三种形式。

4.梁弯曲时的内力有_____于截面的剪力和_____于截面的弯矩。在图 9.54 所示的梁段的两端截面上,按剪力与弯矩的正负规定表示出该梁段两端面的剪力和弯矩。

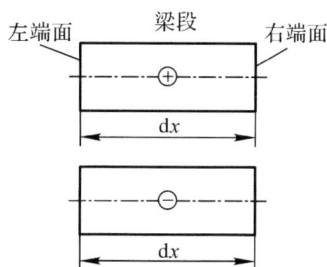

图 9.54

5.由截面法求梁的内力可以得出求剪力和弯矩的简便方法为:

剪力 $Q(x)$ 等于 x 截面左(或右)段梁上所有_____的代数和。左段梁上向_____或右段梁上向_____的外力产生正值剪力,反之产生负值剪力,简述为_____为正。

弯矩 $M(x)$ 等于 x 截面左(或右)段梁上所有_____对_____力矩的代数和。左段梁上_____转向或右段梁上_____转向的外力矩产生正值弯矩,反之产生负值弯矩,简述为_____为正。

6.把梁各截面的剪力或弯矩表示成_____的函数,称为梁的剪力方程或弯矩方程。

7.建立梁的剪力方程或弯矩方程时,需要以梁的一端为坐标原点,沿梁的轴线方向建立 x 坐标,任意 x 截面的剪力值或弯矩值就表示成_____的函数。画出剪力方程或弯矩方程的函数曲线,把曲线与_____围成的面积称为剪力图或弯矩图。

8.任意一个 x 截面可以把梁分为_____段。建立梁的剪力方程 $Q(x)$ 或弯矩方程 $M(x)$ 时,x 截面不能取在_____或_____作用点的截面上。

9.画剪力图 $Q(x)$、弯矩图 $M(x)$ 的简便方法是:

(1)无外力作用的梁段上,剪力图是_____,求出任一截面的剪力,可画出剪力图;弯矩图是_____,确定该梁段两端临近截面的弯矩,可画出弯矩图。

(2)均布载荷作用的梁段上,剪力图是_____,确定该梁段两端临近截面的剪力,可画出剪力图;弯矩图是_____,方向与_____同向,确定该梁段两端临近截面和剪力为零截面的弯矩值,可描出弯矩图。

（3）集中力作用处,剪力图有_____,大小等于_____,方向与_____同向;弯矩图有_____,集中力两侧临近截面弯矩值_____。

（4）集中力偶作用处,剪力图_____;弯矩图有_____,大小等于_____,方向_____突变。

（5）最大弯矩 $|M|_{max}$ 可能发生在_____、_____作用的截面上或均布载荷作用时剪力等于_____的截面上。

10.弯矩方程 $M(x)$、剪力方程 $Q(x)$ 和载荷集度 $q(x)$ 之间存在的微分关系是_____;_____。

11.由微分关系可知:弯矩图曲线上某点的斜率等于该点处截面的_____值;弯矩图二次曲线的最大弯矩通常发生在剪力等于_____的截面处。剪力图曲线上某点的斜率等于该点处截面的_____。

12.由微分关系也可以推知:任意 x 截面的弯矩值等于 $0\sim x$ 梁段上_____面积与 $0\sim x$ 梁段上_____的代数和。

13.发生弯曲变形的梁截面上,既有_____,又有_____,这种变形称为横力弯曲（或剪切弯曲）;没有_____,只有_____,这种变形称为纯弯曲。

14.梁纯弯曲时,从实验观察和平面假设可以推知:梁的横截面绕_____转动了一个角度,使任意两截面间的_____伸长或缩短,梁内有一层既不伸长又不缩短的_____,称为_____。梁截面上有_____应力。

15.中性轴是_____与_____的交线,必通过截面的_____。

16.梁的正应力分布公式表示,截面上任意点的应力与该点到_____的距离成正比。中性轴上各点的应力为_____,$|\sigma|_{max}$ 发生在截面的_____。

17.梁截面上任意点上的应力与截面对中性轴的惯性矩成_____比例关系;惯性矩的单位是_____。

18.圆截面的惯性矩 $I_z=$_____,抗弯截面系数 $W_z=$_____;矩形截面的惯性矩 $I_z=$_____,抗弯截面系数 $W_z=$_____。

19.进行梁的正应力强度计算时,必须求出全梁的最大应力,全梁的最大应力一般发生在_____截面的_____点上。

20.截面面积对某轴的一次矩称为_____,等于截面_____与_____的乘积。

21.截面面积对某轴的二次矩称为_____,其单位为_____。

22.若把惯性矩表示为截面面积 A 与某一长度平方的乘积,即 $I_z=Ai_z^2$,则这一长度 i_z 就称为截面对_____轴的_____。直径为 d 的圆形截面的 $i_z=$_____;宽度 b,高为 h 的矩形截面的 $i_z=$_____。

23.由平行移轴定理可知,截面对形心以外某轴的惯性矩等于_____的惯性矩加上_____与_____的乘积。

24.组合截面的惯性矩,等于各简单图形对截面中性轴惯性矩的_____。

25.由梁的正应力强度准则可知,提高梁的弯曲强度可从降低＿＿＿＿＿＿＿＿、提高＿＿＿＿＿＿＿＿两方面采取措施。

26.简支梁受集中力作用时,要尽量避免把集中力作用在跨长的＿＿＿＿＿＿＿位置上,可以降低＿＿＿＿＿＿＿,提高梁的弯曲强度。

27.将传动轮靠近轴承安装,是为了降低＿＿＿＿＿,提高梁的弯曲强度。

28.当梁的材料是低碳钢时,通常选用上、下＿＿＿＿＿＿＿的截面形状;当梁的材料是铸铁时,通常选用上、下＿＿＿＿＿＿＿的截面形状。

29.直梁平面弯曲变形时,梁的截面形心产生了＿＿＿＿＿,称为＿＿＿＿＿＿＿;梁的截面绕＿＿＿＿＿转动了一个角度,称为＿＿＿＿＿＿＿。梁的轴线由原来的直线弯成了一条＿＿＿＿＿＿＿,称为＿＿＿＿＿。

30.梁的两个基本变形量是＿＿＿＿＿和＿＿＿＿＿,其正负规定为:截面形心位移向＿＿＿＿＿＿＿,挠度为正,反之为负;截面＿＿＿＿＿时针转动,转角为正,反之为负。

31.当梁上同时作用几种载荷时,梁任一截面产生的变形等于各个载荷＿＿＿＿＿作用时该截面变形的＿＿＿＿＿,这种求梁变形的方法称为＿＿＿＿＿。

32.梁弯曲变形的刚度准则是＿＿＿＿＿、＿＿＿＿＿。

33.约束力能用静力学平衡方程全部求解的梁,称为＿＿＿＿＿;约束力不能用静力学平衡方程全部求解的梁,称为＿＿＿＿＿。

34.求解超静定梁时,需要去掉多余约束,得到一个静定梁,称为＿＿＿＿＿;在其上作用已知外力和多余约束力后,比较它们的变形,并列出补充方程,然后求解出全部约束力的方法称为＿＿＿＿＿法。

二、选择题

1.图 9.55 所示为一简支梁,已知作用有集中力 F、集中力偶 M 和约束力 F_A、F_B,截面 1—1 的剪力和弯矩计算正确的是（　　）。

A.$Q_1 = F_A + F$,$M_1 = F_A x + M - Fx$

B.$Q_1 = F_B$,$M_1 = F_B(l-x)$

C.$Q_1 = F_A - F$,$M_1 = F_A x + M - F(x-a)$

D.$Q_1 = -F_B$,$M_1 = -F_B(l-x)$

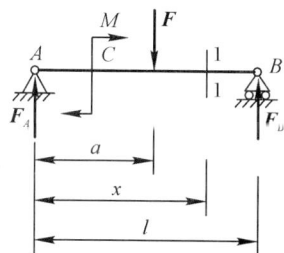

图　9.55

2.如图 9.56 所示梁的作用力和约束力已给出,用弯矩、剪力和载荷集度的微分关系,从题图(a)~(f)中找出与梁对应的剪力图和弯矩图。

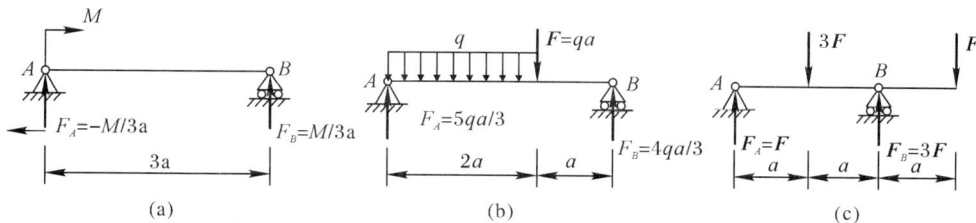

图　9.56

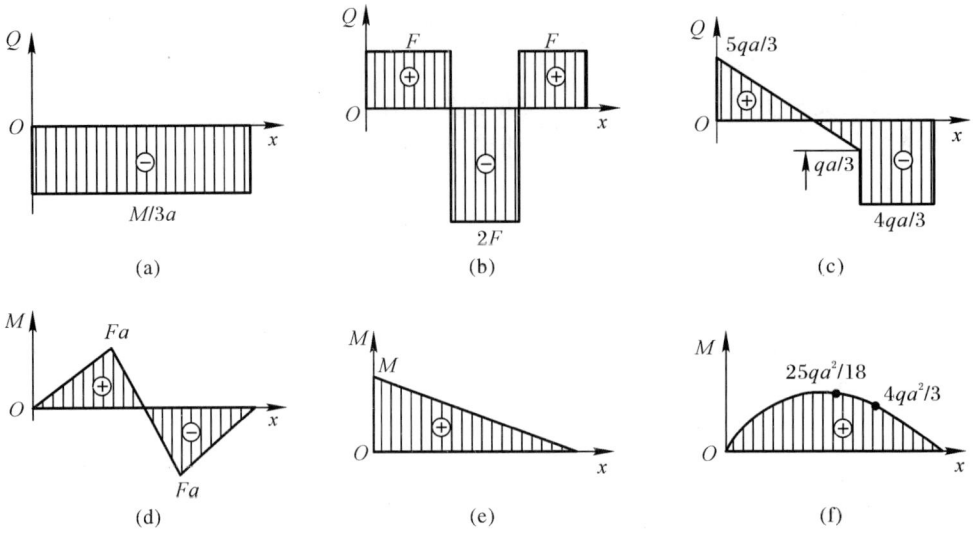

(a)   (b)   (c)

(d)   (e)   (f)

(1)图 9.56(a)所示梁的剪力图为( )，弯矩图为( )。

(2)图 9.56(b)所示梁的剪力图为( )，弯矩图为( )。

(3)图 9.56(c)所示梁的剪力图为( )，弯矩图为( )。

3.直梁弯曲的正应力公式是依据梁的纯弯曲推出的，可以应用于横力弯曲的强度计算，是因为横力弯曲时梁的横截面上( )。

A.有切应力，无正应力

B.无切应力，只有正应力

C.既有切应力又有正应力，但切应力对正应力无影响

D.既有切应力又有正应力，切应力对正应力的分布影响很小，可忽略不计

4.图 9.57 中，与梁横截面弯矩 M 相对应的应力分布图是( )；截面弯矩为正值的应力分布图是( )；截面弯矩为负值的应力分布图是( )；应力分布图有错的是( )。

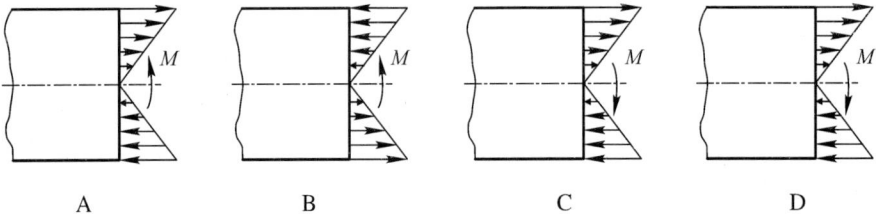

A   B   C   D

图 9.57

5.梁弯曲时横截面的中性轴，就是梁的( )与( )的交线。

A.纵向对称面   B.横截面   C.中性层   D.上表面

6.梁的合理截面形状依次是( )。

A.矩形   B.圆形   C.圆环形   D.工字形

7.减小梁的最大弯矩，可通过( )来实现。

A.减小梁的载荷   B.集中力靠近于支座

C.集中力分散作用   D.简支梁支座向梁内移动

8.如图 9.58 所示,铸铁支座采用 T 形截面,受力 **F** 作用,截面安放合理的是(　　)。

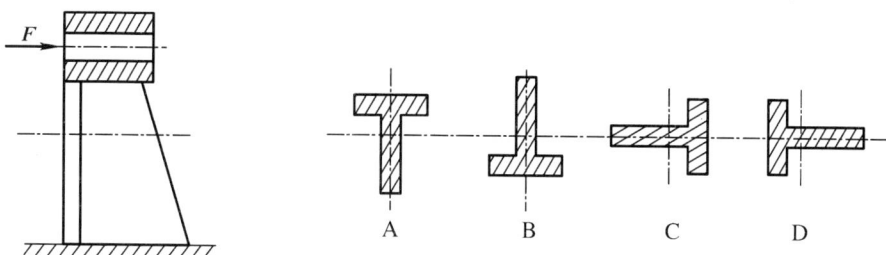

图　9.58

9.梁的抗弯刚度是(　　);圆轴的抗扭刚度是(　　);杆件的抗拉(压)刚度是(　　);梁的刚度准则是(　　)。

A.EA　　　　　　　B.GI_p　　　　　　　C.GI_z　　　　　　　D.$w_{max} \leqslant [w]$

10.用叠加法求梁的变形,需要满足的前提条件是(　　)。

A.等截面　　　　　B.小变形　　　　　C.纯弯曲　　　　　D.材料满足胡克定律

11.提高梁的抗弯刚度,可通过(　　)来实现。

A.选择优质材料　　　　　　　　　B.选择合理截面形状

C.减少梁上作用的载荷　　　　　　D.合理安置梁的支座,减小梁的跨长

12.矩形截面梁的高宽比 $h/b = 2$,把梁竖放安置和平放安置时,梁的惯性矩之比 $I_竖/I_平 =$ (　　);抗弯截面系数之比 $W_竖/W_平 = $(　　)。

A.4　　　　　　　B.2　　　　　　　C.1/4　　　　　　　D.1/2

13.同一种材料分别制成的实心圆形截面和空心圆形截面梁,只要两梁的(　　)相同,实心圆形截面梁就比空心圆形截面梁的弯曲承载能力强;如果两梁的(　　)相同,则实心圆形截面梁就比空心圆形截面梁的弯曲承载能力差。

A.截面外径 D　　　B.截面面积 A　　　C.截面高度 h　　　D.跨长 l

三、作图及计算

1.如图 9.59 所示,求各梁指定截面的剪力和弯矩。

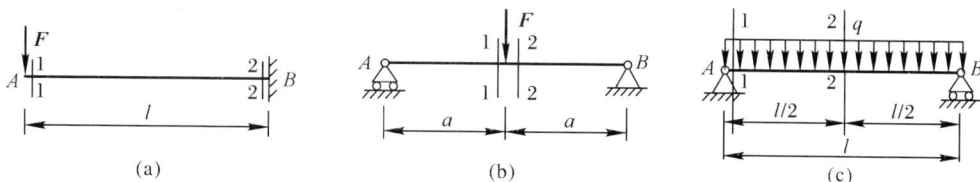

(a)　　　　　　　　　　(b)　　　　　　　　　　(c)

图　9.59

2.图 9.60 所示为一悬臂梁,建立梁的剪力、弯矩方程,并画出梁的剪力图、弯矩图。

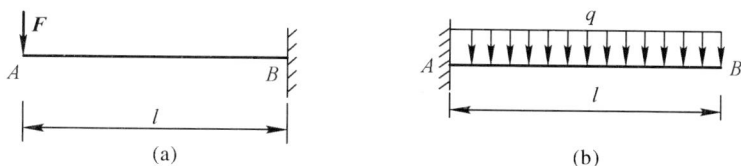

(a)　　　　　　　　　　　　　　(b)

图　9.60

3.用画剪力图和弯矩图的简便方法,画出图 9.61 所示梁的剪力图、弯矩图。

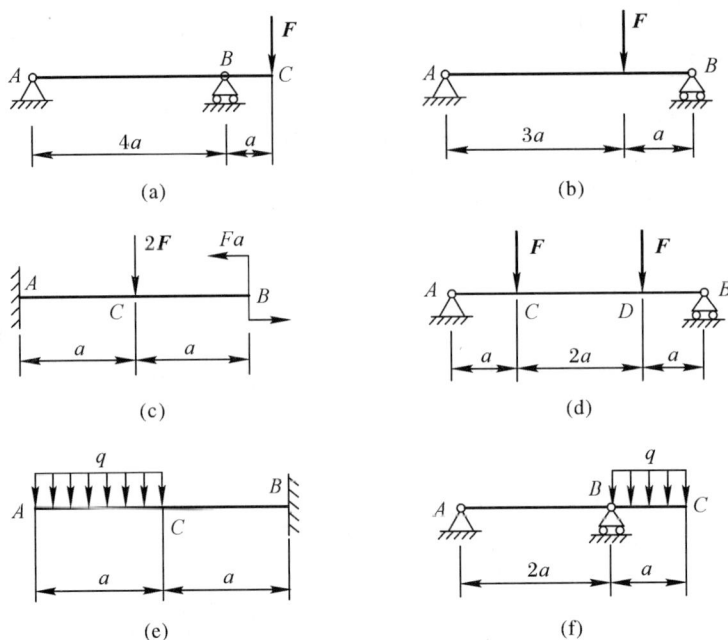

图 9.61

4.画出图 9.62 所示梁的剪力图和弯矩图。

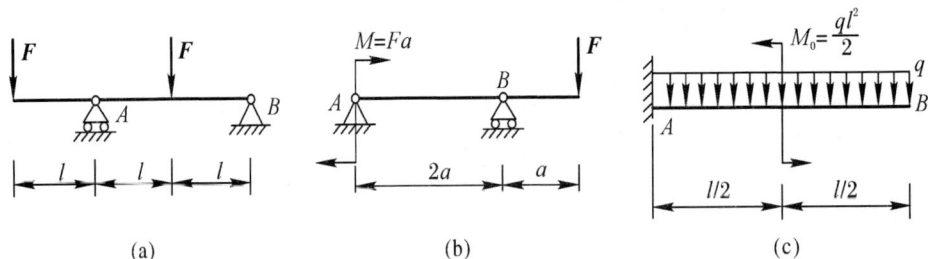

图 9.62

5.如图 9.63 所示,简支梁 AB 采用的矩形截面木料 $b \times h = 120 \times 200$ mm^2,跨长 $l = 4$ m,在梁的中点 C 处施加作用力 $F = 5$ kN,求:(1)梁的 C 截面上 $y_a = 80$ mm 处的应力;(2)若该木料的许用应力$[\sigma] = 7$ MPa,试校核梁的强度。

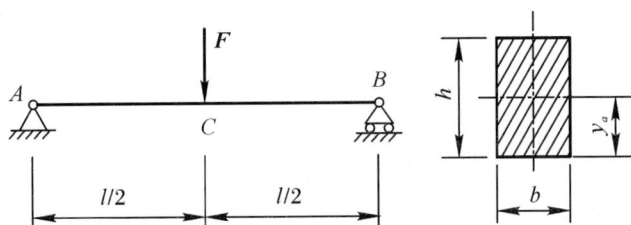

图 9.63

6.如图 9.64 所示,简支梁采用无缝钢管,已知外径 $D = 40$ mm,内径 $d = 20$ mm,梁的跨长 $l = 2$ m,许用应力$[\sigma] = 170$ MPa,求梁所能容许的最大均布载荷$[q]$。

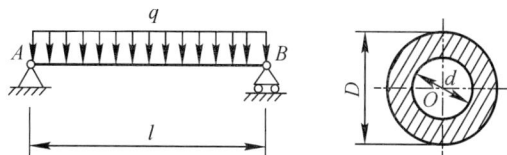

图 9.64

7. 分别表示出图 9.65 中所示的各截面对中性轴的惯性矩 I_z 和抗弯截面系数 W_z。

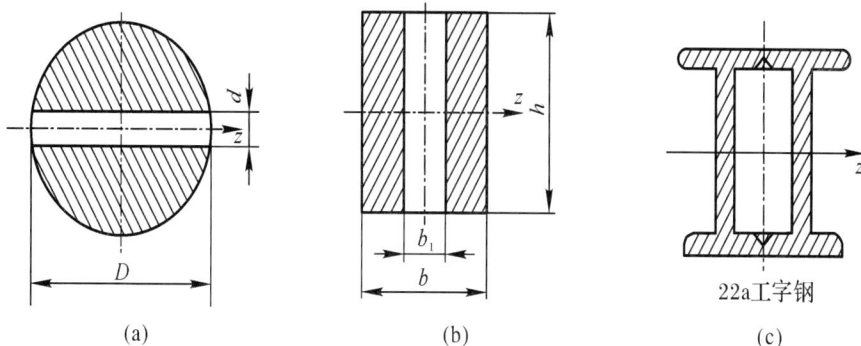

(a)   (b)   (c)

图 9.65

8. 铸铁梁的 T 形截面如图 9.66 所示,已知:形心坐标 $y_C = 26.7$ mm,试计算截面对中性轴的惯性矩 I_z 和截面上、下边缘的抗弯截面系数 W_z。

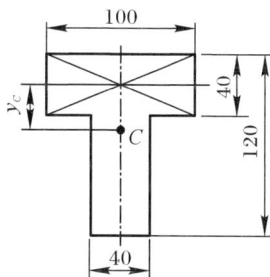

图 9.66

9. 如图 9.67 所示为桥式起重机大梁,梁的跨长 $l = 8$ m,材料为 Q235,$[\sigma] = 160$ MPa,电葫芦重 $F = 6$ kN,梁的最大吊重 $G = 60$ kN,试按弯曲正应力强度准则为梁选择工字钢型号。

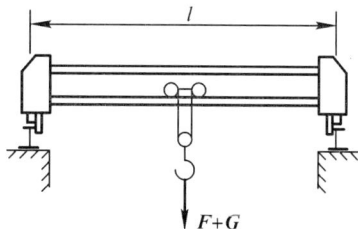

图 9.67

10. 图 9.68 所示为轧钢机滚道升降台简图,钢坯 D 重 G,在升降台 AC 梁上可从 A 移动到 C,欲使钢坯在任何位置时梁的最大应力值为最小,试确定支座 B 的安转位置 x。

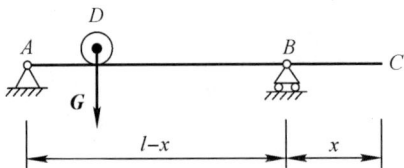

图 9.68

11. 图 9.69 所示为桥式起重机大梁 AB，原设计其最大吊重量为 100 kN，现需起吊 150 kN 重的设备，采用图示方法，试求 x 的最大值等于多少才能吊起设备（提示：只考虑弯曲正应力强度）？

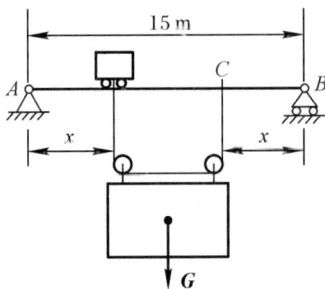

图 9.69

12. 用叠加法求图 9.70 所示的 AB 梁的最大挠度和最大转角（提示：简支梁用中点挠度代替最大挠度）。

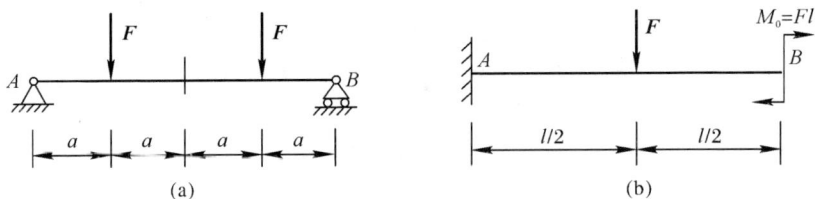

图 9.70

13. 图 9.71 所示的简支梁由两槽钢组成，弹性模量 $E = 200$ GPa，梁跨 $l = 4$ m，作用载荷 $q = 10$ kN/m，许用相对挠度 $[w] = l/400$，试按刚度设计准则为梁选择槽钢型号。

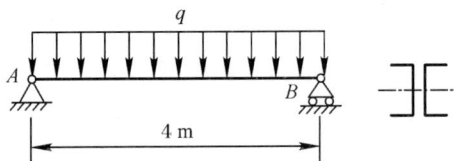

图 9.71

14. 用变形比较法计算图 9.72 所示的简单超静定梁的约束力。

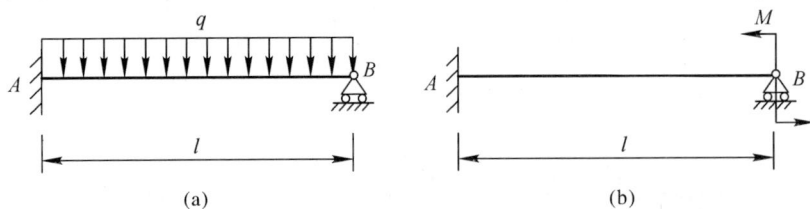

图 9.72

第 10 章　应力状态与强度理论

10.1　应力状态概念

前面在研究杆件轴向拉（压）、扭转、弯曲时的应力时，主要是按横截面上的应力，并依据杆件的最大应力而建立相应的强度条件。然而，在工程实际中仅应用这样的强度条件来解决问题还远远不够。例如，铸铁试样的压缩破坏是沿与轴线大约成45°的斜截面发生断裂，这是由于在与轴线大约成45°的斜截面上存在最大的切应力；又如，飞机螺旋桨工作时受拉又受压（见图 10.1），其危险点同时具有较大的正应力和切应力，因此轴的破坏是由这两种应力共同作用的结果。

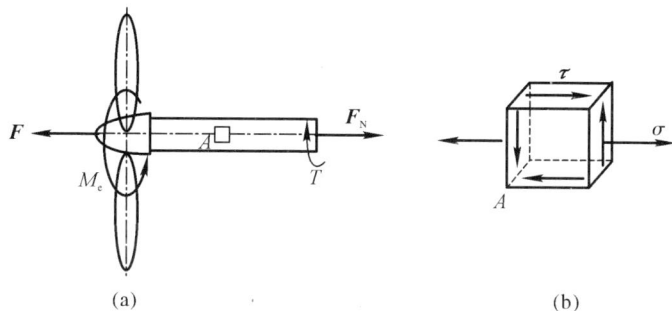

图　10.1

要解决杆件的强度问题，除应全面研究危险点处各截面的应力外，还应研究材料在复杂应力作用下的破坏规律。

由拉（压）杆斜截面的应力计算公式可知，杆件轴向拉（压）时，横截面上只有正应力，而在斜截面上既有正应力又有切应力（见图 10.2）；同样，圆轴扭转或梁弯曲时，其斜截面上也有正应力和切应力，并会随着斜截面方位的不同而变化。

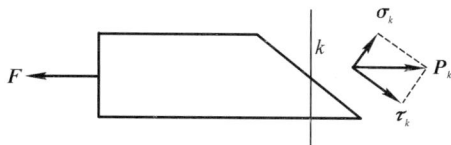

图　10.2

一般来说,受力杆件内在同一点不同方位的斜截面上,应力的大小和方向都是彼此不同的。因此,要研究杆件的强度问题,必须了解杆件内一点的应力状态。所谓杆件内一点的应力状态,就是指杆件受力后,杆件内某一点的各个截面上的应力情况。

为了表示杆件内一点的应力状态,通常采用截面法围绕该点切取出一个微小的正六面体或称为单元体。由于单元体的几何尺寸很小,因此认为在单元体各个面上的应力都是均匀分布的,而且在单元体的三个互相平行的面上的应力是相等的。一般情况下,在单元体各个面上均有正应力和切应力。

以受力产生纯弯曲的杆件[见图10.3(a)]为例,欲知杆件内某一点 A 的应力状态,则围绕该点切取一个单元体[见图10.3(b)]。该单元体的左、右两面皆为杆件横截面的一部分,其中一对平行面上的正应力可按弯曲正应力公式 $\sigma = \dfrac{M}{I_z}y$ 求得;而单元体的另两对平面都平行于杆件的轴线,并且没有应力,这样就可简化为由一个正应力 σ 作用于一点的平面投影图来表示该点的应力状态[见图10.3(c)]。

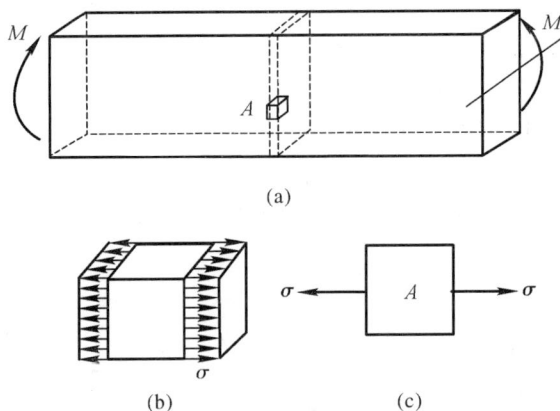

(a)

(b)　　　　　(c)

图　10.3

再以受力产生扭转变形的圆轴为例,围绕其表面任意一点 A,用一对横截面、一对径向截面和一对同轴圆柱体面来切取一单元体[见图10.4(a)]。按照扭转圆轴横截面切应力计算公式和切应力互等定理得出单元六个面上的应力[见图10.4(b)],即表示圆轴扭转时表面任意一点 A 的应力状态。由于该单元体也有一对平行于轴线的平面没有应力,因此用一简化的平面投影图来表示点 A 的应力状态[见图10.4(c)]。

由以上二例切取的单元体可以看出,单元体所受应力均处于同一平面内,故称为**平面应力状态或二向应力状态**。对于只受一个方向正应力作用的,则称为**单向应力状态**;而只受切应力作用的,则称为纯切应力状态。另外,还可以看出围绕一点所切取的单元体的一些面上,只有正应力而没有切应力,或既没有正应力也没有切应力,像这种切应力等于零的面称为**主平面**。作用在主平面上的正应力称为**主应力**。一般来说,围绕受力构件上任意一点总可以找到三对相互垂直的主平面,即每一点都有三个主应力。在三个主应力中,总有一个是最大的,一个是最小的。这三个主应力通常用 σ_1、σ_2、σ_3 表示,并按照它们的代数值的大小顺序排列,即 $\sigma_1 > \sigma_2 > \sigma_3$。一点的应力状态常用该点的三个主应力来表示。

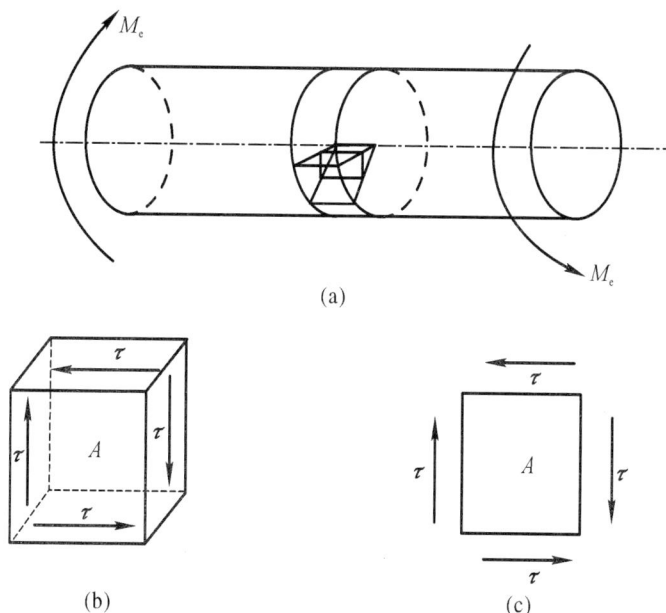

(a)

(b)　　　　　　　　　　　　　　(c)

图　10.4

　　构件的受力情况不同,其各点的应力状态也不一样。按照主应力数值可把一点的应力状态划分为三类:

　　(1)单向应力状态:只有一个主应力数值不等于零的应力状态就是单向应力状态,如轴向拉(压)杆件上的各点,以及纯弯曲直杆中轴线以外各点的受力情况等。

　　(2)二向应力状态:两个主应力数值不等于零的应力状态就是二向应力状态,或称为平面应力状态,如横向弯曲直杆中轴线以外各点的受力情况等。

　　(3)三向应力状态:三个主应力数值都不等于零的应力状态就是三向应力状态,或称为空间应力状态,如轴承中滚珠与外圈接触点或铁道中车轮与铁轨接触点[见图 10.5(a)]的受力情况[见图 10.5(b)]等。

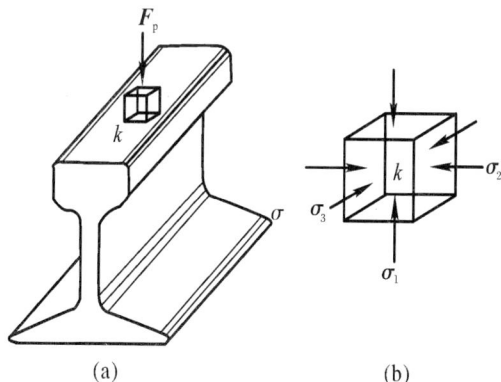

(a)　　　　　　　　　　　　　　(b)

图　10.5

　　单向应力状态通常又称为简单应力状态,二向和三向应力状态则统称为复杂应力状态。由于二向应力状态在工程中较为常见,因此本章主要针对二向应力状态进行分析。

10.2 二向应力状态分析

10.2.1 微元体斜截面上的应力

当单元体三对平行面上的应力已经确定时,欲求受力构件某个斜面上的应力,可用一假想的截面从所考察的斜面处将其切为两部分,然后分析其中一部分的平衡。如有一处于平面应力状态的单元体[见图 10.6(a)],应力 σ_x、τ_x、σ_y、τ_y 作用在同一平面内,这是二向应力状态最一般的情形。现在来研究二向应力状态下如何确定一点的主应力及其主平面。

首先,在上述单元体上建立一直角坐标系[见图 10.6(b)],其坐标轴分别与相互垂直的平面的法线相重合。欲求任意一斜面上的应力,斜截面 ef 的外法线 n 与轴 x 成 α 角,斜截面上的正应力和切应力分别用 σ_α 和 τ_α 表示。规定 α 角的正负是由轴 x 正向转到外法线 n 为逆时针转向时为正,反之为负;规定正应力 σ 的符号与前相同;而规定切应力 τ 的正负以其使单元体或切开部分产生顺时针转动趋势时为正,反之为负。按照以上规定,图 10.6(a)中应力 σ_x、σ_y、τ_x 均为正,应力 τ_y 为负。

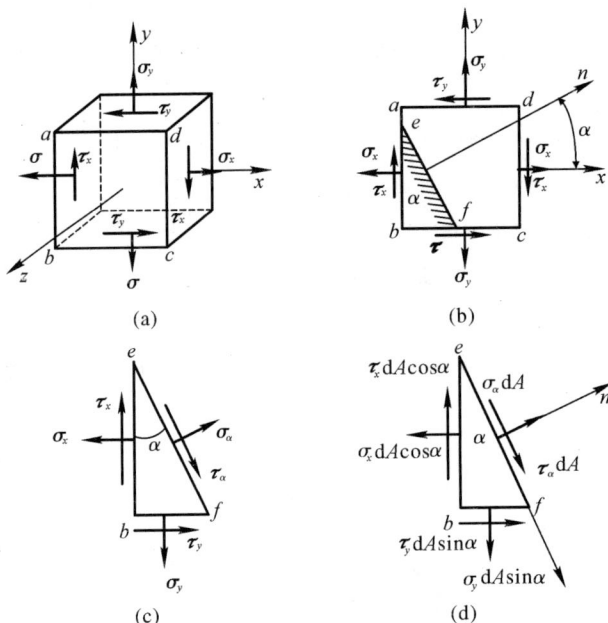

图 10.6

采用截面法沿斜截面 ef 假想地将单元体切为两部分,并取左边部分 efb 为研究对象[见图 10.6(c)]。设该斜截面 ef 的面积为 dA,并设其上的应力 σ_α 和 τ_α 均为正。这样,考虑保留部分 efb 的力的平衡情况[见图 10.6(b)],写出沿斜面法向和切向的平衡方程,即

$$\sum F_n = 0$$

$$\sigma_\alpha dA + (\tau_x dA\cos\alpha)\sin\alpha - (\sigma_x dA\cos\alpha)\cos\alpha + (\tau_y dA\sin\alpha)\cos\alpha - (\sigma_y dA\sin\alpha)\sin\alpha = 0$$

$$\sum F_\tau = 0$$

$$\tau_a dA - (\tau_x dA\cos\alpha)\cos\alpha - (\sigma_x dA\cos\alpha)\sin\alpha + (\sigma_y dA\sin\alpha)\cos\alpha + (\tau_y dA\sin\alpha)\sin\alpha = 0$$

利用三角公式,将上面的式子整理后可得到任意斜截面上的正应力 $\boldsymbol{\sigma}_a$ 和切应力 $\boldsymbol{\tau}_a$ 的计算公式

$$\sigma_a = \frac{\sigma_x + \sigma_y}{2} + \frac{\sigma_x - \sigma_y}{2}\cos2\alpha - \tau_x\sin2\alpha \tag{10-1}$$

$$\tau_a = \frac{\sigma_x - \sigma_y}{2}\sin2\alpha + \tau_x\cos2\alpha \tag{10-2}$$

在计算时,式中各量均以代数值代入。式(10-1)和式(10-2)表明:σ_a 和 τ_a 都是 α 的函数,即任意斜截面上的正应力 σ_a 和切应力 τ_a 随截面方位的改变而变化。式(10-1)和式(10-2)适用于所有二向应力状态。

10.2.2　主应力和主平面的确定

1. 主平面方位的计算

由主平面的定义可知,切应力为零的平面即为主平面。设在 $\alpha = \alpha_0$ 斜面上切应力 $\tau_{a_0} = 0$,由式(10-2),得

$$\tau_{a_0} = \frac{\sigma_x - \sigma_y}{2}\sin2\alpha_0 + \tau_x\cos2\alpha_0$$

由此得

$$\tan2\alpha_0 = -\frac{2\tau_x}{\sigma_x - \sigma_y} \tag{10-3}$$

式(10-3)即为确定主平面方位的计算公式。由式(10-3)可以求出相差90°的两个角度 α_0 和 α_0',即确定两个相互垂直的主平面,其中一个是最大主应力所在平面,另一个是最小主应力所在平面(见图10.7)。

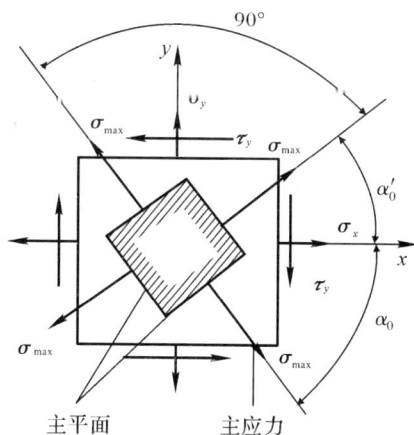

图　10.7

2. 主应力的计算

计算出主平面的方位 α_0 和 α_0' 后,将其代入式(10-1),便可以得到最大和最小主应力的计算公式:

$$\left.\begin{array}{c}\sigma_1=\sigma_{\max}\\\sigma_2=\sigma_{min}\end{array}\right\}=\frac{\sigma_x+\sigma_y}{2}\pm\sqrt{\left(\frac{\sigma_x-\sigma_y}{2}\right)^2+\tau_x} \tag{10-4}$$

由式(10-4)求得的两个极值应力若都是正值,按照主应力符号的规定,用 $\boldsymbol{\sigma}_1$ 和 $\boldsymbol{\sigma}_2$ 表示;若求得的两个极值应力一个是正值,而另一个是负值,就用 $\boldsymbol{\sigma}_1$ 和 $\boldsymbol{\sigma}_3$ 表示;若两个都是负值,则用 $\boldsymbol{\sigma}_2$ 和 $\boldsymbol{\sigma}_3$ 表示。进而将式(10-4)中的两式相加,可得

$$\sigma_{\max}+\sigma_{\min}=\sigma_x+\sigma_y \tag{10-5}$$

式(10-5)表明,单元体两个相互垂直的面上的正应力之和为一定值,因此式(10-5)可用来检验主应力计算的正确性。

【例 10-1】 围绕受力构件上某一点处切取出的单元体的应力状态如图 10.8(a)所示,试求:

(1)该点处 $\alpha=30°$ 斜截面上的应力;

(2)该点的主应力和主平面,并在单元体上标出。

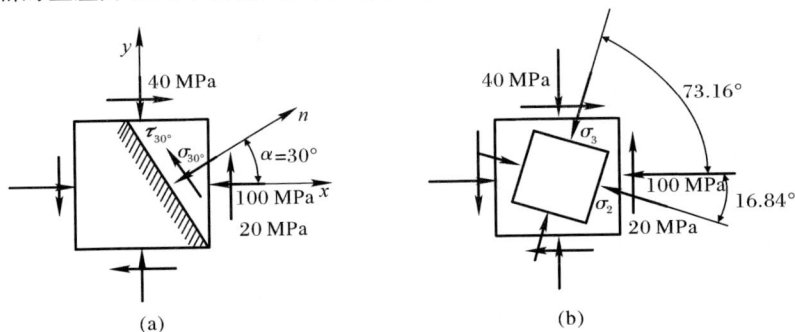

图 10.8

解 (1)计算 $\alpha=30°$ 的斜截面上的应力。由图 10.8(a)可知 $\sigma_x=-100\,\text{MPa}$,$\tau_x=-20\,\text{MPa}$,$\sigma_y=-40\,\text{MPa}$,将其代入式(10-1)和(10-2),得

$$\begin{aligned}\sigma_a&=\frac{\sigma_x+\sigma_y}{2}+\frac{\sigma_x-\sigma_y}{2}\cos2\alpha-\tau_x\sin2\alpha\\&=\left[\frac{-100\times10^6+(-40\times10^6)}{2}+\frac{-100\times10^6-(-40\times10^6)}{2}\cos60°-(-20\times10^6)\sin60°\right]\text{Pa}\\&=-67.68\,\text{MPa}\end{aligned}$$

$$\begin{aligned}\tau_a&=\frac{\sigma_x-\sigma_y}{2}\sin2\alpha+\tau_x\cos2\alpha\\&=\left[\frac{(-100\times10^6)-(-40\times10^6)}{2}\sin60°+(-20\times10^6)\cos60°\right]\text{Pa}\\&=-35.9\,\text{MPa}\end{aligned}$$

(2)计算主应力和主平面。由式(10-4)可得

$$\begin{aligned}\left.\begin{array}{c}\sigma_1=\sigma_{\max}\\\sigma_2=\sigma_{\min}\end{array}\right\}&=\frac{\sigma_x+\sigma_y}{2}\pm\sqrt{\left(\frac{\sigma_x-\sigma_y}{2}\right)^2+\tau_x}\\&=\left[\frac{-100\times10^6-40\times10^6}{3}\pm\sqrt{\left(\frac{-100\times10^6+40\times10^6}{2}\right)^2+(-20\times10^6)^2}\right]\text{Pa}\\&=\begin{cases}-34\,\text{MPa}\\-106\,\text{MPa}\end{cases}\end{aligned}$$

将三个主应力按标号规定而将代数值排序,即为

$$\sigma_1 = 0, \quad \sigma_2 = -34 \text{ MPa}, \quad \sigma_3 = -106 \text{ MPa}$$

用式(10-5)检验之,即

$$\sigma_{\max} + \sigma_{\min} = [-106 \times 10^6 + (-34 \times 10^6)] \text{ Pa} = -140 \text{ MPa}$$

$$\sigma_x + \sigma_y = [-100 \times 10^6 + (-40 \times 10^6)] \text{ Pa} = -140 \text{ MPa}$$

表明计算结果正确。由主平面方位角计算式(10-3),有

$$\tan 2\alpha_0 = -\frac{2\tau_x}{\sigma_x - \sigma_y} = \frac{2 \times (-20 \times 10^6)}{(-100 \times 10^6) - (-40 \times 10^6)} = -\frac{2}{3}$$

解得

$$\alpha_0 = -16.84°, \quad \alpha_0' = \alpha_0 + 90° = 73.16°$$

构件上某一点的主应力状态如图 10.8(b)所示。

【例 10-2】　圆轴受扭转时,其表面上任意一点的应力状态为纯剪切,如图 10.9(a)所示,试求其主应力大小和主平面方位,并由此分析铸铁扭转破坏现象。

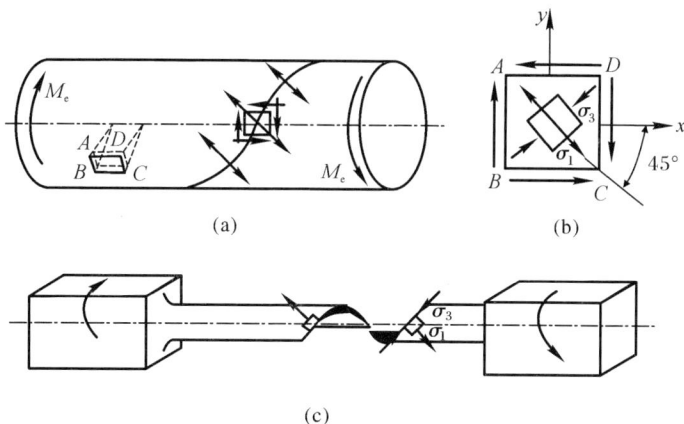

图　10.9

解　圆轴扭转时,横截面上外缘处的切应力最大,其值为 $\tau = \dfrac{T}{W_p} = \dfrac{M_e}{W_p}$。从圆轴表面截取一点并画出其单元体,如图 10.9(b)所示,单元体各面上应力 $\sigma_x = 0, \sigma_y = 0, \tau_x = -\tau_y = \tau$,将应力代入式(10-4)和式(10-3),得

$$\left.\begin{array}{l}\sigma_1 = \sigma_{\max}\\\sigma_2 = \sigma_{\min}\end{array}\right\} = \frac{\sigma_x + \sigma_y}{2} \pm \sqrt{\left(\frac{\sigma_x - \sigma_y}{2}\right)^2 + \tau_x^2} = \pm\tau$$

$$\tan 2\alpha_0 = -\frac{2\tau_x}{\sigma_x - \sigma_y} = -\infty$$

$$\alpha_0 = -45°, \alpha_0' = -45° + 90° = 45°$$

计算结果表明,从 x 轴的正方向量起,按顺时针方向转45°确定主应力 $\sigma_{\max}$ 所在的主平面,按逆时针方向转45°确定主应力 $\sigma_{\min}$ 所在的主平面。于是有 $\sigma_1 = \tau, \sigma_2 = 0, \sigma_3 = -\tau$。

由此可见,对于扭转圆轴这种具有纯剪切应力状态的点,它的两个主应力绝对值相等,且等于切应力 τ。

铸铁试样扭转变形是:表层各点的最大主应力 σ_1 所在的主平面连成倾角为45°的螺旋。由于铸铁材料的抗拉强度较抗剪强度差,所以沿这一螺旋面因 σ_{max} 引起拉伸而断裂,形成与轴线成45°的螺旋断口,如图 10.9(c)所示。

10.3 广义胡克定律

由前面的学习可知,杆件在单向拉伸或压缩时,应力与应变的关系在弹性范围内是 $\varepsilon = \sigma/E$,这就是胡克定律。与此同时,杆件在轴向变形时还将引起横向变形,轴向应变与横向应变的关系在弹性范围内是 $\varepsilon' = -\mu\varepsilon$。对于在复杂应力状态下应力与应变的关系,如图 10.10(a)所示,从受力构件力切取得单元体,当三个主应力 $\boldsymbol{\sigma}_1$、$\boldsymbol{\sigma}_2$ 和 $\boldsymbol{\sigma}_3$ 单独作用时,在弹性范围内单元体沿 $\boldsymbol{\sigma}_1$ 方向的每条棱边的线应变有伸长也有缩短[见图 10.10(b)],它们分别是

$$\varepsilon_1' = \frac{\sigma_1}{E}, \quad \varepsilon_1'' = -\frac{\mu\sigma_2}{E}, \quad \varepsilon_1''' = -\frac{\mu\sigma_3}{E}$$

式中:E 为弹性模量;μ 为泊松比。对于各向同性材料来说,E、μ 值均与方向无关。

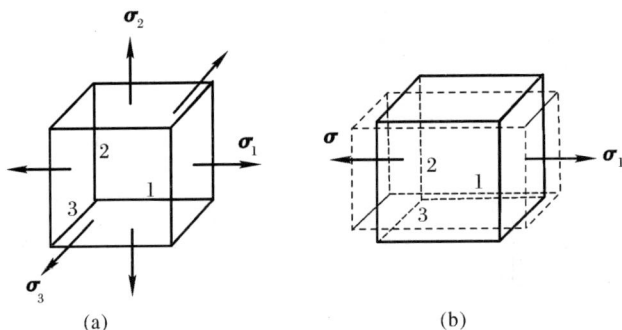

图 10.10

根据叠加原理,当三个主应力 σ_1、σ_2 和 σ_3 同时作用时,单元体沿 $\boldsymbol{\sigma}_1$ 方向的每条棱边的总线应变为

$$\varepsilon_1 = \varepsilon_1' + \varepsilon_1'' + \varepsilon_1''' = \frac{\sigma_1}{E} - \frac{\mu\sigma_2}{E} - \frac{\mu\sigma_3}{E} = \frac{1}{E}[\sigma_1 - \mu(\sigma_2 + \sigma_3)]$$

单元体沿其余的两个应力 $\boldsymbol{\sigma}_2$ 和 $\boldsymbol{\sigma}_3$ 方向的每条棱边的总线应变也可以得到类似的公式,将三个公式综合起来,即为

$$\left. \begin{aligned} \varepsilon_1 &= \frac{1}{E}[\sigma_1 - \mu(\sigma_2 + \sigma_3)] \\ \varepsilon_2 &= \frac{1}{E}[\sigma_2 - \mu(\sigma_1 + \sigma_3)] \\ \varepsilon_3 &= \frac{1}{E}[\sigma_3 - \mu(\sigma_1 + \sigma_2)] \end{aligned} \right\} \tag{10-6}$$

式(10-6)表示的是在复杂应力状态下主应力与主应变之间的关系,称为广义胡克定律。它们只有当材料是各向同性的,而且处于线弹性范围内时才成立。

10.4 强 度 理 论

当构件承受的载荷达到一定的大小时,其上的危险点将首先达到极限应力而产生强度失效。失效的方式主要有两种,一种是屈服失效,另一种是断裂失效。在工程实际中,一般构件的危险点都处于复杂应力状态,在复杂应力状态下构件的失效与三个主应力有关。如果通过试验来确定构件的极限应力,就要按照不同比值的三个主应力进行试验。由于主应力的比值组合有无穷多,因此要测出每种主应力比值下的极限应力是不切实际的。于是,长期以来人们通过从材料失效的原因着手,根据大量的试验而总结出了材料的失效规律,并因此提出了依据材料失效规律建立起来的解决强度问题的种种假说,通常称为**强度理论**。提出或研究强度理论的目的就是要找到应力状态下构件材料失效的共同原因,然后利用材料轴向拉伸或压缩时的屈服以及断裂试验结果来建立复杂应力状态下的强度条件。这里将各向同性材料在常温、静荷载条件下常用的四个强度理论简单介绍如下。

10.4.1 最大拉应力理论——第一强度理论

这一理论认为最大拉应力 σ_1 是引起材料破坏的主要因素,即不论材料处于什么应力状态,只要最大拉应力 σ_1 达到材料在单向拉伸或压缩时的极限应力值 σ_b,材料就发生脆性断裂破坏。这样,根据此理论,材料失效的判据即为

$$\sigma_1 = \sigma_b$$

考虑一定的安全储备,根据第一强度理论建立的强度条件为

$$\sigma_{r1} = \sigma_1 \leqslant \frac{\sigma_b}{n_b} = [\sigma] \tag{10-7}$$

式中:σ_{r1} 表示最大拉应力理论的相当应力。

实验与结构的破坏事例证明,这一理论与铸铁、石料、混凝土等脆性材料拉伸时试验结果基本相符。但对于低碳钢拉伸时出现的屈服现象,用这个理论则不能解释。

10.4.2 最大线应变理论——第二强度理论

这一理论认为最大线应变 ε_1 是引起材料破坏的主要因素,即无论材料处于什么应力状态,只要最大线应变 ε_1 达到材料在单向拉伸下发生脆性断裂时的伸长应变极限值 ε^0,材料就发生破坏。

在单向拉伸下,假设材料发生断裂时的伸长应变极限值 ε^0 依然可以用胡克定律来计算,于是拉伸断裂时的伸长应变极限值为 $\varepsilon^0 = \dfrac{\sigma_b}{E}$,相应的材料发生失效的判据为

$$\varepsilon_1 = \varepsilon^0 = \frac{\sigma_b}{E} \tag{10-8}$$

由广义胡克定律可知,最大线应变为

$$\varepsilon_1 = \frac{1}{E} \left[\sigma_1 - \mu(\sigma_2 + \sigma_3) \right] \tag{10-9}$$

将式(10-9)代入式(10-8),即得这一强度理论下的失效判据为

$$\sigma_1 - \mu(\sigma_2 + \sigma_3) = \sigma_b$$

引入安全系数,即得到相应的强度条件为

$$\sigma_{r2} = \sigma_1 - \mu(\sigma_2 + \sigma_3) \leqslant [\sigma] \tag{10-10}$$

式中:σ_{r2}表示最大线应变理论的相当应力。

石料和混凝土等脆性材料受轴向压缩时,往往出现纵向裂纹而产生断裂破坏,其最大伸长应变出现在横向,用最大伸长理论可以很好地解释这种现象。

10.4.3 最大切应力理论——第三强度理论

这一理论认为最大切应力 τ_{max} 是引起材料破坏的主要因素,即不论材料处于什么应力状态,只要最大切应力 τ_{max} 达到材料在轴向拉伸时发生屈服的极限应力 τ^0,材料就发生破坏。

在轴向拉伸的单向应力状态下,当横截面上的拉应力达到屈服极限 σ_s 时,与轴线成$45°$的斜截面上相应的极限切应力即为 $\tau^0 = \dfrac{\sigma_s}{2}$,于是材料发生屈服,其失效判据为

$$\tau_{max} = \frac{1}{2}(\sigma_1 - \sigma_3) \quad 或 \quad \sigma_1 - \sigma_3 = \sigma_s$$

引入安全系数后,即得到按第三强度理论建立的强度条件为

$$\sigma_{r3} = \sigma_1 - \sigma_3 \leqslant \frac{\sigma_s}{n_s} = [\sigma] \tag{10-11}$$

式中:σ_{r3}表示最大切应力理论的相当应力。

这一理论较能满意地解释塑性材料出现屈服的现象,也就是与很多塑性材料在大多数受力形式下的试验结果相当符合。这一理论适用于发生屈服和剪切的失效形式,并偏于安全。

10.4.4 形状改变比能理论——第四强度理论

这一理论认为形状改变比能密度 ν_d 是材料破坏的主要因素,即不论材料处于什么应力状态,只要形状改变比能密度 ν_d 达到材料在轴向拉伸时发生屈服时的形状改变比能密度 ν_{du},材料就发生破坏。根据这一理论,材料失效的判据为

$$\nu_d = \nu_{du}$$

复杂应力状态下,形状改变比能密度 ν_d 表达式为

$$\nu_d = \frac{(1+\mu)}{6E}\left[(\sigma_1 - \sigma_2)^2 + (\sigma_2 - \sigma_3)^2 + (\sigma_3 - \sigma_1)^2\right]$$

在单向应力状态下材料屈服时,有 $\sigma_1 = \sigma_s$,$\sigma_2 = \sigma_3 = 0$,于是得形状改变比能密度为 $\nu_{du} = \dfrac{(1+\mu)}{3E}\sigma_s^2$,将其代入上式,得相应的失效判据为

$$\sqrt{\frac{1}{2}(\sigma_1 - \sigma_2)^2 + (\sigma_2 - \sigma_3)^2 + (\sigma_3 - \sigma_1)^2} = \sigma_s$$

引入安全系数后,由此建立的强度条件即为

$$\sigma_{r4} = \sqrt{\frac{1}{2}(\sigma_1 - \sigma_2)^2 + (\sigma_2 - \sigma_3)^2 + (\sigma_3 - \sigma_1)^2} \leqslant \frac{\sigma_s}{n_s} = [\sigma] \tag{10-12}$$

式中：σ_{r4} 表示形状改变比能理论的相当应力。

大量塑性材料试验结果表明，形状改变比能理论比最大切应力理论更加接近实际。

上面简单介绍了常用的四种强度理论。各种强度理论的适用范围取决于危险点处的应力状态和构件材料的性质。一般来说，铸铁、石料、混凝土等脆性材料，多是断裂失效，宜采用第一和第二强度理论。碳钢、铜、铝等塑性材料，多为屈服失效，宜采用第三和第四强度理论。但三向拉应力状态下，不论是脆性材料还是塑性材料，都会发生断裂破坏，应采用第一强度理论。在三向压应力状态下，不论是脆性材料还是塑性材料，都会发生屈服失效，宜采用第三强度理论或第四强度理论。

【例 10-3】 某构件上危险点处的应力状态如图 10.11 所示。其中 $\sigma=65$ MPa，$\tau=38$ MPa，材料为 Q235 钢，许用正应力 $[\sigma]=110$ MPa，试校核此构件的强度。

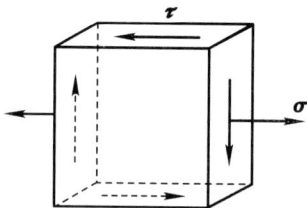

图　10.11

解 由式(10-4)可知，该单元体的最大与最小正应力分别为

$$\left.\begin{array}{c}\sigma_{\max}\\\sigma_{\min}\end{array}\right\}=\frac{1}{2}(\sigma\pm\sqrt{\sigma^2+4\tau^2}),\quad\sigma_2=0$$

根据第三强度理论，将上式代入(10-11)，得

$$\sigma_{r3}=\sigma_1-\sigma_3=\sqrt{\sigma^2+4\tau^2}=\sqrt{65^2+4\times38^2}\text{ MPa}=100\text{ MPa}\leqslant[\sigma]$$

同理，根据第四强度理论，将 σ_1、σ_2 和 σ_3 代入式(10-12)，得

$$\sigma_{r4}=\sqrt{\frac{1}{2}(\sigma_1-\sigma_2)^2+(\sigma_2-\sigma_3)^2+(\sigma_3-\sigma_1)^2}=\sqrt{\sigma^2+3\tau^2}$$
$$=\sqrt{65^2+3\times38^2}\text{ MPa}=92.5\text{ MPa}<[\sigma]$$

故该构件满足强度要求。

小　结

1.微元体斜截面上的应力

$$\sigma_a=\frac{\sigma_x+\sigma_y}{2}+\frac{\sigma_x-\sigma_y}{2}\cos2\alpha-\tau_x\sin2\alpha$$

$$\tau_a=\frac{\sigma_x-\sigma_y}{2}\sin2\alpha+\tau_x\cos2\alpha$$

2.主应力和主平面的确定

(1)主应力的确定。

$$\left.\begin{array}{c}\sigma_1=\sigma_{\max}\\\sigma_2=\sigma_{\min}\end{array}\right\}=\frac{\sigma_x+\sigma_y}{2}\pm\sqrt{\left(\frac{\sigma_x-\sigma_y}{2}\right)^2+\tau_x}$$

（2）主平面位置的确定。

$$\tan 2\alpha_0 = -\frac{2\tau_x}{\sigma_x - \sigma_y}$$

3. 广义胡克定律

$$\begin{cases} \varepsilon_1 = \dfrac{1}{E}\left[\sigma_1 - \mu(\sigma_2 + \sigma_3)\right] \\[2mm] \varepsilon_2 = \dfrac{1}{E}\left[\sigma_2 - \mu(\sigma_1 + \sigma_3)\right] \\[2mm] \varepsilon_3 = \dfrac{1}{E}\left[\sigma_3 - \mu(\sigma_1 + \sigma_2)\right] \end{cases}$$

4. 强度理论

复杂应力状态下，关于材料破坏原因的假设称为强度理论。

第一强度理论（最大拉应力理论）：

$$\sigma_{r1} = \sigma_1 \leqslant [\sigma]$$

第二强度理论（最大拉应变理论）：

$$\sigma_{r2} = \sigma_1 - \mu(\sigma_2 + \sigma_3) \leqslant [\sigma]$$

第三强度理论（最大切应力理论）：

$$\sigma_{r3} = \sigma_1 - \sigma_3 \leqslant [\sigma]$$

第四强度理论（形状改变比能理论）：

$$\sigma_{r4} = \sqrt{\frac{1}{2}\left[(\sigma_1 - \sigma_2)^2 + (\sigma_2 - \sigma_3)^2 + (\sigma_3 - \sigma_1)^2\right]} \leqslant [\sigma]$$

▲拓展阅读

"走钢丝"里的力学秘密

走钢丝的技艺在我国有着悠久的历史，演员靠横握着一根长杆能够如履平地般地行走在钢丝之上，掌握平衡的技巧则是他们能够如履平地的关键。作为中国传统杂技项目，走钢丝的表演内容在不断演化升级，从单一的高空行走到现在各种花样动作的组合表演，这也是走钢丝在经历了漫长岁月后还能成为杂技表演中亮点节目的原因之一。

很多人将演员保持平衡的方法理解为静力学效应，类似天平。但实际上，演员手中平衡杆的平衡作用不只是简单地调整重心，而是通过不断地转动平衡杆来达到平衡的目的。如此看来，可以将演员和平衡棒作为一个完整的系统，这个系统在动力学效应的作用下维持着平衡。

倘若演员只是静立在钢丝之上，其重心也是位于钢丝之上，这样才能维持整个系统的重力和钢丝对人体的作用力位于一个平面上。而演员在表演过程中是行走的，无法始终保持这两种力的平衡状态，因此演员需要通过自身的主动调节来维持整个系统的平衡。正确的调节方法是小幅度地变动身体的偏向，重心偏向一侧，身体则随之偏向另一侧，如此即可在小范围的左右摆动中找到重心平衡点继而稳步向前。

平衡杆在调整系统重心上起着关键作用,那平衡杆应该如何使用才能达到稳步前行的目的呢?

首先,转动惯性反映了物体在对转轴的一定力矩作用下改变其转动状态的难易程度,它的大小与物体的质量相对于转轴的分布距离有关。距离越大,转动惯性就越大,物体转动状态也就越难改变。这也解释了为什么演员手中的平衡杆都比较长,可以减缓由于重心偏移造成的失稳,从而为演员调整重心争取时间。

其次,整个系统的惯性与演员在钢丝上摆动幅度相关,摆动幅度大即转动速率大,产生的惯性也越大,演员就越难控制重心,所以演员在钢丝之上的左右摇摆幅度都比较小,这样才能利用好惯性达到平衡。

习　题　十

一、综合题

1.试用单元体表示图 10.12 所示的杆件上 A 点和 B 点的应力状态,并算出单元体上应力的数值。

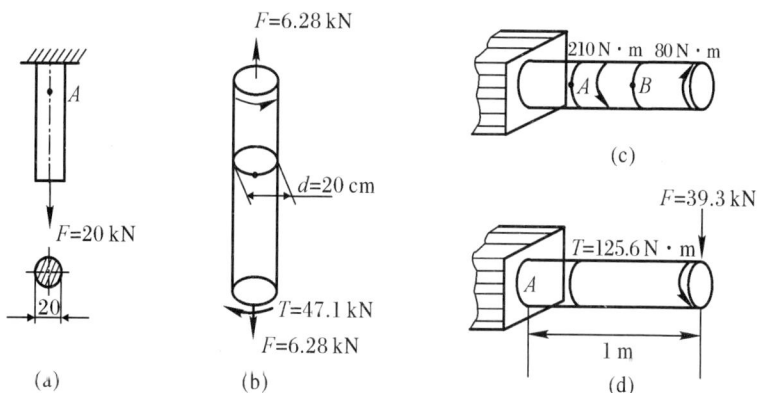

图　10.12

2.如图 10.13 所示,在一矩形截面直梁的 A、B、C、D、E 五点处取单元体,请定性分析这五点的应力情况,并指出所取单元体属于哪种应力状态。

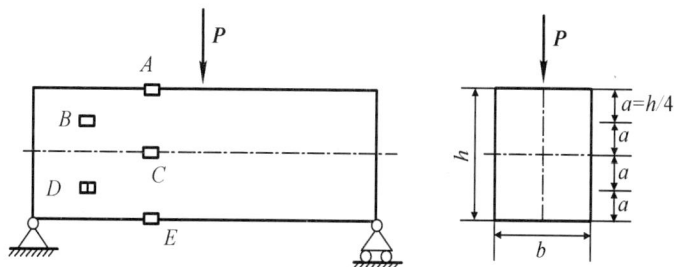

图　10.13

3.单元体各面的应力如图 10.14 所示,图中应力单位为 MPa,试计算指定斜截面上的正应力和切应力。

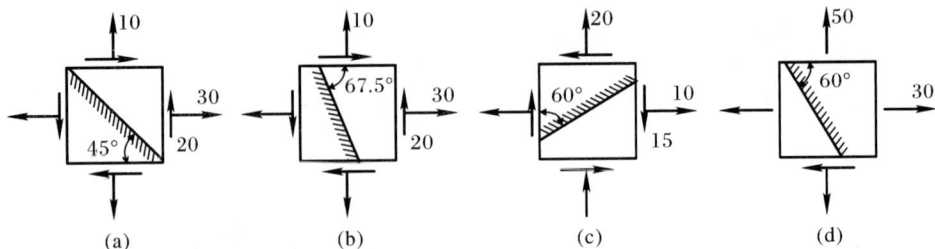

图　10.14

4.单元体各面的应力如图 10.15 所示,图中应力单位是 MPa,试计算主应力的大小并确定主平面的位置。

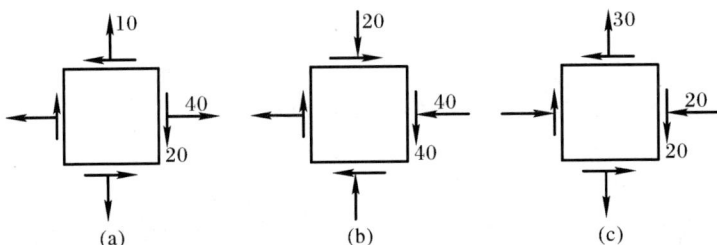

图　10.15

5.如图 10.16 所示,装在外径为 $D=60$ mm 空心圆柱上的铁道标识牌,所受最大风载荷 $p=2$ kPa,圆柱材料的许用正应力 $[\sigma]=60$ MPa,试按第四强度理论设计圆柱的内径 d。

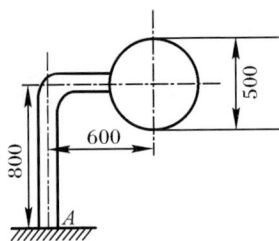

图　10.16

6.图 10.17 所示的简支梁由 No.14 号工字钢制成,受到集中力 $F=59.4$ kN 作用。已知材料的弹性模量 $E=200$ GPa,泊松比 $\mu=0.3$,试求在中性层 K 点处沿45°方向的应变。

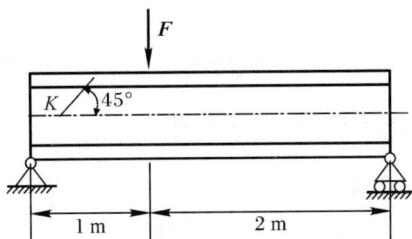

图　10.17

7. 图 10.18 所示的电动机功率 $P=9$ kW,转速为 $n=715$ r/min,带轮直径 $D=250$ mm,电机轴外伸部分长度 $l=120$ mm,轴的直径 $d=40$ mm,轴材料的许用正应力 $[\sigma]=80$ MPa,试用第三强度理论校核电机轴的强度。

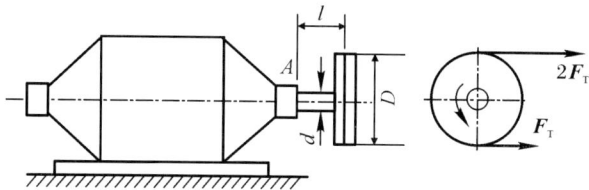

图　10.18

8. 某铸铁构件危险点的应力情况如图 10.19 所示,试校核其强度。已知铸铁的许用应力 $[\sigma]=40$ MPa。

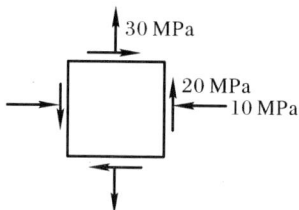

图　10.19

9. 一低碳钢构件,已知许用正应力 $[\sigma]=120$ MPa,试校核构件的强度。危险点处的主应力分别如下:

(1) $\sigma_1=-50$ MPa, $\sigma_2=-70$ MPa, $\sigma_3=-160$ MPa;

(2) $\sigma_1=60$ MPa, $\sigma_2=0$ MPa, $\sigma_3=-50$ MPa。

第11章 组合变形

前面几章分别研究了杆件拉(压)、扭转和弯曲时的强度和刚度计算。但在工程实际中，有些杆件往往同时发生两种或两种以上的基本变形，这种变形称为组合变形。本章主要讨论工程上常见的拉伸(或压缩)与弯曲的组合变形。

11.1 拉(压)与弯曲组合变形

如图 11.1(a)所示，当杆件上同时作用有轴向外力和横向外力时，轴向力使杆件伸长(或缩短)，横向力使杆件弯曲，因而杆件的变形为轴向拉伸(或压缩)与弯曲的组合变形。下面结合图 11.1(a)所示的受力构件说明拉(压)与弯曲组合时的正应力及其强度计算。

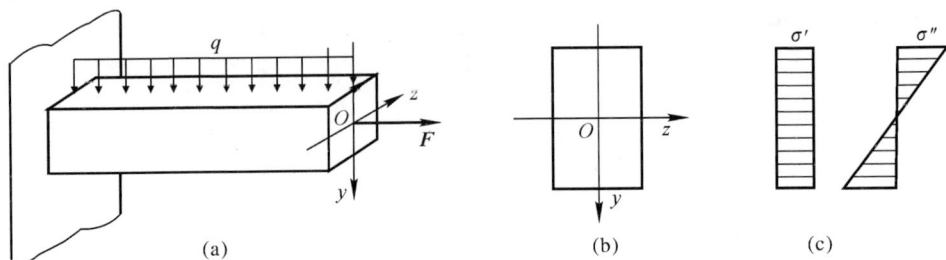

图　11.1

计算杆件在拉(压)与弯曲组合变形下的正应力时，仍采用叠加的方法，即分别计算杆件在轴向拉伸(压缩)和弯曲变形下的正应力，再代数相加。轴向外力 F 单独作用时，横截面上的正应力均匀分布，如图 11.1(c)所示，其值为

$$\sigma' = \frac{F_N}{A}$$

横向外力 q 单独作用时，梁发生平面弯曲，正应力沿截面高度呈线性规律分布，如图 11.1(c)所示，横截面上任一点的正应力为

$$\sigma'' = \frac{M}{I_z}y$$

F、q 共同作用下，横截面上任一点的正应力为

$$\sigma = \sigma' + \sigma'' = \frac{F_N}{A} + \frac{M}{I_z}y \qquad (11-1)$$

式(11-1)就是杆件在拉(压)、弯曲组合变形时横截面上任一点的正应力公式。

用式(11-1)计算正应力时,应注意正、负号:轴向拉伸时 σ' 为正,压缩时 σ' 为负;σ'' 的正负随点的位置而不同,可根据梁的变形来判定(拉为正,压为负)。

有了正应力计算公式,很容易建立正应力强度条件。对图 11.1(a)所示的拉(压)、弯曲组合变形杆,最大正应力发生在弯矩最大截面的边缘处,其值为

$$\sigma_{max} = \frac{F_N}{A} + \frac{M_{max}}{W_z}$$

由此可知,**拉(压)与弯曲组合变形时的最大正应力必发生在弯矩最大的截面上,该截面称为危险截面**,其强度准则为:最大正应力小于或等于其材料的许用应力,即

$$\sigma_{max} = \frac{F_N}{A} + \frac{M_{max}}{W_z} \leqslant [\sigma] \tag{11-2}$$

【**例 11-1**】 图 11.2(a)所示为一钻床,已知钻削力 $F = 15$ kN,偏心距 $e = 0.4$ m,圆截面铸铁立柱的直径 $d = 125$ mm,许用拉应力 $[\sigma^+] = 35$ MPa,许用压应力 $[\sigma^-] = 120$ MPa,试校核立柱的强度。

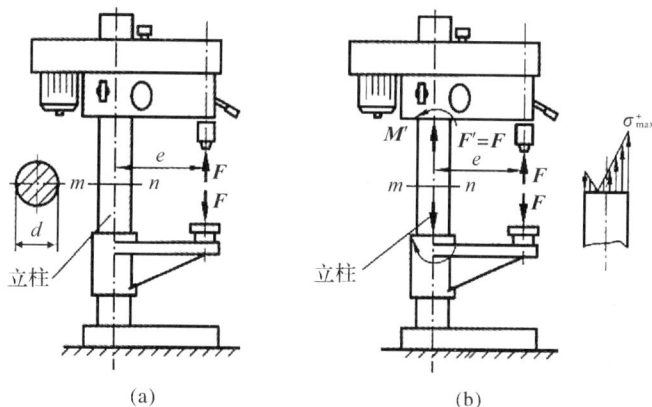

图 11.2

解 对于立柱,力 **F** 是一对偏心拉力。由力线平移定理可知,立柱相当于受到一对轴向拉力 **F** 和一对在立柱的纵向对称平面内的力偶,如图 11.2(b)所示。所以立柱将发生拉伸和弯曲组合变形,其任一横截面 $m-n$ 上的轴力和弯矩分别为

$$F_N = F' = 15 \text{ kN}, \quad M = M' = Fe = 15 \times 0.4 \text{ kN} \cdot \text{m} = 6 \text{ kN} \cdot \text{m}$$

由于立柱材料为铸铁,其抗压性能优于抗拉性能,故应对立柱截面右侧边缘进行拉应力强度校核,即

$$\sigma_{max}^+ = \frac{F_N}{A} + \frac{M_z}{W_z} = \left(\frac{15 \times 10^3}{\pi \times 125^2 / 4} + \frac{6 \times 10^6}{0.1 \times 125^3} \right) \text{ MPa} = 32 \text{ MPa} < [\sigma]$$

因此,立柱的强度满足要求。

【**例 11-2**】 图 11.3(a)所示为一钢支架,所受载荷 $F = 45$ kN,AB 杆的许用应力为 $[\sigma] = 160$ MPa,试为 AB 杆选择工字钢型号。

解 AB 杆的受力如图 11.3(b)所示,列平衡方程得

$$\sum M_A(\boldsymbol{F}) = 0, \quad F_{CD} \cdot AC \sin 30° - F \cdot AB = 0$$

$$\sum F_x = 0, \quad F_{CD}\cos30° - F_{Ax} = 0$$
$$\sum F_y = 0, \quad F_{CD}\sin30° - F_{Ay} - F = 0$$

解得

$$F_{CD} = 120 \text{ kN}, \quad F_{Ax} = 104 \text{ kN}, \quad F_{Ay} = 15 \text{ kN}$$

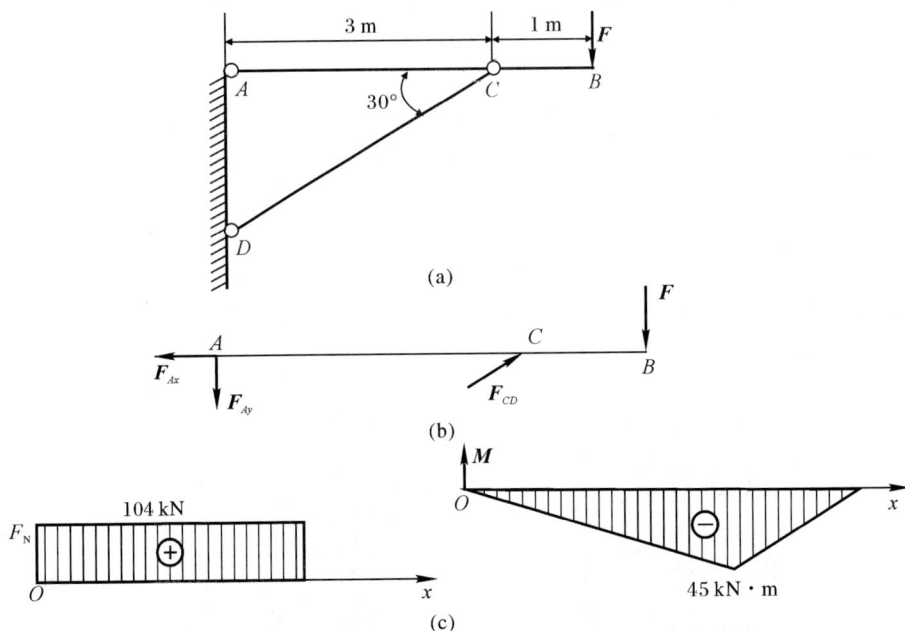

图 11.3

由受力图可知,AC 段杆为拉伸与弯曲的组合变形。画出 AB 杆的轴力图和弯矩图,如图 11.3(c)所示。由内力图看出,C 截面是危险截面,其上的轴力和弯矩分别为

$$F_N = 104 \text{ kN}, \quad M = 45 \text{ kN·m}$$

危险点在该截面的上边缘,其强度条件为

$$\sigma_{max} = \frac{F_N}{A} + \frac{M}{W_z} = \frac{104\times10^3}{A} + \frac{45\times10^3}{W_z} \leqslant 160\times10^6 \text{ Pa}$$

在工字钢型号未确定之前,A、W_z 均未知,上式中有两个未知数,故需用试算法,开始试算时,可以先不考虑轴力的影响,只根据弯曲强度条件选取工字钢,即

$$\frac{M}{W_z} = \frac{45\times10^3}{W_z} \leqslant 160\times10^6 \text{ Pa}$$

解得

$$W_z \geqslant \frac{45\times10^3}{160\times10^6} \text{ m}^3 = 281\times10^{-6} \text{ m}^3 = 281 \text{ cm}^3$$

查附录 C 热轧工字钢表选取 22a 工字钢,其 $W_z = 309 \text{ cm}^3$,$A = 42 \text{ cm}^2$,将这些数据代入强度条件不等式中验算,得

$$\sigma_{max} = \left(\frac{104\times10^3}{42\times10^{-4}} + \frac{45\times10^3}{309\times10^{-6}}\right) \text{ Pa} = 170.4\times10^6 \text{ Pa} = 170.4 \text{ MPa}$$

最大许用应力超过许用应力的 6.5%,超过工程上规定的 5% 的要求,故需重算,这时只

需将工字钢型号略微放大再验算。例如,再选 22b 工字钢,则其 $W_z = 325\ \text{cm}^3$,$A = 46.4\ \text{cm}^2$,此时的最大应力为

$$\sigma_{\max} = \left(\frac{104 \times 10^3}{46.4 \times 10^{-4}} + \frac{45 \times 10^3}{325 \times 10^{-6}}\right)\ \text{Pa} = 161 \times 10^6\ \text{Pa} = 161\ \text{MPa}$$

最大应力略大于许用应力,但不超过许用应力的 5%,工程上允许,故可选 22b 号工字钢。

11.2　弯曲与扭转组合变形

在工程机械中,纯扭转的圆轴是很少见的。一般来说,对于传动轴,大都受到弯曲与扭转的组合变形。如图 11.4(a)所示的电动机轴 AB,其左端承受输出力偶,而右端装有直径为 D 的皮带轮,轮上皮带紧边和松边的张力分别为 $\boldsymbol{F}_T$ 和 $\boldsymbol{F}_T'$,且 $F_T > F_T'$,如图 11.4(b)所示。当电机工作时,电机轴 AB 即发生扭转与弯曲的组合变形。

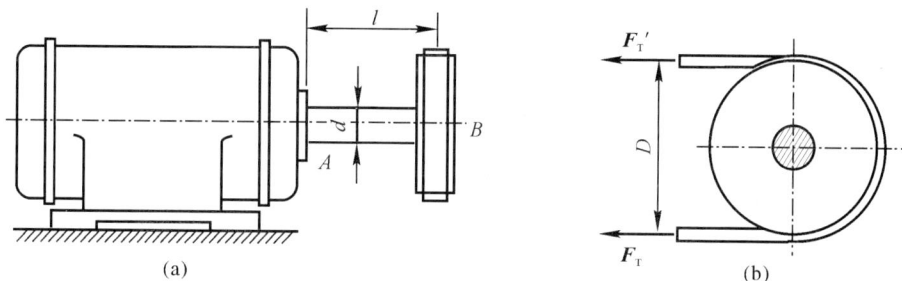

图　11.4

对电动机轴 AB 进行受力分析,将 AB 简化为左端固定,右端自由的悬臂梁,进而使皮带紧边和松边的张力 $\boldsymbol{F}_T$ 和 $\boldsymbol{F}_T'$ 向电机轴 AB 的轴线平移,得到横向力 $\boldsymbol{F} = \boldsymbol{F}_T + \boldsymbol{F}_T'$,和力偶矩为 $M_e = \dfrac{D}{2}(F_T - F_T')$ 的力偶,画出其力学简图如图 11.5(a)所示。可见,横向力 $\boldsymbol{F}$ 使轴 AB 弯曲,力偶矩为 M_e 的力偶使轴 AB 扭转,因为对一般轴,横向力引起的剪力很小,可以忽略不计,所以轴 AB 产生弯曲与扭转的组合变形。

下面分析轴 AB 的内力,采用截面法画出弯矩图和扭矩图,如图 11.5(b)(c)所示。可以看出,横截面 A 为轴 AB 的危险截面。

再对轴 AB 的应力进行分析。在横截面 A 上,扭矩产生扭转切应力,弯矩产生弯曲正应力,应力分布情况如图 11.5(d)所示。由图可见,横截面边缘的 a、b 为危险点,因为在这两点上,同时作用有最大弯曲正应力和最大扭转切应力,其大小分别为

$$\sigma_{\max} = \frac{M_{\max}}{W_z}, \qquad \tau_{\max} = \frac{T}{W_p} = \frac{M_e}{2W_z}$$

式中:$M_{\max}$ 和 T 分别为 A 截面上的弯矩和扭矩;W_z 和 W_p 分别为抗弯截面系数和抗扭截面系数。围绕点 a 或点 b 取单元体,如图 11.5(e)所示,单元体一前一后的平行面上的正应力 σ 和切应力 τ 都为零,所以单元体为平面应力状态。

最后对轴 AB 进行强度计算。若轴用塑性材料制成,则其强度条件可采用第三或第四强度理论。将上式代入第三或第四强度条件可得到塑性材料圆轴在扭转与弯曲组合变形时

的强度条件为

$$\sigma_{r3} = \frac{\sqrt{M^2_{\ \max} + T^2}}{W_z} \leqslant [\sigma] \qquad (11-3)$$

$$\sigma_{r4} = \frac{\sqrt{M^2_{\ \max} + 0.75T^2}}{W_z} \leqslant [\sigma] \qquad (11-4)$$

此两式即为圆轴弯扭组合变形时的强度准则。

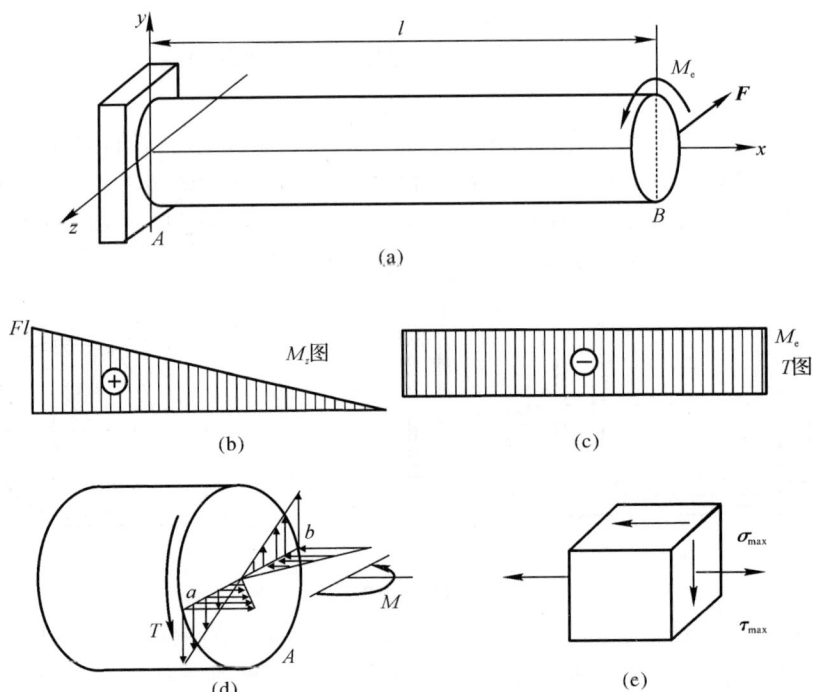

图 11.5

【例 11-3】 图 11.6(a)所示为一曲拐,已知在手柄 C 端作用有外力 F=20 kN,材料的许用正应力 [σ]=160 MPa,试按第三强度理论设计曲拐圆轴 AB 的直径。

解 将力 **F** 向圆轴 AB 的轴线平移,得到作用于 B 点的力 **F** 和一力偶 M_B,力偶矩 M_B 为

$$M_B = F \times 140 \times 10^{-3} = 20 \times 10^3 \times 140 \times 10^{-3} \text{ N} \cdot \text{m} = 2\ 800 \text{ N} \cdot \text{m}$$

平移到圆轴 B 点的力 **F** 使圆轴 AB 产生弯曲变形,力偶 M_B 使圆轴 AB 产生扭转变形,于是圆轴 AB 发生弯曲与扭转组合变形。分别画出圆轴 AB 的扭矩图与弯矩图,如图 11.6(c)(d)所示,可以看出,圆轴 AB 的固定端横截面 A 是危险截面,该截面上扭矩和弯矩分别为

$$T = 2\ 800 \text{ N} \cdot \text{m}$$

$$M = F \times 150 \times 10^{-3} = 20 \times 10^3 \times 150 \times 10^{-3} \text{ N} \cdot \text{m} = 3\ 000 \text{ N} \cdot \text{m}$$

根据扭转与弯曲横截面上的应力分布规律可知,在固定端横截面的上、下边缘两点为危险点。采用第三强度理论,由圆轴在弯曲和扭转组合变形时的强度条件

$$\sigma_{r3} = \frac{\sqrt{M^2 + T^2}}{W_z} \leqslant [\sigma]$$

可得

$$\frac{\sqrt{(3\times10^3)^2+(2.8\times10^3)^2}}{\frac{\pi d^3}{32}}\ \text{Pa}\leqslant160\times10^6\ \text{Pa}$$

解得

$$d\geqslant63.9\times10^{-3}\ \text{m}$$

最后选用圆轴 AB 的直径 $d=64$ mm。

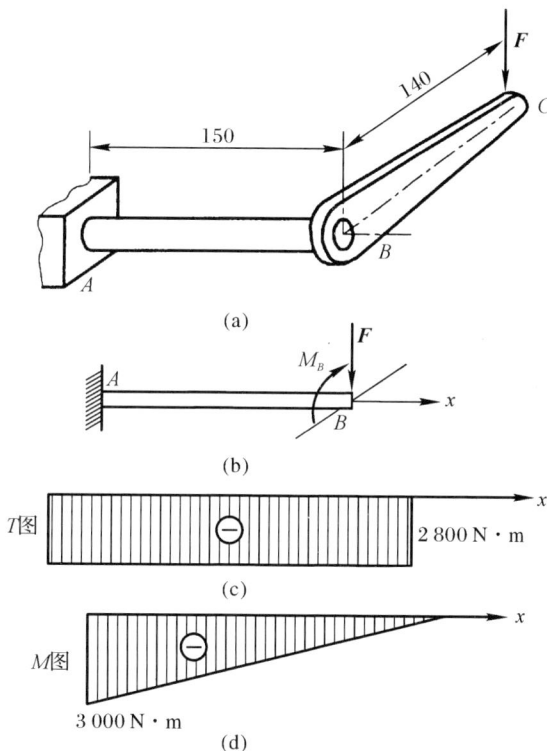

图 11-6

【例 11-4】 图 11.7(a)所示为一传动轴,传递功率为 7.35 kW,转速为 100 r/min,A 轮上的皮带拉力是水平的,B 轮上的皮带拉力是铅垂的,两轮直径均为 600 mm,且 $F_1>F_2$,而 $F_2=1.6$ kN,轴的许用应力 $[\sigma]=85$ MPa,轴的直径 $d=60$ mm,试按第三强度理论校核轴的强度。

解 首先将每个皮带拉力向传动轴的轴线简化,得到一个力和一个力偶,如图 11.7(b)所示。轴将产生水平面内和铅垂面内的双向弯曲及扭转变形。轴所受到的力偶矩可由功率求得,即

$$M_e=9\,549\,\frac{P}{n}=9\,549\times\frac{7.35}{100}\ \text{N}\cdot\text{m}=702\ \text{N}\cdot\text{m}$$

又由 $M_e=(F_1-F_2)\times0.3=702$ N·m 解得

$$F_1=\frac{702}{0.3}+F_2=\left(\frac{702}{0.3}+1.6\times10^3\right)\ \text{N}=3\,940\ \text{N}$$

$$F_1+F_2=(3\,940+1\,600)\ \text{N}=5\,540\ \text{N}$$

画出轴的弯矩图和扭矩图,如图 11.7(c)～(e)所示。由内力图可知,AB 段的扭矩为常数,而 B 截面的合成弯矩最大,即 B 截面为危险截面。B 截面的应力为

$$\sigma_{r3}=\frac{\sqrt{M_{\max}^2+T^2}}{W_z}$$

$$=\frac{\sqrt{1\ 477^2+461^2+702^2}}{\dfrac{\pi\times(60\times10^{-3})}{32}}\ \text{Pa}$$

$$=81\times10^6\ \text{Pa}=81\ \text{MPa}<[\sigma]=85\ \text{MPa}$$

因此该轴满足强度条件。

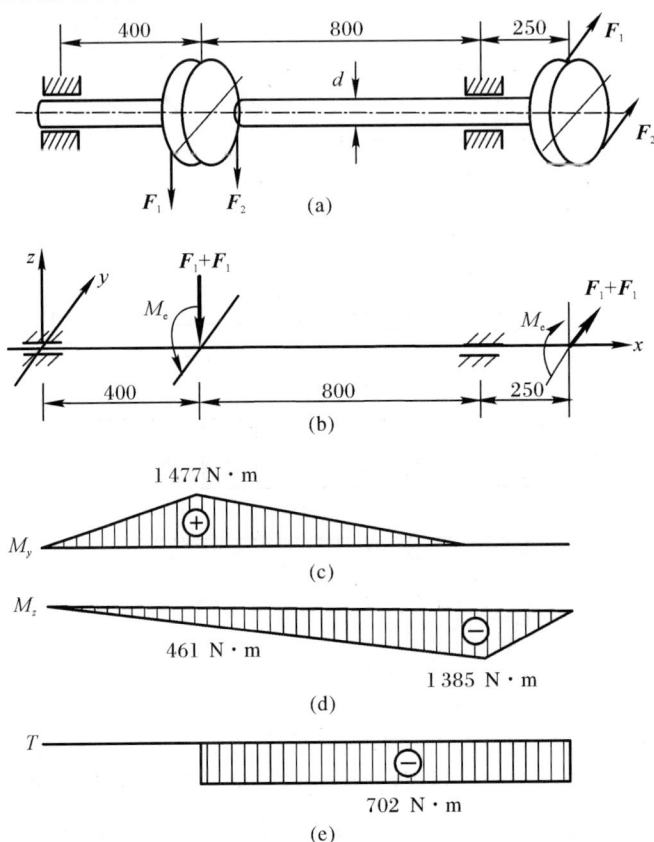

图 11.7

小 结

1. 拉(压)与弯曲组合变形

(1)杆件既发生拉伸(或压缩)变形,又发生弯曲变形,称为拉弯组合变形。

(2)拉弯组合变形的强度准则为

$$\sigma_{\max}=\frac{F_N}{A}+\frac{M_{\max}}{W_z}\leqslant[\sigma]$$

（3）拉弯组合的强度计算。设计截面时,因强度准则含有截面积 A 和抗弯截面系数 W_z 两个未知量,不易确定。一般先根据弯曲正应力强度准则进行初选,然后按照拉弯组合强度准则进行校核。

2. 弯曲与扭转组合变形

（1）杆件既发生弯曲变形,又发生扭转变形,称为弯扭组合变形。

（2）圆轴弯扭组合的应力分析。由于弯扭组合变形中危险点上既有正应力,又有切应力。危险点属于二向应力状态,正应力与切应力已不能简单地进行叠加。根据应力状态分析和强度理论的讨论结果,塑性材料在弯扭组合变形这样的二向应力状态下,一般应用第三、第四强度理论建立的强度准则进行强度计算。

（3）圆轴弯扭组合变形的强度准则为

$$\sigma_{r3} = \frac{\sqrt{M_{max}^2 + T^2}}{W_z} \leqslant [\sigma]$$

$$\sigma_{r4} = \frac{\sqrt{M_{max}^2 + 0.75T^2}}{W_z} \leqslant [\sigma]$$

（4）圆轴弯扭组合的强度计算。圆轴在两相互垂直平面内同时发生的平面弯曲变形,称为双向弯曲。双向弯曲可以合成为另一个平面内的平面弯曲变形,其另一平面内的弯矩称为合成弯矩。合成弯矩用式 $M = \sqrt{M_z^2 + M_y^2}$ 计算。

▲ 拓展阅读

桥梁结构——力与美的结合

据报道,在一场活动中,一辆 SUV 汽车驶过了独立式纸质承重桥,这座长达 5 m 的纸质桥体并未使用胶水或螺栓进行任何形式的固定。该承重桥共使用了 54 390 张纸,而行驶的 SUV 重达 2 374 kg。因此,桥梁结构创造的奇迹,可能超乎你的想象！

我们发现,桥梁的承重确实与桥的材料有关。然而,桥的承重能力,也与它的结构有很大的关系。就算是柔软脆弱的纸,只要改变它的受力结构,承重能力就会发生很大的变化。

那么,桥梁到底有哪些结构呢？很多人可能会认为,桥梁的结构有很多种类。实际上,若我们深入去了解桥梁的结构元素就会发现,按照结构体系划分,桥梁的结构实际上只有四种:梁桥、拱桥、悬索桥和斜拉桥。

1. 梁桥

梁桥是一种最简单、最常用的结构形式,比如架在河岸两端的独木桥、放置在水坑上的木板等。在实际建设中使用的梁桥,桥面的下方需要设置桥墩等下部结构,才能保证梁桥的坚固（见图 11.8）。

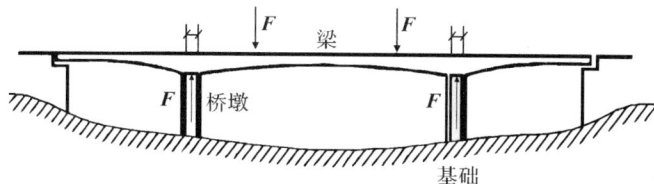

图　11.8

随着桥梁技术的发展,梁桥也产生了很多种分支,按照结构可以分为实腹梁桥和桁架梁桥两大类。其中有"一桥飞架南北,天堑变通途"之美名的武汉长江大桥,就是钢桁架连续梁桥的代表。梁桥施工方便,结构简单,对地基承载能力要求不高,但对建筑材料的刚度有一定的要求,是较小跨径桥梁的首选。

2. 拱桥

拱桥的拱形结构又被称为推力结构,它的特点是将桥面受到的压力,分解为一个向下的力和两个水平向两岸外侧的推力。因此当我们把重物放在拱桥上时,对桥面产生的压力会传递到桥的两端(见图 11.9)。

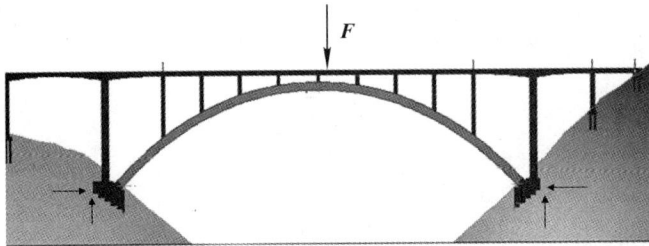

图 11.9

拱桥造型优美,承重能力优秀,跨越远距离对岸的能力也很强。另外与梁桥相比,它的承重并不需要密集排列的桥墩,桥的下方行船非常方便。最为著名的拱桥莫过于赵州桥,从建成距今已经 1 400 多年的历史了。

3. 悬索桥

毛主席在《七律·长征》中写到的"金沙水拍云崖暖,大渡桥横铁索寒",所描述的"大渡桥"(泸定桥)就是早期的悬索桥。

悬索桥又名吊桥,指的是以通过索塔悬挂并锚固于两岸(或桥两端)的缆索作为上部结构主要承重构件的桥梁。悬索桥的缆索上固定吊杆,通过拉力来承受桥面重量,因此缆索承受着很大的拉力,需要在两岸修筑非常巨大的锚定结构(见图 11.10)。武汉的杨泗港长江大桥,就是非常典型的悬索桥。

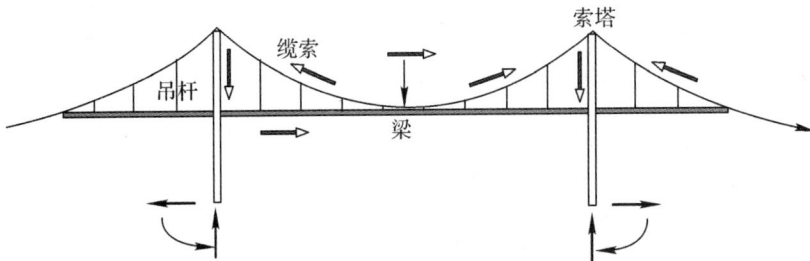

图 11.10

4. 斜拉桥

斜拉桥由斜拉索、索塔和主梁组成,是将主梁用许多拉索直接拉在桥塔上的一种桥梁,由承压的塔、受拉的索和承弯的梁体组合起来的一种结构体系。

斜拉桥的钢索拉成直线,与索塔、主梁(也就是桥面)构成了稳定的三角形结构(见图

11.11）。每一根拉索,都阻止了桥面的梁体向下弯曲,在作用上就犹如一个个桥墩,提高了大桥的跨度能力。因此,斜拉桥比梁桥的跨越能力更大,是大跨度桥梁的最主要桥型。武汉的二七长江大桥,是全世界跨度最大的三塔斜拉桥。

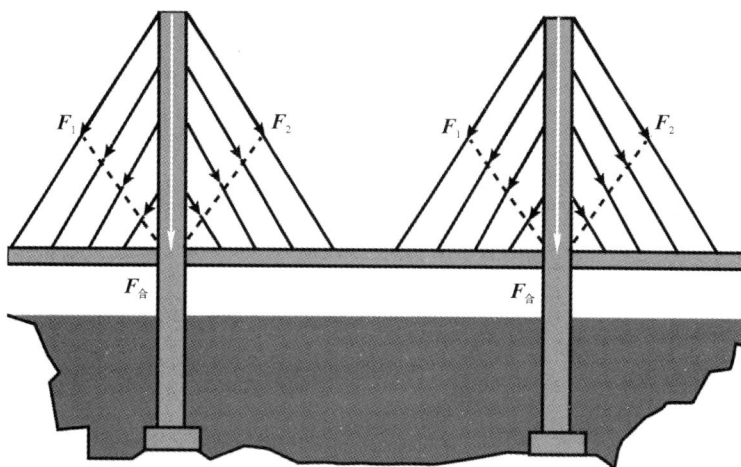

图　11.11

习 题 十 一

一、填空题

1.组合变形是指＿＿＿＿＿＿＿＿＿＿＿＿＿＿＿＿＿＿＿＿。

2.拉(压)与弯曲组合变形时的最大正应力必发生在＿＿＿＿＿最大的截面上,该截面称为＿＿＿＿＿＿。

3.拉(压)与弯曲组合变形时,构件横截面上既有拉(压)的＿＿＿＿＿应力,又有弯曲的＿＿＿＿＿应力。

4.圆轴弯、扭组合变形时,横截面上既有弯曲的＿＿＿＿＿应力,又有扭转的＿＿＿＿＿应力。

5.圆轴弯、扭组合变形时,最大相当应力发生在＿＿＿＿＿的截面上,该截面称为＿＿＿＿＿截面;截面上最大相当应力发生在截面＿＿＿＿＿的点上,该点称为＿＿＿＿＿点。

二、选择题

1.如图 11.12 所示,矩形截面拉杆中间开有深度为 $\frac{h}{2}$ 的缺口,与不开口的拉杆相比,开口处最大正应力将是不开口杆的(　　)倍。

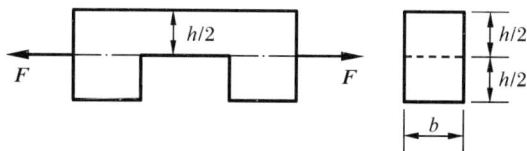

图　11.12

A. 2　　　　　　B. 4　　　　　　C. 8　　　　　　D. 16

2.图 11.13 所示为压力机的支柱简图,从强度的角度考虑,从下列选项中选择合适的截面形状及安放方式( )。

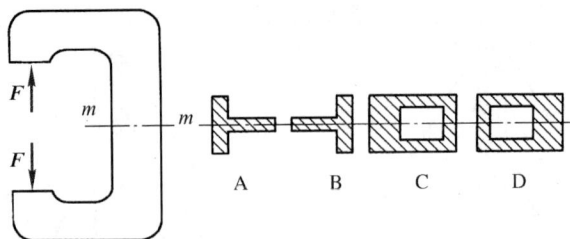

图 11.13

三、计算题

1.图 11.14 所示的钻床立柱由铸铁制成,$P=15$ kN,许用拉应力 $[\sigma]=35$ MPa,试确定立柱所需的直径 d。

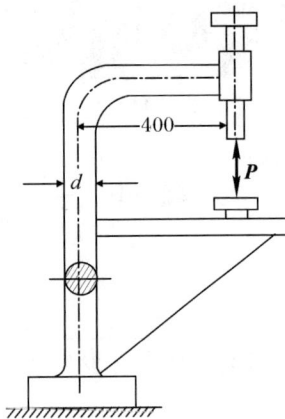

图 11.14

2.梁 AB 受力如图 11.15 所示,$F=3$ kN,正方形截面的边长为 100 mm,试求其最大拉应力与最大压应力。

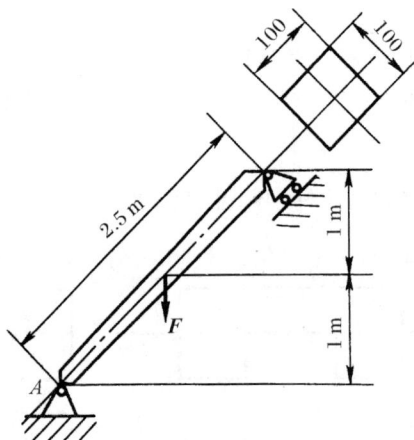

图 11.15

3.夹具的形状尺寸如图 11.16 所示,已知夹紧力 $F = 2\ kN$,$l = 50\ mm$,$b = 10\ mm$,$h = 20\ mm$,$[\sigma] = 160\ MPa$,试按正应力强度准则校核夹具立柱的强度。

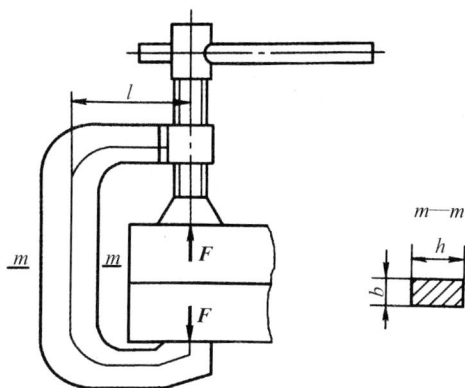

图　11.16

4.图 11.17 所示为简易起吊机,已知电葫芦自重与起吊机重量总和 $G = 16\ kN$,横梁 AB 采用工字钢,$[\sigma] = 120\ MPa$,梁长 $l = 3.6\ m$,试按正应力强度准则为梁 AB 选择工字钢型号。

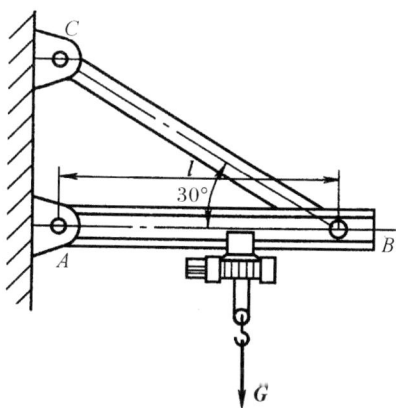

图　11.17

5.手摇绞车的车轴 AB 的尺寸与受力如图 11.18 所示,$d = 30\ mm$,$F = 1\ kN$,$[\sigma] = 80\ MPa$,试用最大切应力强度理论校核轴的强度。

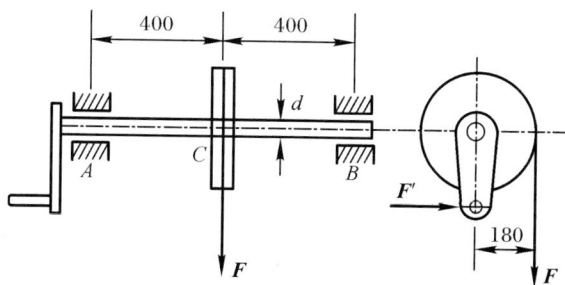

图　11.18

6.如图 11.19 所示的传动轴上,皮带拉力 $F_1 = 3.9$ kN,$F_2 = 1.5$ kN,皮带轮直径 $D = 600$ mm,$[\sigma] = 80$ MPa,试用第三强度理论选择轴的直径。

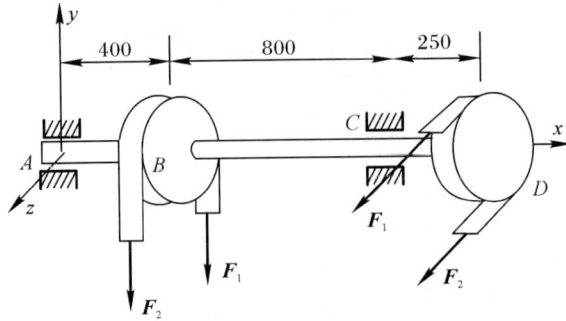

图 11.19

7.图 11.20 所示为水平的直角刚架 ABC,各杆横截面直径均为 $d = 60$ mm,$l = 400$ mm,$a = 300$ mm,自由端受三个分别平行于 x、y 与 z 轴的力的作用,材料的许用应力 $[\sigma] = 120$ MPa,试用第三强度理论确定许可载荷 $[F]$。

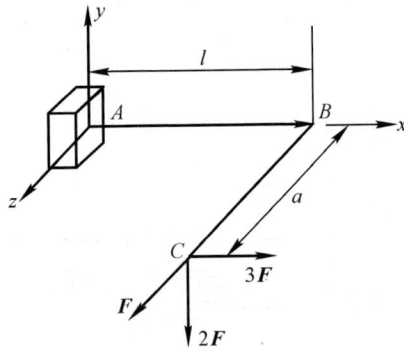

图 11.20

第12章 压杆稳定

12.1 压杆稳定的基本概念

受压杆件的稳定性问题,与强度、刚度问题一样,也是材料力学研究的基本问题之一。前面在研究直杆轴向压缩时,认为满足压缩强度条件,直杆就能保证安全工作。这个结论对短粗压杆是正确的,但对于细长压杆就不适用了。例如,一根宽 30 mm、厚 2 mm、长 400 mm 的钢板条,其材料的许用应力 $[\sigma]=160$ MPa,按压缩条件计算,它的承载能力为

$$F \leqslant A[\sigma]=30 \times 2 \times 160 \text{ N}=9\,600 \text{ N}$$

但实验发现,在压力接近 70 N 时,它在外界的微扰动下已开始弯曲,如图 12.1 所示。若压力继续增大,则弯曲变形急剧增加而最终导致折断,此时压力远小于 9.6 kN。它之所以丧失工作能力,是由于它不能保持原有的直线形状而发生弯曲。这种丧失原有平衡形态的现象,称为压杆丧失稳定,简称**失稳**。

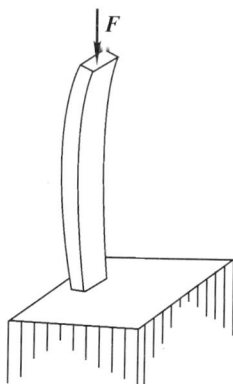

图 12.1

工程实际中,有许多的细长杆件,如千斤顶的丝杆、托架的斜撑杆、气缸的活塞杆等,如图 12.2 所示,这些构件除了要有足够的强度外,还必须有足够的稳定性,才能保证正常工作。

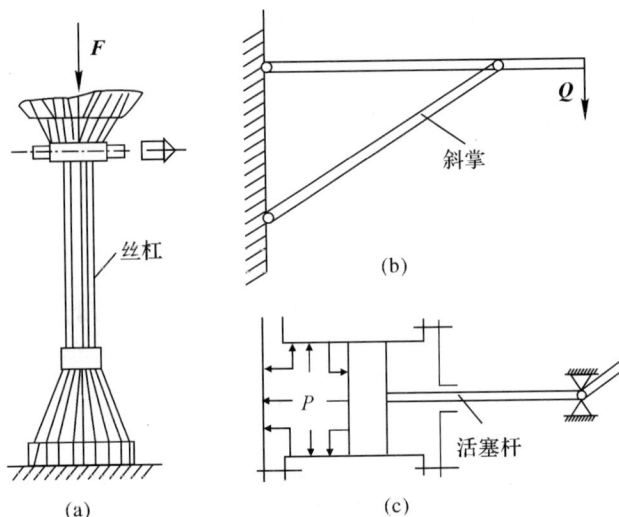

图 12.2

为了研究压杆的稳定问题,可作如下试验:图 12.3(a)所示为一压杆,在杆端加轴向力 **F**,当 F 不大时,压杆将保持直线平衡状态;当给一个微小的横向干扰力时,压杆只发生微小的弯曲,干扰力消除后,杆经过几次摆动后仍恢复到原来直线平衡的位置,压杆处于稳定的平衡状态,如图 12.3(b)所示;当轴向力 F 增大到某一值 F_{cr} 时,杆件由原来稳定的平衡状态,过渡到不稳定的平衡状态,如图 12.3(c)所示;这种过渡称为**临界状态**,F_{cr} 称为**临界压力或临界载荷**,当轴向力 F 大于 F_{cr} 时,只要有一点轻微的干扰,杆件就会在微弯的基础上继续弯曲,甚至破坏,如图 12.3(d)所示;这说明压杆已处于不稳定状态。

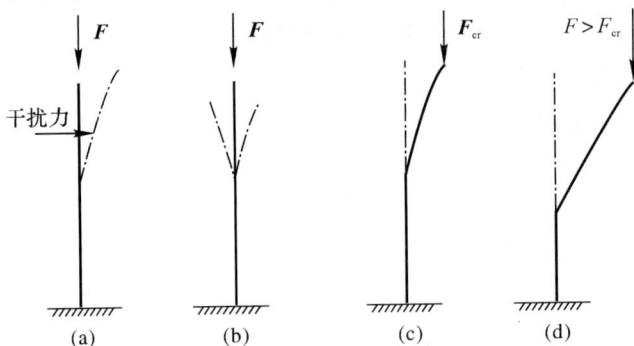

图 12.3

12.2 压杆的临界力

12.2.1 两端铰支杆的临界力

现以两端铰支并受轴向力 **F** 作用的等截面直杆为例,如图 12.4 所示,说明确定压杆临界力的方法。选坐标系,如图 12.4 所示,由截面法得横截面上的弯矩为

$$M(x) = -Fy \tag{12-1}$$

式中:F 取绝对值。由图 12.4 可以看出,弯矩 $M(x)$ 与挠度 y 的符号相反。当杆内的应力不超过材料的比例极限时,引用挠曲线的近似微分方程得

$$\frac{\mathrm{d}^2 y}{\mathrm{d}x^2}=\frac{M(x)}{EI}=-\frac{Fy}{EI} \qquad (12-2)$$

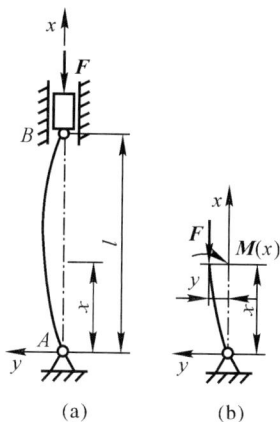

图 12.4

令 $k^2=\dfrac{F}{EI}$,式(12-2)可化简为

$$\frac{\mathrm{d}^2 y}{\mathrm{d}x^2}+k^2 y=0 \qquad (12-3)$$

确定临界力必须求解上述微分方程并确定其中的 k 值。式(12-3)的通解为

$$y=a\sin kx+b\cos kx \qquad (12-4)$$

式中:a、b 为待定的积分常数;k 为待定值。

根据压杆的边界条件来确定积分常数和 k 值。当 $x=0$ 时,$y=0$,代入式(12-4),得 $b=0$,于是式(12-4)可写为

$$y=a\sin kx \qquad (12-5)$$

当 $x=l$ 时,$y=0$,代入式(12-5),得

$$a\sin kl=0 \qquad (12-6)$$

要满足式(12-6),a 或 $\sin kl$ 必须等于零。若 $a=0$,由式(12-5)得 $y=0$,即压杆轴线上各点的挠度都为零,这与压杆处于微弯状态的前提矛盾。因此,只有

$$\sin kl=0 \qquad (12-7)$$

满足式(12-7)的条件是

$$kl=n\pi \quad (n=0,1,2,\cdots) \qquad (12-8)$$

由此可知

$$k=\sqrt{\frac{F}{EI}}=\frac{n\pi}{l}$$

或

$$F=\frac{n^2\pi^2 EI}{l^2} \quad (n=0,1,2,\cdots)$$

这就说明,使压杆保持曲线状态平衡的压力,在理论上是多值的。但使压杆在微弯状态

下保持平衡的最小压力,即临界力应取 $n=1$。这就得到细长杆在两端铰支时的临界力为

$$F_{cr}=\frac{\pi^2 EI}{l^2}\qquad(12-9)$$

式(12-9)称为**两端铰支压杆的欧拉公式**。

在此临界力作用下,$k=\pi/l$,则式(12-5)可写为

$$y=a\sin(\pi x/l)\qquad(12-10)$$

可见,两端铰支压杆的挠曲线是条半波的正弦曲线。式(12-10)中的常数是压杆中点处的挠度。

12.2.2 其他约束情况下压杆的临界力

在工程实际中,除两端铰支外,还有其他形式的杆端约束。例如,一端自由而另一端固定、两端固定等。对于这些情况的压杆,仿照前面的推导方法,也可以得到它们的临界力公式。如果以两端铰支压杆的挠曲线为基本情况,将它与其他约束情况下的挠曲线对比,就可得到欧拉公式的一般形式:

$$F_{cr}=\frac{\pi^2 EI}{(\mu l)^2}\qquad(12-11)$$

式中:μ 为与支承情况有关的长度系数,μl 称为相当长度。

由式(12-11)可以看出,临界力与压杆的材料、截面形状、截面尺寸、杆长、两端的支承情况有关。实际应用时,要根据实际约束与哪种理想约束相近,或界于哪两种理想约束之间,从而确定实际问题的长度系数。几种理想杆端约束情况下的长度系数见表12-1。

表 12-1 几种理想杆端约束情况下的长度系数 μ

支撑情况	两端铰支	两端固定	一端固定 一端铰支	一端固定 一端自由
简图		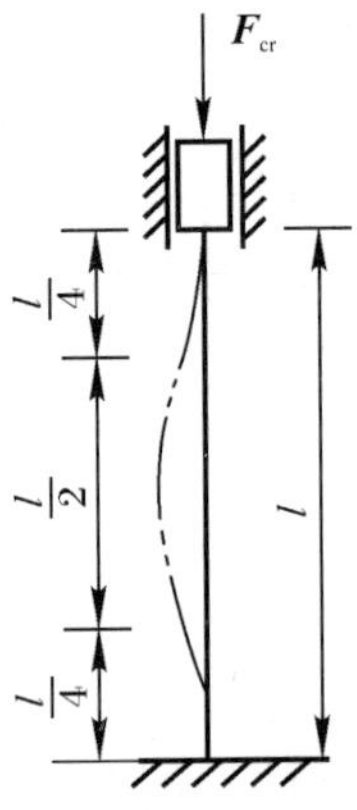	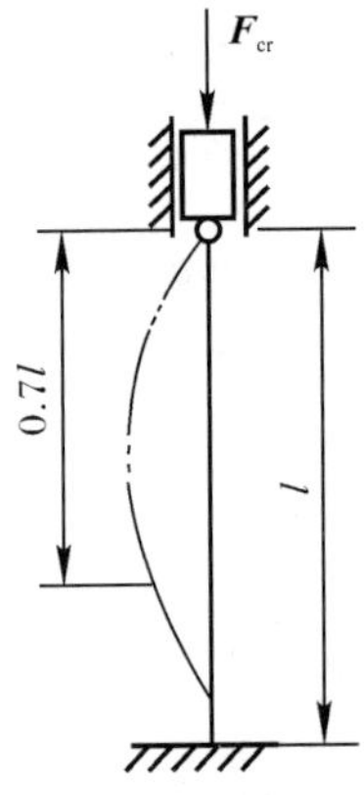	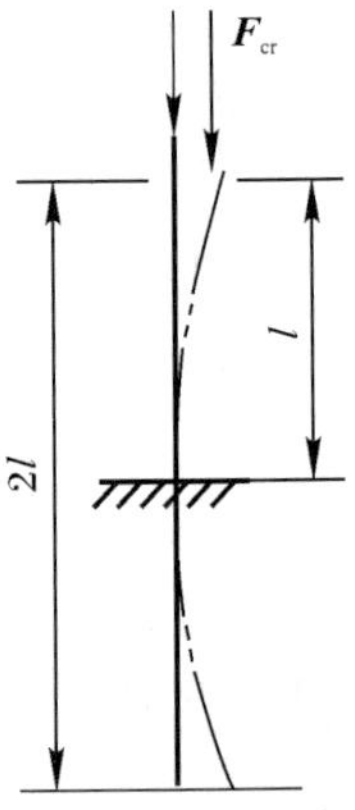
μ	1	0.5	0.7	2

【**例 12-1**】 矩形截面如图12.5所示,压杆一端固定,一端自由。材料为钢,已知其弹性模量 $E=200\ GPa$,$l=2\ m$,$b=40\ mm$,$h=90\ mm$,试计算此压杆的临界力。若 $b=h=60\ mm$,长度不变,此压杆的临界力又为多少?

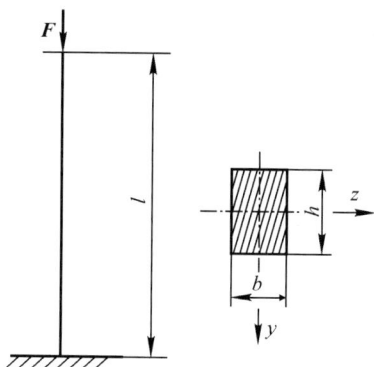

图　12.5

解　(1)计算惯性矩。由于杆一端固定,一端自由,查表 12-1 得 $\mu=2$。截面对 y、z 轴的惯性矩分别为

$$I_y=\frac{hb^3}{12}=\frac{90\times40^3}{12}\ \text{mm}^4=48\times10^4\ \text{mm}^4$$

$$I_z=\frac{hb^3}{12}=\frac{40\times90^3}{12}\ \text{mm}^4=243\times10^4\ \text{mm}^4$$

(2)计算临界力。因为 $I_y<I_z$,压杆必绕 y 轴弯曲,易失稳。将 I_y 代入欧拉公式计算临界力,可得

$$F_{cr}=\frac{\pi^2EI_y}{(\mu l)^2}=\frac{\pi^2\times200\times10^3\times48\times10^4}{(2\times2\,000)^2}\ \text{kN}=59\ \text{kN}$$

(3)计算第二种情况下的临界力。截面的惯性矩为

$$I_y=I_z=\frac{hb^3}{12}=\frac{60\times60^3}{12}\ \text{mm}^4=108\times10^4\ \text{mm}^4$$

代入欧拉公式得临界力为

$$F_{cr}=\frac{\pi^2EI_z}{(\mu l)^2}=\frac{\pi^2\times200\times10^3\times108\times10^4}{(2\times2\,000)^2}\ \text{kN}=133\ \text{kN}$$

比较以上计算结果,两杆所用材料截面积相同,但临界力后者是前者的 2.25 倍。

12.3　压杆的临界应力

12.3.1　临界应力

将压杆的临界力除以横截面面积,就得到横截面上的应力,称为**临界应力**,用 σ_{cr} 表示,即

$$\sigma=\frac{F_{cr}}{A}=\frac{\pi^2EI_z}{(\mu l)^2A} \tag{12-12}$$

令式(12-12)中的 $I_z/A=i^2$,i 称为压杆截面的**惯性半径**,代入式(12-12)得

$$\sigma_{cr}=\frac{\pi^2Ei^2}{(\mu l)^2}=\frac{\pi^2E}{\left(\dfrac{\mu l}{i}\right)^2} \tag{12-13}$$

令 $\lambda = \dfrac{\mu l}{i}$，代入式(12-13)中，得

$$\sigma_{cr} = \frac{\pi^2 E i^2}{(\mu l)^2} = \frac{\pi^2 E}{\lambda^2} \tag{12-14}$$

式中: λ 为**压杆的柔度**。λ 是一个量纲为 1 的量,它反映了压杆的支承情况、杆长、截面尺寸和形状等因素对临界应力的综合影响。从式(12-14)可以看出,压杆的临界应力与柔度的平方成反比,柔度越大,临界应力越小,压杆越容易失稳。

12.3.2 欧拉公式的适用范围

由于压杆临界力的欧拉公式是由挠曲线近似微分方程导出的,而该方程只在材料服从胡克定律时才成立。因此,式(12-14)只在压杆的临界应力不超过材料的比例极限 σ_p 时才能应用,即

$$\sigma_{cr} = \frac{\pi^2 E}{\lambda^2} \leqslant \sigma_p \tag{12-15}$$

或

$$\lambda \geqslant \pi \sqrt{\frac{E}{\sigma_p}} \tag{12-16}$$

令 $\lambda_p = \pi \sqrt{\dfrac{E}{\sigma_p}}$，则欧拉公式的适用范围为

$$\lambda \geqslant \lambda_p \tag{12-17}$$

对于 Q235A 钢, $E = 206$ GPa, $\sigma_p = 200$ MPa,得 $\lambda_p \approx 100$。因此,Q235A 钢只有在 $\lambda \geqslant 100$ 时,才能应用欧拉公式计算临界力或临界应力。$\lambda \geqslant \lambda_p$ 的压杆一般称为大柔度杆或细长杆,它的失稳是属于弹性范围内的失稳。

12.3.3 经验公式

对于不能应用欧拉公式计算临界应力的压杆,即当压杆的柔度 $\lambda < \lambda_p$ 时,但杆内的工作应力小于屈服点,可应用在实验基础上建立的经验公式。经验公式有直线公式和抛物线公式等。这里只介绍直线经验公式,即

$$\sigma_{cr} = a - b\lambda \tag{12-18}$$

式中: a 和 b 是与材料性质有关的常数,其单位为 Pa 或 MPa。一些常用材料的 a、b 值和 λ_p、λ_s 值见表 12-2。

表 12-2 一些常用材料的 a、b 及柔度 λ_p、λ_s

材 料	a/MPa	b/MPa	λ_p	λ_s
Q235A	304	1.12	100	60
45 钢	578	3.744	100	60
铸铁	332.2	1.454	80	—
木材	28.7	0.19	110	40

式(12-18)也有一个适用范围,例如,对塑性材料制成的压杆,要求其临界应力不得超

过材料的屈服点 σ_s，即

$$\sigma_{cr} = a - b\lambda \sigma_s$$

或

$$\lambda > \frac{a - \sigma_s}{b}$$

令 $\lambda_s = \dfrac{a - \sigma_s}{b}$，称为与屈服点相对应的柔度。如 Q235A 钢的 $\sigma_s = 240$ MPa，$a = 310$ MPa，$b = 1.12$ MPa，将这些值代入上式得 $\lambda_s \approx 60$。直线经验公式的应用范围为

$$\lambda_s < \lambda < \lambda_p$$

柔度在该范围内的压杆称为中长杆或中柔度杆。

对于 $\lambda \leqslant \lambda_s$ 的杆，称为粗短杆或小柔度杆。此类杆在失稳前应力已达到材料的屈服点，属于强度问题。如果在形式上仍作为稳定性问题来考虑，则其临界应力为

$$\sigma_{cr} = \sigma_s$$

根据以上分析，可将各类柔度压杆的临界应力计算公式归纳如下：

(1)对于细长杆 $(\lambda \geqslant \lambda_p)$，用欧拉公式 $\sigma_{cr} = \pi E^2 / \lambda^2$ 计算其临界应力。

(2)对于中长杆 $(\lambda_s < \lambda < \lambda_p)$，用经验公式 $\sigma_{cr} = a - b\lambda < \sigma_s$ 计算其临界应力。

(3)对于短粗杆 $(\lambda \leqslant \lambda_s)$，用压缩强度公式 $\sigma_{cr} = \sigma_s$ 计算其临界应力。

12.3.4　临界应力总图

上述临界应力 σ_{cr} 与柔度 λ 之间的关系可用图 12.6 表示，该图称为临界应力总图。从图中可以看出，细长杆和中长杆的临界应力随柔度的增加而减小，而粗短杆的临界应力与柔度无关。

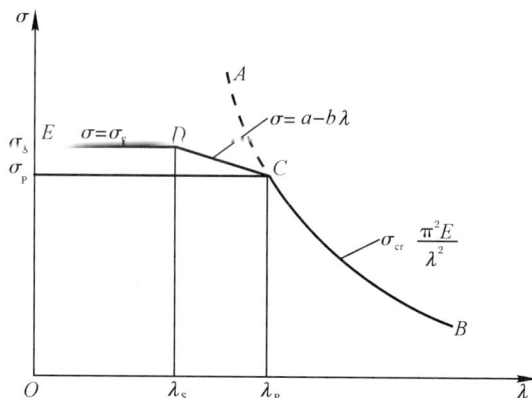

图 **12.6**

值得注意的是，上述讨论的压杆是以塑性材料为例的情况。若压杆为脆性材料，只需将屈服点 σ_s 换成抗压强度 σ_b 即可，这时粗短杆的破坏不是屈服，而是压溃。

【例 12－2】 用 Q235A 钢制成三根压杆，两端均为铰支，横截面直径 $d = 50$ mm，长度分别为 $l_1 = 2$ m、$l_2 = 1$ m、$l_3 = 0.5$ m，试求这三根压杆的临界压力。

解 (1)计算压杆的柔度，确定压杆的临界应力公式。若三根压杆的截面直径相同，I_z

$$=\frac{\pi d^4}{64}, A=\frac{\pi d^2}{4}, 则其圆截面的惯性半径为 i=\sqrt{I_z/A}=d/4, 代入柔度的计算公式得$$

$$\lambda_1=\frac{\mu l_1}{i}=\frac{\mu l_1}{d/4}=\frac{1\times2\,000\times4}{50}=160$$

$$\lambda_2=\frac{\mu l_2}{i}=\frac{\mu l_2}{d/4}=\frac{1\times1\,000\times4}{50}=80$$

$$\lambda_3=\frac{\mu l_1}{i}=\frac{\mu l_3}{d/4}=\frac{1\times500\times4}{50}=40$$

(2)计算各杆的临界力。由于 $\lambda_1=160>\lambda_p=104$，为细长杆，故用欧拉公式计算临界力

$$F_{cr1}=A\sigma_{cr}=A\frac{\pi^2E}{\lambda^2}=\frac{\pi d^2}{4}\frac{\pi^2E}{\lambda^2}=\frac{\pi^3\times50^2\times206\times10^3}{4\times160^2}\ kN=156\ kN$$

由于 $\lambda_s=60<\lambda_2<\lambda_p=100$，故该压杆是中长杆，应用直线经验公式计算临界应力，则有

$$F_{cr2}=A(a-b\lambda_2)=\frac{\pi d^2}{4}(a-b\lambda_2)$$

$$=\left[\frac{\pi\times(50\times10^{-3})^2}{4}\times(304-1.12\times80)\times10^6\right]\ kN=421\ kN$$

由于 $\lambda_3<\lambda_s=60$，故该压杆是粗短压杆，应用压缩强度公式计算其临界应力，则有

$$F_{cr3}=A\sigma_s=\left[\frac{\pi\times(50\times10^{-3})^2}{4}\times235\times10^6\right]\ kN=461\ kN$$

12.3.5 压杆的稳定性校核

为了使压杆具有足够的稳定性，不仅要使压杆上的工作压力小于临界压力或工作应力小于临界应力，而且还应有一定的安全储备，即

$$F_{cr}\leqslant\frac{F_{cr}}{n_w}\quad 或 \quad \sigma\leqslant\frac{\sigma_{cr}}{n_w} \tag{12-19}$$

式中：n_w 为稳定安全系数；F 为工作力；σ 为工作应力。

压杆的稳定性计算一般采用安全因数法，即

$$n_w=\frac{F_{cr}}{F}\geqslant[n_w]\quad 或 \quad n_w=\frac{\sigma_{cr}}{\sigma}\geqslant[n_w] \tag{12-20}$$

式(12-20)即为安全系数法表示的压杆的稳定条件。

由于压杆失稳大都具有突发性，且危害性比较大，故通常规定的安全系数都要大于强度安全系数。对于金属结构中的压杆，$n_w=1.8\sim3$；对于机床进给丝杠，$n_w=2.5\sim4$；对于磨床液压缸活塞杆，$n_w=4\sim6$；对于起重螺旋，$n_w=3.5\sim5$。

还需指出，对局部截面被削弱（如螺钉孔、抽空等）的压杆，除校核稳定性外，还应进行强度校核。在校核稳定性时，按未削弱横截面的尺寸计算惯性矩和截面面积，因压杆的稳定性取决于整个压杆，截面的削弱影响较小，在校核强度时，则应按削弱了的横截面面积计算。

【例12-3】 图12.7所示为螺旋千斤顶，螺旋旋出的最大长度 $l=400$ mm，螺纹小径 $d=400$ mm，最大起重量 $F=80$ kN。已知螺杆材料为45钢，$\lambda_p=100$，$\lambda_s=60$，规定安全系数 $[n_w]=4$，试校核螺杆的稳定性。

解 (1)计算压杆的柔度。螺杆可简化为上端自由、下端固定的压杆，如图12.7所示，

故支承系数 $\mu=2.0$，螺杆的惯性半径为 $i=\sqrt{I_z/A}=d/4$，代入柔度公式，得

$$\lambda=\frac{\mu l}{i}=\frac{\mu l}{d/4}=\frac{2\times400\times4}{40}=80$$

(2)计算螺杆临界应力并校核其稳定性。因 $\lambda<\lambda_p=100,\lambda>\lambda_s=60$，故螺杆为中长杆，查表 $12-2$，得 $a=578,b=3.744$。应用经验公式计算其临界应力

$$\sigma_{cr}=a-b\lambda=(578-3.744\times80)\text{ MPa}=278.48\text{ MPa}$$

螺杆的工作应力为

$$\sigma=\frac{F}{A}=\frac{80\times10^3}{\pi\times40^2/4}\text{ MPa}=63.7\text{ MPa}$$

螺杆的工作安全系数为

$$n_w=\frac{\sigma_{cr}}{\sigma}=\frac{278.48}{63.7}=4.37[n_w]$$

故螺杆的稳定性足够。

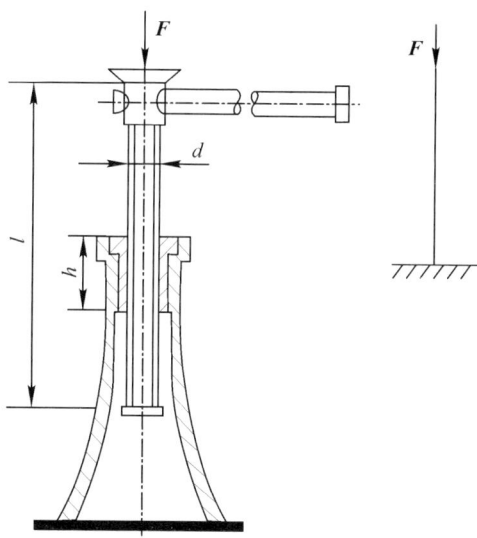

图　12.7

【例 $12-4$】　如图 12.8 所示为一根 Q235A 钢制成的矩形截面压杆 AB，A、B 两端用销钉连接，且设连接部分配合精密。已知杆长 $l=2\,300$ mm，截面尺寸 $b=40$ mm，$h=60$ mm，材料的弹性模量 $E=206$ GPa，$\lambda_p=100$。规定稳定安全系数 $[n_w]=4$，试确定许用压力 F。

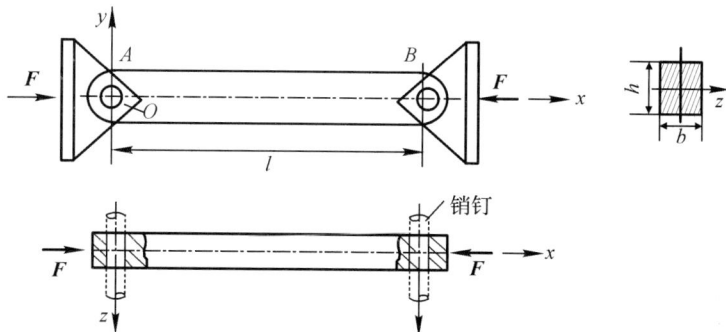

图　12.8

解 （1）计算压杆的柔度 λ。在 xOy 平面,压杆两端可简化为铰支,$\mu_{xy}=1$,则

$$i_z=\sqrt{\frac{I_z}{A}}=\sqrt{\frac{bh^3}{12}\frac{1}{bh}}=\frac{h}{\sqrt{12}}$$

$$\lambda_z=\frac{\mu_{xy}l}{i_z}=\frac{\sqrt{12}\mu l}{h}=\frac{1\times2\,300\sqrt{12}}{60}=133>\lambda_p=100$$

在 xOz 平面,压杆两端可简化为固定端,$\mu_{xz}=0.5$,则

$$i_y=\sqrt{\frac{I_y}{A}}=\sqrt{\frac{hb^3}{12}\frac{1}{bh}}=\frac{b}{\sqrt{12}}$$

$$\lambda_y=\frac{\mu_{xz}l}{i_z}=\frac{\mu_{xz}l\times\sqrt{12}}{b}=\frac{0.5\times2\,300\sqrt{12}}{40}=100$$

（2）计算临界力 F_{cr}。因为 $\lambda_z>\lambda_y$,故压杆最先在 xy 平面内失稳。按 λ_z 计算临界应力,因 $\lambda_z>\lambda_p$,即压杆在 xy 平面内是细长杆,可用欧拉公式计算其临界压力,得

$$F_{cr}=A\sigma_{cr}=A\frac{\pi^2E}{\lambda^2}=bh\frac{\pi^2E}{\lambda^2}=\left[40\times10^{-3}\times60\times10^{-3}\times\frac{\pi^2\times206\times10^9}{133^2}\right]\text{kN}=276\text{ kN}$$

（3）确定该压杆的许用压力 F。由稳定条件可得压杆的许用应力 F 为

$$F\leqslant\frac{F_{cr}}{[n_w]}=\frac{276}{4}\text{ kN}=69\text{ kN}$$

12.4 提高压杆稳定性的措施

压杆的稳定性取决于临界应力的大小,压杆的临界应力越高,则其承载能力越大,压杆的稳定性也就越好。由临界应力公式

$$\sigma_{cr}=\frac{\pi^2E}{\lambda^2}$$

和经验公式

$$\sigma_{cr}=\sigma_s-a\lambda$$

可以看出,临界应力与压杆的材料性能、长度、截面形状和尺寸及两端的约束情况有关。因此,要提高压杆的稳定性,可以从以下几方面入手。

12.4.1 合理选择材料

对大柔度杆,其临界应力与材料的弹性模量 E 成正比,应选用 E 值较高的材料,以提高压杆的稳定性。但如压杆由钢材制成,而各种钢材的 E 值都很接近,所以选用优质钢材并不能提高压杆的稳定性。对于中、小柔度的压杆,因其临界应力与材料强度有关,所以选用优质钢材可以提高其临界应力。

12.4.2 合理选择截面

在截面面积一定的情况下,应尽可能将材料放在离形心较远处,以增加截面的惯性矩,从而减小杆的柔度。如用型钢组成的空心方截面代替实心方截面,用圆环截面代替实心截面,如图 12.9 所示。

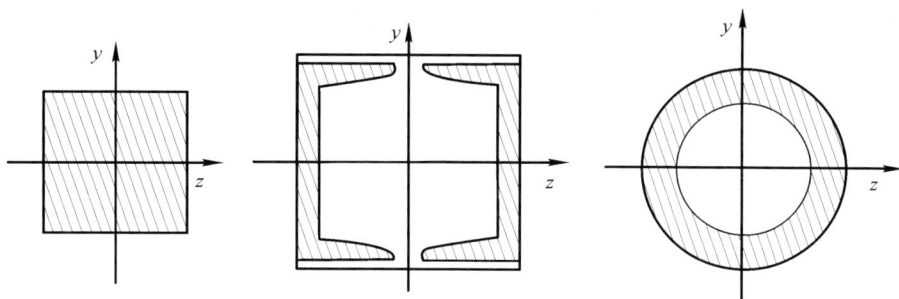

图　12.9

压杆总是在柔度大的纵向平面内失稳,为充分利用压杆的抗失稳能力,应使其各个纵向平面内的柔度相同或相近。

12.4.3　减小压杆的长度

因柔度 λ 与长度 l 成正比,因此在条件许可的情况下,尽可能地减小长度 l,或在压杆之间增设支座,都可以降低 λ,提高压杆两端的稳定性,图 12.10(a)所示为两端铰支的细长压杆,若在压杆中点处增加一铰支座,如图 12.10(b)所示,则其柔度为原来的 1/2;或将压杆的两端铰支约束加固为两端固定约束,如图 12.10(c)所示,则其柔度也为原来的 1/2。

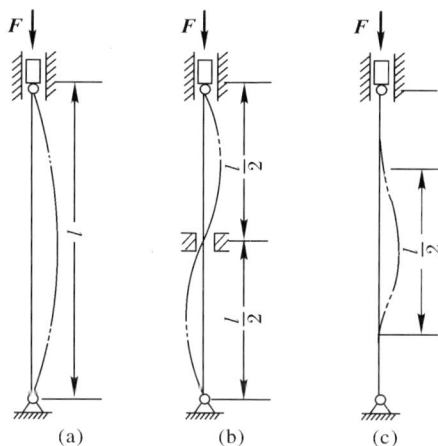

图　12.10

12.4.4　改善约束条件

压杆两端支撑的越牢固,长度系数 μ 越小,临界应力越大。因此,压杆与其他构件连接时,应尽可能制成刚性连接或采用较紧密的配合。

小　　　结

(1)当杆件受压时,若载荷小于某一值,其直线平衡状态是稳定的;当载荷等于或大于某一值时,其直线平衡状态是不稳定的。这种使压杆由稳定平衡变为不稳定平衡的载荷值,称为临界载荷 F_{cr}。若要保持压杆稳定,其轴向载荷必须小于 F_{cr}。

（2）对于不同柔度的压杆，计算临界应力的公式不同。对大柔度杆，由欧拉公式计算，即

$$\sigma_{cr} = \frac{\pi^2 E}{\lambda^2}$$

对中长杆，由经验公式计算，即

$$\sigma_{cr} = \sigma_s - a\lambda^2$$

对短粗杆，只需校核强度。

（3）压杆的稳定条件是

$$n_w = \frac{F_{cr}}{F} = \frac{\sigma_{cr}}{\sigma} \geqslant [n_w]$$

（4）提高压杆稳定性的措施，可以从压杆材料、截面形状、支承长度和约束形式等方面考虑。

▲拓展阅读

如何延长发动机叶片疲劳寿命？

谈到"疲劳"，被学习、工作、生活压力包围的现代人一点儿也不陌生。可你知道吗，飞机像人一样，也会"疲劳"。

飞机的发动机，就像人类的心脏，是飞机在蓝天上翱翔的动力之源。而叶片，是发动机的重要组成部分。叶片的情况，会直接关系到发动机性能的发挥。据统计，在航空发动机事故中，叶片振动疲劳是导致结构破坏的最主要因素。叶片疲劳主要与它的材料性能、结构尺寸与服役工况有关。叶片所使用的金属材料和其他材料一样，在外力作用下都会发生变形，产生裂纹，随着外力逐渐增大进而导致断裂，这种断裂称为"一次性过载断裂"。

然而，在金属结构件长期承受较低的交变载荷后，也会在结构或材料的薄弱处逐渐萌生裂纹，引发断裂，这就是"疲劳"现象。疲劳现象比较隐蔽，不容易被察觉。材料断裂前经过了长时间的裂纹萌生期，直到有一刻突然断裂，因此，造成的损失也较为严重。

一段美好的飞机旅行，可不允许这样惊悚的事情发生。那么，怎样来防范和规避这种情况发生呢？

为确保发动机叶片正常运转，聪明的工程师们在结构设计时，应尽力避免应力过度集中和结构薄弱处的存在。另外，在选择制造叶片的原材料时，为了保障材料性能，对材料进行了大量的检测工作。选材时，要对材料的性能进行综合评价，包括金相组织分析、化学成分检测、力学性能检测等。只有各项性能达标的材料，才能进一步加工制造成叶片。

有了巧妙的设计，又经过了考究的选材阶段，下一步就要对所选材料制成的叶片进行叶片振动疲劳试验了。这一步是零件制造过程中最后一道检验工序，也是至关重要的一步。

如果在疲劳测试时，叶片在振动疲劳试验阶段不过关，发生了叶片断裂失效，将由专业的失效分析人员进行分析，查找失效原因，进而改进制造工艺。

飞机上的疲劳现象无法完全避免，但通过科研人员的诸多努力，大大规避了疲劳现象带来的危害，从而保证我们能有一段更加安全、美好的飞行旅程。

习 题 十 二

一、简答题

1.什么叫失稳？什么是稳定平衡与不稳定平衡？

2.何谓临界力与临界应力？

3.欧拉公式的适用范围是什么？

4.什么是长度系数、惯性半径、柔度？

5.如何判断压杆失稳的方向？各种柔度压杆的临界应力如何确定？

6.如果杆件上有孔和槽，计算压杆稳定性问题与强度问题时截面面积该如何确定？

7.提高压杆稳定性的措施是什么？

二、计算题

1.图 12.11 所示，压杆材料都是 Q235A 钢，$E=206\ \text{GPa}$，直径均为 $d=160\ \text{mm}$，求各杆的临界力 F_{cr}，哪一根的临界力最大？

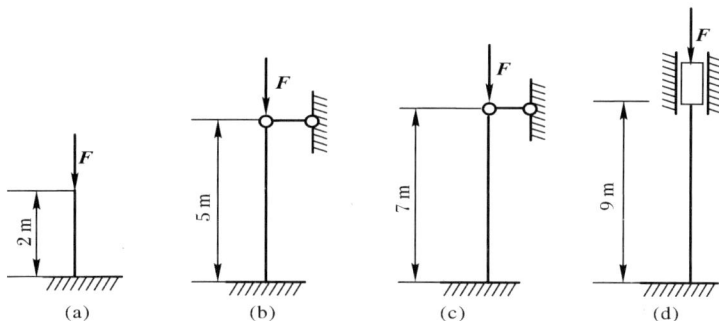

图 12.11

2.图 12.12 所示为两端球形铰支细长压杆，弹性模量 $E=200\ \text{GPa}$，试用欧拉公式计算其临界力。

(1)圆形截面，$d=25\ \text{mm}$，$l=1\ \text{m}$。

(2)矩形截面，$h=2b=40\ \text{mm}$，$l=1\ \text{m}$。

(3)16 号工字钢，$l=2\ \text{m}$。

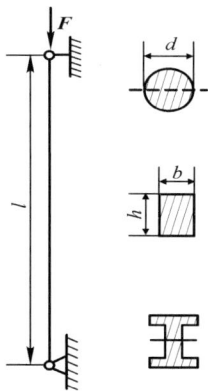

图 12.12

3. 如图 12.13 所示,三根相同的压杆,$l=400$ mm,$b=12$ mm,$h=20$ mm,材料为 Q235A 钢,$E=206$ GPa,$\sigma_p=200$ MPa,试求三种支承情况下压杆的临界力各为多少?

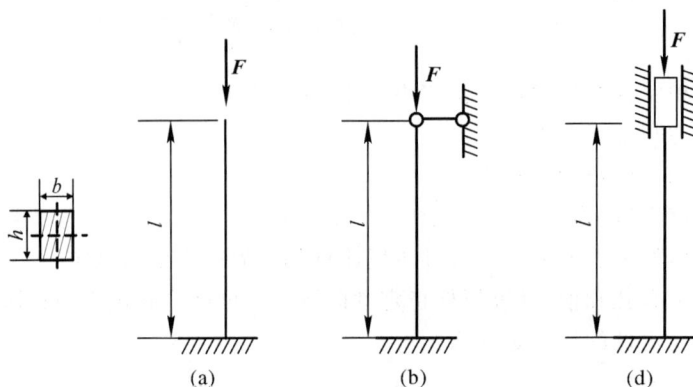

图 12.13

4. 压杆材料为 Q235A 钢,$E=206$ GPa,$\sigma_p=200$ MPa,横截面如图 12.14 所示的四种几何形状,面积均为 3.6×10^3 mm²,试计算它们的临界应力,并比较它们的稳定性。

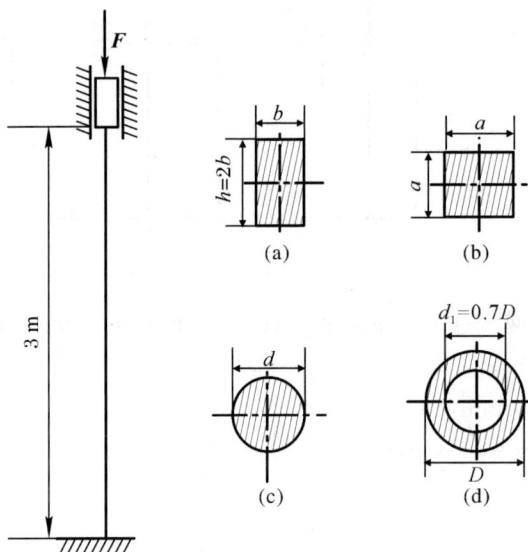

图 12.14

5. 由 Q235A 钢制成 20a 工字钢压杆,两端均为球铰,杆长 $l=4$ m,弹性模量 $E=200$ GPa,试求压杆的临界力和临界应力。

6. 已知某型号柴油机的挺杆两端均为铰支,直径 $d=8$ mm,长度 $l=257$ mm,其材料为 45 钢,弹性模量 $E=200$ GPa,$\lambda_p=100$,$\lambda_s=60$,若挺杆所受最大压力 $F_{max}=1.76$ kN,规定稳定安全系数 $[n_w]=3.2$,试校核挺杆的稳定性。

7. 千斤顶的最大承载重力 $F=150$ kN,螺杆小径 $d=52$ mm,长度 $l=500$ mm,材料为 45 钢,试求螺杆的工作安全系数。

8.图 12.15 所示为下端固定、上端铰支的钢柱,其横截面为 22b 号工字钢,弹性模量 $E=206\ \mathrm{GPa}$,试求其工作安全系数 n_w 为多少?

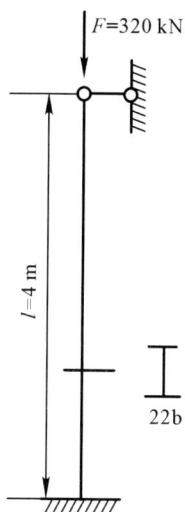

图 12.15

9 如图 12.16 所示,构架承受的 $F=10\ \mathrm{kN}$ 的载荷作用,已知杆的外径 $D=50\ \mathrm{mm}$,内径 $d=40\ \mathrm{mm}$,两端为球铰,材料为 Q235A 钢,$E=206\ \mathrm{GPa}$,$\sigma_\mathrm{p}=200\ \mathrm{MPa}$。若规定$[n_\mathrm{w}]=3$,试问 AB 杆是否稳定?

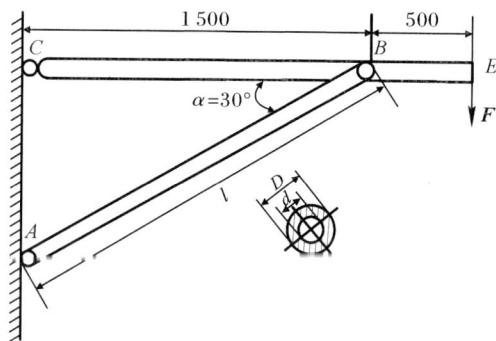

图 12.16

附录 A　常见截面的几何性质

计算构件的强度、刚度和稳定性问题时,我们经常要用到与构件截面形状和尺寸有关的几何量。例如,在拉(压)杆计算中用到截面面积 A,在受扭圆轴计算中用到极惯性矩 I_p,以及在梁的弯曲问题中用到静矩、惯性矩和惯性积等。下面介绍这些几何量的定义、性质及计算方法,这些统称为截面的几何性质。

A-1　静矩和形心

1.静矩

任意平面几何图形如图 A-1 所示,其面积为 A。在图形平面内选取一对直角坐标轴如图所示。在图形内取微面积 dA,该微面积在坐标系中的坐标为 (z,y)。zdA、ydA 分别为微面积对 y 轴、z 轴的面积矩,简称静矩。遍及整个图形面积 A 的积分为

$$\left. \begin{array}{l} s_y = \displaystyle\int_A z\,dA \\[2mm] s_z = \displaystyle\int_A y\,dA \end{array} \right\} \tag{A-1}$$

分别称为图形对 y 轴和 z 轴的静矩。

由式(A-1)可知,随着坐标轴 y、z 选取的不同,静矩数值可能为正,可能为负,也可能为零。静矩的常用单位为 m^3、cm^3 或 mm^3。

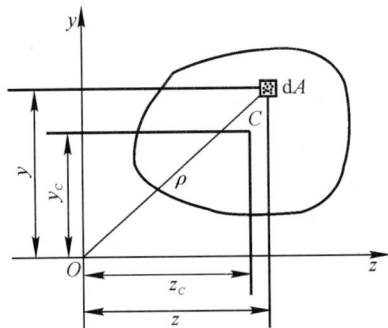

图　A-1

2. 形心

设想有一个厚度很小的均质薄板,薄板中间面的形状与图 A–1 的平面图形相同。显然,在 Ozy 坐标系中,上述均质薄板的重心与平面图形的形心有相同的坐标 y_C 和 z_C。由静力学的合力矩定理可知,均质薄板重心的坐标分别为

$$y_C = \frac{\sum y\,\mathrm{d}A}{A} = \frac{\int_A y\,\mathrm{d}A}{A}, \quad z_C = \frac{\sum z\,\mathrm{d}A}{A} = \frac{\int_A z\,\mathrm{d}A}{A} \tag{A–2}$$

这也是确定平面图形的形心坐标的公式。

利用式(A–1)可以把式(A–2)改写成

$$s_y = A \cdot z_C, \quad s_z = A \cdot y_C \tag{A–3}$$

因此,如果截面面积和静矩已知,可以由静矩除以图形面积 A 来确定图形形心的坐标。这就是图形形心坐标与静矩之间的关系。

由式(A–3)可知,若图形对某一轴的静矩等于零,则该轴必然通过图形的形心;反之,若某一轴通过形心,则图形对该轴的静矩必等于零。

【**例 A–1**】　求半径为 r 的半圆形对过其直径的轴 z 的面矩及其形心坐标 y_c(见图 A–2)。

解　过圆心 O 作与 z 轴垂直的 y 轴,并在任意 y 坐标取宽为 $\mathrm{d}y$ 的微面积 $\mathrm{d}A$,其面积为

$$\mathrm{d}A = 2\sqrt{r^2 - y^2}\,\mathrm{d}y$$

由式(A–1)得

$$s_z = \int_A y\,\mathrm{d}A = \int_0^r 2y\sqrt{r^2 - y^2}\,\mathrm{d}y = \frac{2}{3}r^3$$

将 $S_z = \frac{2}{3}r^3$ 代入式(A–3),得

$$y_C = \frac{S_z}{A} = \frac{4r}{3\pi}$$

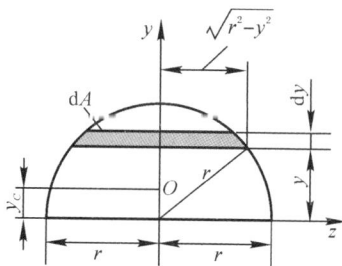

图　A–2

3. 组合图形的静矩与形心坐标的关系

实际计算中,对于简单的、规则的图形,其形心位置可以直接判断。例如矩形、圆形、三角形等的形心位置是显而易见的。对于组合图形,则先将其分解为若干个简单图形;然后分别计算它们对于给定坐标轴的静矩,并求其代数和,即当一个图形 A 是由 $A_1,A_2,\cdots,A_n$ 等 n 个图形组合而成的组合图形时,由静矩的定义得出,组合图形对某轴的静矩等于组成它的各简单图形对某轴静矩的代数和,即

$$s_y = \sum_{i=1}^n A_i z_{Ci}, \quad s_z = \sum_{i=1}^n A_i y_{Ci} \tag{A–4}$$

形心位置为

$$y_C = \frac{S_z}{A} = \frac{\sum\limits_{i=1}^{n} A_i y_{Ci}}{\sum\limits_{i=1}^{n} A_i}, \quad y_C = \frac{\sum\limits_{i=1}^{n} A_i z_{Ci}}{\sum\limits_{i=1}^{n} A_i} \qquad (A-5)$$

【例 A-2】 试确定图 A-3 所示的平面图形的形心 C 的位置。

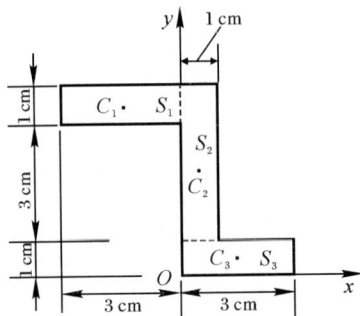

图 A-3

解 将图形分割为三部分，选取 Oxy 直角坐标系如图 A-3 所示。每个矩形的形心坐标及面积分别为

$$x_1 = -1.5 \text{ cm}, \quad y_1 = 4.5 \text{ cm}, \quad A_1 = 3.0 \text{ cm}^2$$
$$x_2 = 0.5 \text{ cm}, \quad y_2 = 3.0 \text{ cm}, \quad A_2 = 4.0 \text{ cm}^2$$
$$x_3 = 1.5 \text{ cm}, \quad y_3 = 0.5 \text{ cm}, \quad A_3 = 3.0 \text{ cm}^2$$

得形心 C 的坐标为

$$x_C = \frac{\sum \Delta A_i x_i}{A}$$

$$= \frac{3 \times (-1.5) + 4 \times 0.5 + 3 \times 1.5}{3 + 4 + 3} \text{ cm}$$

$$= 0.2 \text{ cm}$$

$$y_C = \frac{\sum \Delta A_i y_i}{A}$$

$$= \frac{3 \times 4.5 + 4 \times 3 + 3 \times 0.5}{3 + 4 + 3} \text{ cm}$$

$$= 2.7 \text{ cm}$$

A-2 惯性矩 极惯性矩 惯性积

1. 惯性矩

任意平面几何图形如图 A-4 所示，其面积为 A。在图形平面内选取一对直角坐标轴如图 A-4 所示。在图形内取微面积 dA，该微面积在坐标系中的坐标为 (z, y)。$z^2 dA$、$y^2 dA$ 分别为微面积对 y 轴、z 轴的惯性矩，而遍及整个图形面积 A 的积分为

$$\left.\begin{array}{l} I_y = \displaystyle\int_A z^2\,\mathrm{d}A \\[2mm] I_z = \displaystyle\int_A y^2\,\mathrm{d}A \end{array}\right\} \tag{A-6}$$

分别定义其为平面图形对 y 轴和 z 轴的惯性矩。

在式(A-6)中,由于 y^2、z^2 总是正值,所以 I_z、I_y 也恒为正值。惯性矩的常用单位为 m^4、cm^4 或 mm^4。

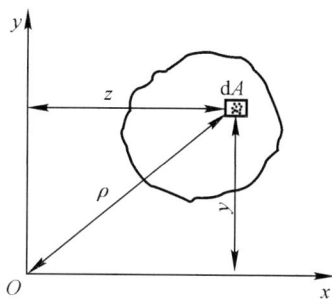

图 A-4

【例 A-3】 试计算图 A-5 所示的矩形对其对称轴 y、z 轴的惯性矩。

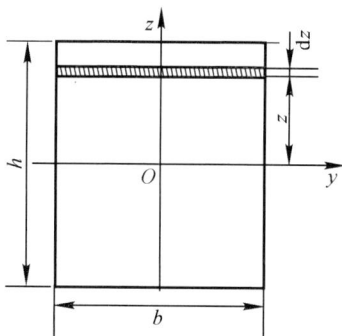

图 A-5

解 先求矩形对 y 轴的惯性矩。取平行于 y 轴的狭长矩形作为微面积 $\mathrm{d}A$,则

$$\mathrm{d}A = b\mathrm{d}z$$

$$I_y = \int_A z^2\,\mathrm{d}A = \int_{-\frac{h}{2}}^{\frac{h}{2}} bz^2\,\mathrm{d}z = \frac{bh^3}{12}$$

用同样的方法可求得

$$I_z = \frac{bh^3}{12}$$

2. 极惯性矩

如图 A-4 所示,$\rho^2\mathrm{d}A$ 称为微面积 $\mathrm{d}A$ 对坐标原点 O 的极惯性矩,则将 $\rho^2\mathrm{d}A$ 遍及整个图形面积 A 的积分,称为图形对坐标原点 O 的极惯性矩,用 I_p 表示,即

$$I_\mathrm{p} = \int_A \rho^2\,\mathrm{d}A \tag{A-7}$$

将 $\rho^2 = z^2 + y^2$ 代入式(A-7),得

$$I_p = \int_A \rho^2 \, dA = \int_A (z^2 + y^2) \, dA = \int_A z^2 \, dA + \int_A y^2 \, dA$$

$$I_p = I_y + I_z \qquad (A-8)$$

由式(A-8)可知,图形对其所在平面内任一点的极惯性矩 I_p,等于其对过此点的任一对正交轴 y、z 轴的惯性矩 I_y、I_z 之和。

3. 惯性半径

在有些工程计算中,将惯性矩表达为其面积与一个长度二次方的乘积,即

$$I_z = i_z^2 \cdot A, \quad I_y = i_y^2 \cdot A \quad \text{或} \quad i_z = \sqrt{\frac{I_z}{A}}, \quad i_y = \sqrt{\frac{I_y}{A}}$$

式中:I_z、I_y 分别为截面对 y、z 轴的惯性半径。

【例 A-4】 试计算图 A-6 所示的圆形对过形心轴的惯性矩及对形心的极惯性矩。

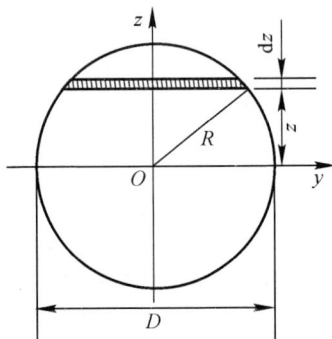

图 A-6

解 取图中狭长矩形作为微面积 dA,则

$$dA = 2y \, dz = 2\sqrt{R^2 - z^2} \, dz$$

$$I_y = \int_A z^2 \, dA = 2 \int_{-R}^{R} z^2 \sqrt{R^2 - z^2} \, dz = \frac{\pi R^4}{4} = \frac{\pi D^4}{64}$$

由对称性有

$$I_z = I_y = \frac{\pi D^4}{64}$$

由式(A-8)有

$$I_p = I_y + I_z = \frac{\pi D^4}{32}$$

【例 A-5】 试计算图 A-7 所示的空心圆形对过圆心的 y、z 轴的惯性矩及对圆心 O 的极惯性矩。

解 首先求对圆心 O 的极惯性矩 I_p。取图中所示的环形微面积 dA,则

$$dA = 2\pi \rho \, d\rho$$

$$I_p = \int_A \rho^2 \, dA = 2\pi \int_{\frac{d}{2}}^{\frac{D}{2}} \rho^3 \, d\rho = \frac{\pi}{32}(D^4 - d^4)$$

因 $I_p = I_y + I_z$,且 $I_y = I_z$,则有

$$I_y = I_z = \frac{1}{2} I_p = \frac{\pi}{64}(D^4 - d^4)$$

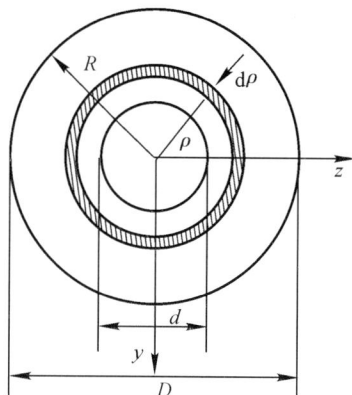

图　A-7

4. 惯性积与形心主惯性矩

任意平面几何图形如图 A-4 所示,定义 $zydA$ 为微面积 dA 对 y 轴和 z 轴的惯性积。则将 $zydA$ 遍及整个图形面积 A 的积分,称为图形对 y 轴和 z 轴的惯性积,用 I_{yz} 表示,即

$$I_{yz} = \int_A zy\,dA \tag{A-9}$$

由式(A-9)可知,惯性积可以是正值、负值或零,量纲是长度的四次方。而且轴惯性积中只要有一个为图形的对称轴,则图形对 y、z 轴的惯性积必等于零。

A-3　惯性矩和惯性积的平行移轴公式

1. 惯性矩和惯性积的平行移轴公式

图 A-8 所示截面的面积为 A,它对其形心轴 x_C、y_C 轴的惯性矩和惯性积分别为 I_{x_C}、I_{y_C}、$I_{x_C y_C}$。设有任意轴 x、y 轴分别与 x_C、y_C 轴平行,截面对 x、y 轴的惯性矩和惯性积分别为 I_x、I_y、I_{xy}。现在来推导截面对于这两对坐标轴的惯性矩和惯性积之间的关系。设截面上的微面积 dA 在两个坐标系中的坐标分别为 x_C、y_C 和 x、y,可见

$$x = x_C + b, \quad y = y_C + a$$

将 y 代入式(A-6)中的第一式,展开后得

$$I_z = \int_A y^2\,dA = \int_A (a + y_C)^2\,dA = a^2 \int_A dA + 2a \int_A y_C\,dA + \int_A y_C^2\,dA = I_{z_C} + a^2 A$$

同理可得

$$\left.\begin{array}{l} I_y = I_{y_C} + b^2 A \\ I_{yz} = I_{y_C z_C} + abA \end{array}\right\} \tag{A-10}$$

式中:a、b 为截面形心在 Oxy 坐标系中的坐标。

式(A-10)称为惯性矩与惯性积的平行移轴公式。它表明,截面对任一轴的惯性矩等于截面对与该轴平行的形心轴的惯性矩再加上截面的面积与形心到该轴间距离二次方的乘积;截面对任意两相互垂直轴的惯性积等于它对与该两轴平行的两形心轴的惯性积再加上截面的面积与形心到该两轴间距离的乘积。

在平面图形对所有互相平行轴的众多惯性矩中,平面图形对形心轴的惯性矩最小。

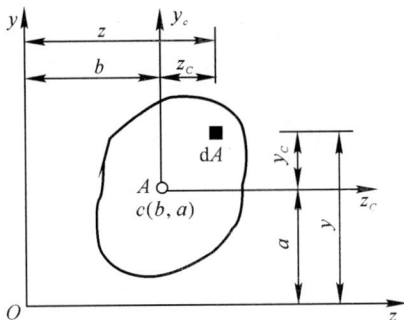

图　A-8

2.组合截面的惯性矩和惯性积

工程上经常遇到组合截面。根据惯性矩和惯性积的定义可知,组合截面对某坐标轴的惯性矩(或惯性积)就等于其各个组成部分对同一坐标轴的惯性矩(或惯性积)之和。若组合截面由 n 个简单截面组成,每个简单截面对 x、y 轴的惯性矩和惯性积为 I_{xi}、I_{yi}、I_{xyi},则组合截面对 x、y 轴的惯性矩和惯性积分别为

$$I_y = \sum_{i=1}^{n} I_{yi}, \quad I_x = \sum_{i=1}^{n} I_{xi}, \quad I_{xy} = \sum_{i=1}^{n} I_{xyi} \qquad (A-11)$$

对于不规则截面对坐标轴的惯性矩和惯性积,可将截面分割成若干等高度的窄长条,然后应用式(A-11)计算其近似值。

A-4　组合截面的形心主惯性轴和形心主惯性矩

1.主惯性轴和主惯性矩

对于任何形状的截面,总可以找到一对特殊的直角坐标轴,使截面对这一对坐标轴的惯性积等于零。惯性积等于零的一对坐标轴就称为该截面的主惯性轴,而截面对主惯性轴的惯性矩就称为主惯性矩。

2.形心主惯性轴和形心主惯性矩

当一对主惯性轴的交点与截面的形心重合时,这对主惯性轴就被称为该截面的形心主惯性轴,简称形心主轴,而截面对形心主惯性轴的惯性矩就称为形心主惯性矩。

3.形心主惯性轴的确定

由于任何平面图形对包括其形心对称轴在内的一对正交坐标轴的惯性积恒等于零,所以可根据截面有对称轴的情况,用观察法确定平面图形的形心主惯性轴的位置。

(1)如果平面图形有一根对称轴,那么此轴必定是形心主惯性轴,而另一根形心主惯性轴通过形心,并与此轴垂直。

(2)如果平面图形有两根对称轴,那么两轴都为形心主惯性轴。

(3)如果平面图形有三根或更多根对称轴,那么,过该图形形心的任何轴都是形心主惯性轴,而且该平面图形对其任一形心主惯性轴的惯性矩都相等。

需要说明的是,对于没有对称轴的截面,其形心主惯性轴的位置可以通过计算来确定,

这是因为截面对它的惯性矩是最大或最小的。

常见截面的几何性质如表 A-1 所示。

表 A-1 常见截面的几何性质

图　形	面积 A	形心轴位置	形心轴惯性矩 I
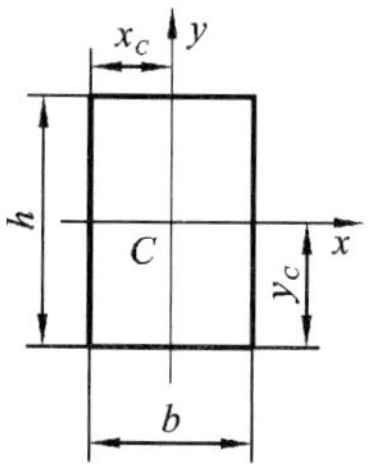	$A=bh$	$x_C=\dfrac{b}{2}$ $y_C=\dfrac{h}{2}$	$I_x=\dfrac{bh^3}{12}$ $I_y=\dfrac{hb^3}{12}$
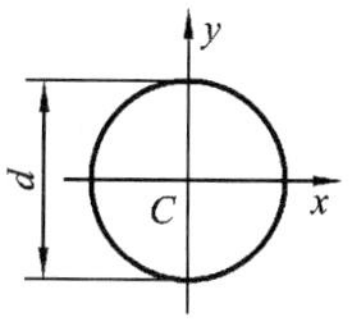	$A=\dfrac{\pi d^2}{4}$	形心在圆心	$I_x=I_y=\dfrac{\pi d^4}{64}$
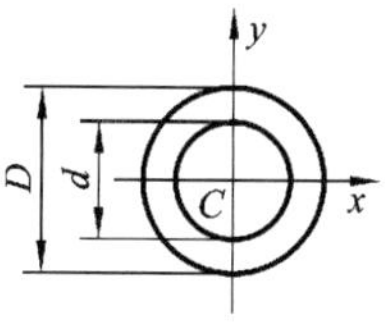	$A=\dfrac{\pi}{4}(D^2-d^2)$	形心在圆心	$I_x=I_y=\dfrac{\pi D^4}{64}(1-\alpha^4)$ $\alpha=\dfrac{d}{D}$
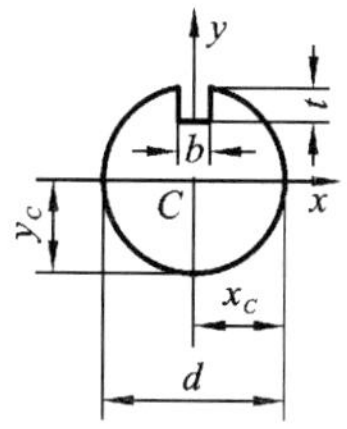	$A\approx\dfrac{\pi d^2}{4}-bt$	$x_C=\dfrac{d}{2}$ $y_C\approx\dfrac{d}{2}$	$I_x\approx\dfrac{\pi d^4}{64}-\dfrac{bt}{4}(d-t)^2$
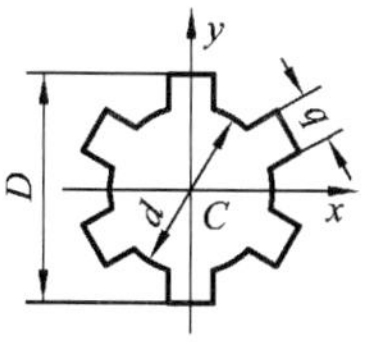	$A=\dfrac{\pi d^2}{4}+zb\dfrac{(D-d)}{2}$ z 为花齿数	形心在圆心	$I_x=\dfrac{\pi d^4}{64}+\dfrac{zb}{64}-(D-d)(D+d)^2$
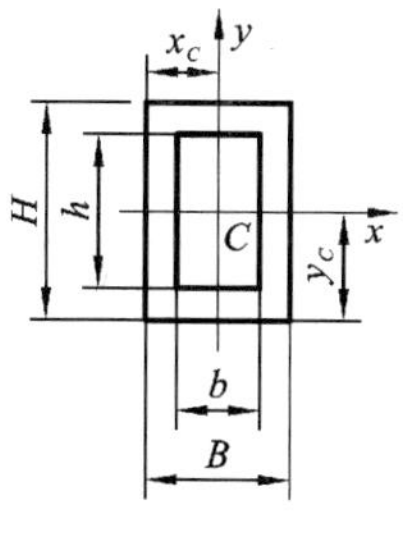	$A=HB-hb$	$x_C=\dfrac{B}{2}$ $y_C=\dfrac{H}{2}$	$I_x=\dfrac{BH^3-bh^3}{12}$ $I_y=\dfrac{HB^3-hb^3}{12}$

续 表

图　形	抗弯截面系数 W	惯性半径 i
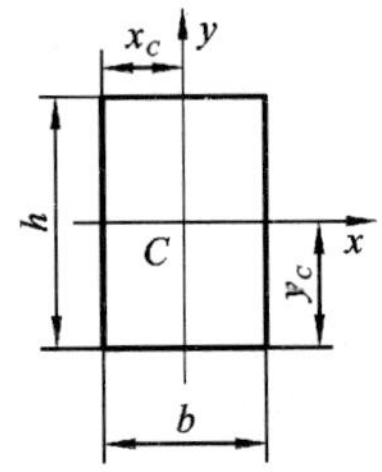	$W_x = \dfrac{bh^2}{6}$ $W_y = \dfrac{hb^2}{6}$	$i_x = \dfrac{\sqrt{3}}{6}h = 0.289h$ $i_y = \dfrac{\sqrt{3}}{6}b = 0.289b$
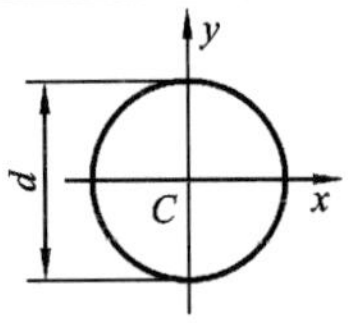	$W_x = W_y = \dfrac{\pi d^3}{32}$	$i_x = i_y = \dfrac{d}{4}$
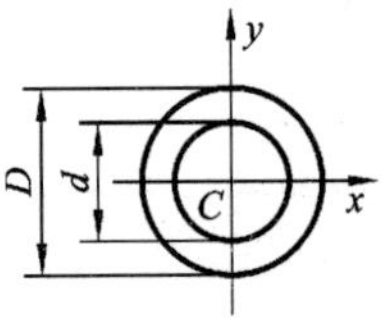	$W_x = W_y = \dfrac{\pi D^3}{32}(1-\alpha^4)$	$i_x = i_y = \dfrac{D}{4}\sqrt{1+\alpha^2}$
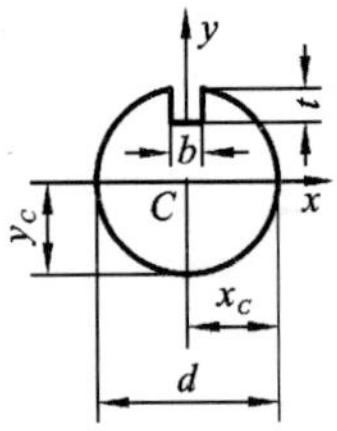	$W_x \approx \dfrac{\pi d^3}{32} - \dfrac{bt(d-t)^2}{2d}$	$i_x = \dfrac{1}{4}\sqrt{\dfrac{\pi d^4 - 16bt(d-t)^2}{\pi d^2 - 4bt}}$
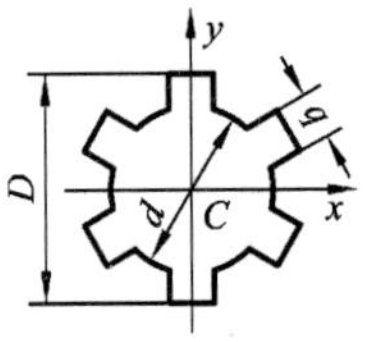	$W_x = \dfrac{\pi d^4 + zb(D-d)(D+d)^2}{32D}$	$i_x = \dfrac{1}{4}\sqrt{\dfrac{\pi d^4 + zb(D-d)(D+d)^2}{\pi d^2 + 2zb(D-d)}}$
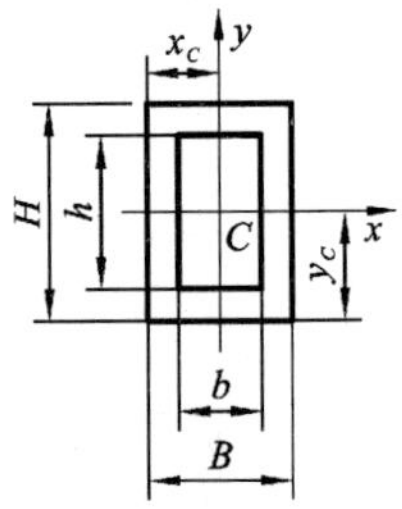	$W_x = \dfrac{BH^3 - bh^3}{6H}$ $W_y = \dfrac{HB^3 - hb^3}{6B}$	$i_x = \dfrac{1}{2}\sqrt{\dfrac{BH^3 - bh^3}{3(BH-bh)}}$ $i_y = \dfrac{1}{2}\sqrt{\dfrac{HB^3 - hb^3}{3(HB-hb)}}$

附录 B 梁在简单载荷作用下的变形

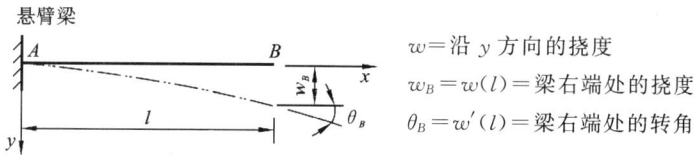

悬臂梁

$w=$ 沿 y 方向的挠度

$w_B=w(l)=$ 梁右端处的挠度

$\theta_B=w'(l)=$ 梁右端处的转角

序　号	梁上载荷及弯矩图	挠度方程	转角和挠度
1		$w=\dfrac{M_{e}x^{2}}{2EI}$	$\theta_B=\dfrac{M_{e}l}{EI}$ $w_B=\dfrac{M_{e}l^{2}}{2EI}$
2		$w=\dfrac{Fx^{2}}{6EI}(3l-x)$	$\theta_B=\dfrac{Fl^{2}}{2EI}$ $w_B=\dfrac{Fl^{3}}{3EI}$
3		$w=\dfrac{Fx^{2}}{6EI}(3a-x)\quad(0\leqslant x\leqslant a)$ $w=\dfrac{Fa^{2}}{6EI}(3x-a)\quad(a\leqslant x\leqslant l)$	$\theta_B=\dfrac{Fa^{2}}{2EI}$ $w_B=\dfrac{Fa^{2}}{6EI}(3l-a)$
4		$w=\dfrac{qx^{2}}{24EI}(x^{2}+6l^{2}-4lx)$	$\theta_B=\dfrac{ql^{3}}{6EI}$ $w_B=\dfrac{ql^{4}}{8EI}$
5		$w=\dfrac{q_{0}x^{2}}{120EIl}(10l^{3}-10l^{2}x+5lx^{2}-x^{3})$	$\theta_B=\dfrac{q_{0}l^{3}}{24EI}$ $w_B=\dfrac{q_{0}l^{4}}{30EI}$

简支梁

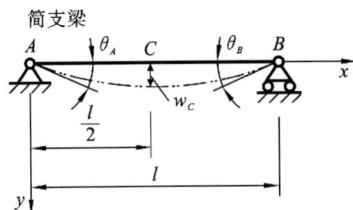

$w=$ 沿 y 方向的挠度

$w_C = w\left(\dfrac{l}{2}\right) =$ 梁的中点挠度

$\theta_A = w'(0) =$ 梁左端处的转角

$\theta_B = w'(l) =$ 梁右端处的转角

序　号	梁上载荷及弯矩图	挠度方程	转角和挠度
6		$w = \dfrac{M_A x}{6EIl}(l-x)(2l-x)$	$\theta_A = \dfrac{M_A l}{3EI}$ $\theta_B = -\dfrac{M_A l}{6EI}$ $w_C = \dfrac{M_A l^2}{16EI}$
7		$w = \dfrac{M_B x}{6EIl}(l^2 - x^2)$	$\theta_A = \dfrac{M_B l}{6EI}$ $\theta_B = -\dfrac{M_B l}{3EI}$ $w_C = \dfrac{M_B l^2}{16EI}$
8		$w = \dfrac{qx}{24EI}(l^3 - 2lx^2 + x^3)$	$\theta_A = \dfrac{q l^3}{24EI}$ $\theta_B = -\dfrac{q l^3}{24EI}$ $w_C = \dfrac{5q l^4}{384EI}$
9		$w = \dfrac{q_0 x}{360EIl}(7l^4 - 10l^2 x^2 + 3x^4)$	$\theta_A = \dfrac{7q_0 l^3}{360EI}$ $\theta_B = -\dfrac{q_0 l^3}{45EI}$ $w_C = \dfrac{5q_0 l^4}{768EI}$
10		$w = \dfrac{Fx}{48EI}(3l^2 - 4x^2) \quad \left(0 \leqslant x \leqslant \dfrac{l}{2}\right)$	$\theta_A = \dfrac{F l^2}{16EI}$ $\theta_B = -\dfrac{F l^2}{16EI}$ $w_C = \dfrac{F l^3}{48EI}$

简支梁

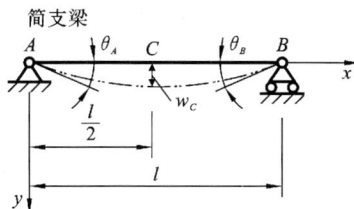

$w=$沿 y 方向的挠度

$w_C=w\left(\dfrac{l}{2}\right)=$梁的中点挠度

$\theta_A=w'(0)=$梁左端处的转角

$\theta_B=w'(l)=$梁右端处的转角

序 号	梁上载荷及弯矩图	挠度方程	转角和挠度
11		$w=\dfrac{Fbx}{6EIl}(l^2-x^2-b^2)\quad(0\leqslant x\leqslant a)$ $w=\dfrac{Fb}{6EIl}\left[\dfrac{l}{b}(x-a^3)+(l^2-b^2)x-x^3\right]$ $(a\leqslant x\leqslant l)$	$\theta_A=\dfrac{Fab(l+b)}{6EIl}$, $\theta_B=-\dfrac{Fab(l+a)}{6EIl}$, $w_C=\dfrac{Fb(3l^2-4b^2)}{48EI}$ $(a\geqslant b)$
12		$w=\dfrac{M_e x}{6EIl}(6al-3a^2-2l^2-x^2)$ $(0\leqslant x\leqslant a)$ 当 $a=b=\dfrac{l}{2}$ 时, $w=\dfrac{M_e x}{24EIl}\times$ $(l^2-4x^2)\quad\left(0\leqslant x\leqslant \dfrac{l}{2}\right)$	$\theta_A=\dfrac{M_e}{6EIl}\times$ $(6al-3a^2-2l^2)$, $\theta_B=\dfrac{M_e}{6EIl}(l^2-3a^2)$。 当 $a=b=\dfrac{l}{2}$ 时, $\theta_A=\dfrac{M_e l}{24EI}$, $\theta_B=\dfrac{M_e l}{24EI},w_C=0$
13		$w=-\dfrac{qb^5}{24EIl}\left[2\dfrac{x^3}{b^3}-\dfrac{x}{b}\left(2\dfrac{l^2}{b^2}-1\right)\right]$ $(0\leqslant x\leqslant b)$ $w=-\dfrac{q}{24EI}\times$ $\left[2\dfrac{b^2 x^3}{l}-\dfrac{b^2 x}{l}(2l^2-b^2)-(x-a)^4\right]$ $(a\leqslant x\leqslant l)$	$\theta_A=\dfrac{qb^2(2l^2-b^2)}{24EIl}$, $\theta_B=\dfrac{qb^2(2l-b)^2}{24EIl}$, $w_C=\dfrac{qb^5}{24EIl}\times$ $\left(\dfrac{3}{4}\dfrac{l^3}{b^3}-\dfrac{1}{2}\dfrac{l}{b}\right)$ $(a>b)$, $w_C=\dfrac{qb^5}{24EIl}\times$ $\left[\dfrac{3}{4}\dfrac{l^3}{b^3}-\dfrac{1}{2}\times\dfrac{l}{b}+\right.$ $\left.\dfrac{1}{16}\dfrac{l^5}{b^5}\times\left(1-\dfrac{2a}{l}\right)^4\right]$ $(a<b)$

附录 C　常用的型钢表

表 C-1　热轧等边角钢(摘自 GB/T 706—2008)

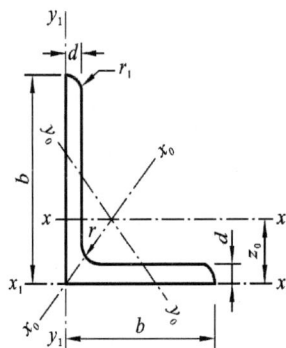

符号意义:

b—边宽度;
d—边厚度;
r—内圆弧半径;
r_1—边端内圆弧半径;

I—惯性矩;
i—惯性半径;
W—弯曲截面系数;
z_0—重心距离

型号	截面尺寸/mm			截面面积 $\mathrm{cm^2}$	理论质量 $\mathrm{kg \cdot m^{-1}}$	外表面积 $\mathrm{m^2 \cdot m^{-1}}$	参考数值										
							x—x			x_0—x_0			y_0—y_0			x_1—x_1	z_0/cm
	b	d	r				$I_x/\mathrm{cm^4}$	i_x/cm	$W_x/\mathrm{cm^3}$	$I_{x_0}/\mathrm{cm^4}$	i_{x_0}/cm	$W_{x_0}/\mathrm{cm^3}$	$I_{y_0}/\mathrm{cm^4}$	i_{y_0}/cm	$W_{y_0}/\mathrm{cm^3}$	$I_{x_1}/\mathrm{cm^4}$	
2	20	3	3.5	1.132	0.889	0.078	0.40	0.59	0.29	0.63	0.75	0.45	0.17	0.39	0.20	0.81	0.60
		4		1.459	1.145	0.077	0.50	0.58	0.36	0.78	0.73	0.55	0.22	0.38	0.24	1.09	0.64
2.5	25	3		1.432	1.124	0.098	0.82	0.76	0.46	1.29	0.95	0.73	0.34	0.49	0.33	1.57	0.73
		4		1.859	1.459	0.097	1.03	0.74	0.59	1.62	0.93	0.92	0.43	0.48	0.40	2.11	0.76

续表

型号	b	d	r	截面面积/cm²	理论质量/kg·m⁻¹	外表面积/m²·m⁻¹	I_x/cm⁴	i_x/cm	W_x/cm³	I_{x_0}/cm⁴	i_{x_0}/cm	W_{x_0}/cm³	I_{y_0}/cm⁴	i_{y_0}/cm	W_{y_0}/cm³	I_{x_1}/cm⁴	z_0/cm
							x—x			x_0—x_0			y_0—y_0			x_1—x_1	
3	30	3	4.5	1.749	1.373	0.117	1.46	0.91	0.68	2.31	1.15	1.09	0.61	0.59	0.51	2.71	0.85
		4		2.276	1.786	0.117	1.84	0.90	0.87	2.92	1.13	1.37	0.77	0.58	0.62	3.63	0.89
3.6	36	3	4.5	2.109	1.656	0.141	2.58	1.11	0.99	4.09	1.39	1.61	1.07	0.71	0.76	4.68	1.00
		4		2.756	2.163	0.141	3.29	1.09	1.28	5.22	1.38	2.05	1.37	0.70	0.93	6.25	1.04
		5		3.382	2.654	0.141	3.95	1.08	1.56	6.24	1.36	2.45	1.65	0.70	1.00	7.84	1.07
4	40	3	5	2.359	1.852	0.157	3.59	1.23	1.23	5.69	1.55	2.01	1.49	0.79	0.96	6.41	1.09
		4		3.086	2.422	0.157	4.60	1.22	1.60	7.29	1.54	2.58	1.91	0.79	1.19	8.56	1.13
		5		3.791	2.976	0.156	5.53	1.21	1.96	8.76	1.52	3.10	2.30	0.78	1.39	10.74	1.17
4.5	45	3	5	2.659	2.088	0.177	5.17	1.40	1.58	8.20	1.76	2.58	2.14	0.89	1.24	9.12	1.22
		4		3.486	2.736	0.177	6.65	1.38	2.05	10.56	1.74	3.32	2.75	0.89	1.54	12.18	1.26
		5		4.292	3.369	0.176	8.04	1.37	2.51	12.74	1.72	4.00	3.33	0.88	1.81	15.25	1.30
		6		5.076	3.985	0.176	9.33	1.39	2.95	14.76	1.70	4.64	3.89	0.88	2.06	18.36	1.33
5	50	3	5.5	2.971	2.332	0.197	7.18	1.55	1.96	11.37	1.96	3.22	2.98	1.00	1.57	12.50	1.34
		4		3.897	3.059	0.197	9.26	1.54	2.56	14.70	1.94	4.16	3.82	0.99	1.96	16.69	1.38
		5		4.803	3.770	0.196	11.21	1.53	3.13	17.79	1.92	5.03	4.64	0.98	2.31	20.90	1.42
		6		5.688	4.465	0.196	13.05	1.52	3.68	20.68	1.91	5.85	5.42	0.98	2.63	25.14	1.46
5.6	56	3	6	3.343	2.624	0.221	10.19	1.75	2.48	16.14	2.20	4.08	4.24	1.13	2.02	17.56	1.48
		4		4.390	3.446	0.220	13.18	1.73	3.24	20.92	2.18	5.28	5.46	1.11	2.52	23.43	1.53
		5		5.415	4.251	0.220	16.02	1.72	3.97	25.42	2.17	6.42	6.61	1.10	2.98	29.33	1.57
		6		6.420	5.040	0.220	18.69	1.71	4.68	29.66	2.15	7.49	7.73	1.10	3.40	35.26	1.61
		7		7.404	5.812	0.219	21.23	1.69	5.36	33.63	2.13	8.49	8.82	1.09	3.80	41.23	1.64
		8		8.367	6.568	0.219	23.63	1.68	6.03	37.37	2.11	9.44	9.89	1.09	4.16	47.24	1.68

续 表

型号	b	d	r	截面面积 /cm²	理论质量 /kg·m⁻¹	外表面积 /m²·m⁻¹	I_x /cm⁴	i_x /cm	W_x /cm³	I_{x_0} /cm⁴	i_{x_0} /cm	W_{x_0} /cm³	I_{y_0} /cm⁴	i_{y_0} /cm	W_{y_0} /cm³	I_{x_1} /cm⁴	z_0 /cm
6	60	5	6.5	5.829	4.576	0.236	19.89	1.85	4.59	31.57	2.33	7.44	8.21	1.19	3.48	36.05	1.67
		6		6.914	5.427	0.235	23.25	1.83	5.41	36.89	2.31	8.70	9.60	1.18	3.98	43.33	1.70
		7		7.977	6.262	0.235	26.44	1.82	6.21	41.92	2.29	9.88	10.96	1.17	4.45	50.65	1.74
		8		9.020	7.081	0.235	29.47	1.81	6.98	46.66	2.27	11.00	12.28	1.17	4.88	58.02	1.78
6.3	63	4	7	4.978	3.907	0.248	19.03	1.96	4.13	30.17	2.46	6.78	7.89	1.26	3.29	33.35	1.70
		5		6.143	4.822	0.248	23.17	1.94	5.08	36.77	2.45	8.25	9.57	1.25	3.90	41.73	1.74
		6		7.288	5.721	0.247	27.12	1.93	6.00	43.03	2.43	5.66	11.20	1.24	4.46	50.14	1.78
		7		8.412	6.603	0.247	30.87	1.92	48.96	2.41	10.99	12.79	1.23	4.98	58.60	1.82	
		8		9.515	7.469	0.247	34.46	1.90	7.75	54.56	2.40	12.25	14.33	1.23	5.47	67.11	1.85
		10		11.657	9.151	0.246	41.09	1.88	9.39	64.85	2.36	14.56	17.33	1.22	6.36	84.31	1.93
7	70	4	8	5.570	4.372	0.275	26.39	2.18	5.14	41.80	2.74	8.44	10.99	1.40	4.17	45.74	1.86
		5		6.875	5.397	0.275	32.21	2.16	6.32	51.08	2.73	10.32	13.31	1.39	4.95	57.21	1.91
		6		8.160	6.406	0.275	37.77	2.15	7.48	59.93	2.71	12.11	15.61	1.38	5.67	68.73	1.95
		7		9.424	7.398	0.275	43.09	2.14	8.59	68.35	2.69	13.81	17.82	1.38	6.34	80.29	1.99
		8		10.667	8.373	0.274	48.17	2.12	9.68	76.37	2.68	15.43	19.98	1.37	6.98	91.92	2.03
7.5	75	5	9	7.412	5.818	0.295	39.97	2.33	7.32	63.30	2.92	11.94	16.63	1.50	5.77	70.56	2.04
		6		8.797	6.905	0.294	46.95	2.31	8.64	74.38	2.90	14.02	19.51	1.49	6.67	84.55	2.07
		7		10.160	7.976	0.294	53.57	2.30	9.93	84.96	2.89	16.02	22.18	1.48	7.44	98.71	2.11
		8		11.503	9.030	0.294	59.96	2.28	11.20	95.07	2.88	17.93	24.86	1.47	8.19	112.97	2.15
		9		12.825	10.068	0.294	66.10	2.27	12.43	104.71	2.86	19.75	27.48	1.46	8.89	127.30	2.18
		10		14.126	11.089	0.293	71.98	2.26	13.64	113.92	2.84	21.48	30.05	1.46	9.56	141.71	2.22

参数数值

续表

型号	截面尺寸/mm b	d	r	截面面积/cm²	理论质量/kg·m⁻¹	外表面积/m²·m⁻¹	I_x/cm⁴	i_x/cm	W_x/cm³	I_{x_0}/cm⁴	i_{x_0}/cm	W_{x_0}/cm³	I_{y_0}/cm⁴	i_{y_0}/cm	W_{y_0}/cm³	I_{x_1}/cm⁴	z_0/cm
							x—x			x_0—x_0			y_0—y_0			x_1—x_1	
8	80	5	9	7.912	6.211	0.315	48.79	2.48	8.34	77.33	3.13	13.67	20.25	1.60	6.66	85.36	2.15
		6		9.397	7.376	0.314	57.35	2.47	9.87	90.98	3.11	16.08	23.72	1.59	7.65	102.50	2.19
		7		10.860	8.525	0.314	65.58	2.46	11.37	104.07	3.10	18.40	27.09	1.58	8.58	119.70	2.23
		8		12.303	9.658	0.314	73.49	2.44	12.83	116.60	3.08	20.61	30.39	1.57	9.46	136.97	2.27
		9		13.725	10.774	0.314	81.11	2.43	14.25	128.60	3.06	22.73	33.61	1.56	10.29	154.31	2.31
		10		15.126	11.874	0.313	88.43	2.42	15.64	140.09	3.04	24.76	36.77	1.56	11.08	171.74	2.35
9	90	6	10	10.637	8.350	0.354	82.77	2.79	12.61	131.26	3.51	20.63	34.28	1.80	9.95	145.87	2.44
		7		12.301	9.656	0.354	94.83	2.78	14.54	150.47	3.50	23.64	39.18	1.78	11.19	170.30	2.48
		8		13.944	10.946	0.353	106.47	2.76	16.42	168.97	3.48	26.55	43.97	1.78	12.35	194.80	2.52
		9		15.566	12.219	0.353	117.72	2.75	18.27	186.77	3.46	29.35	48.66	1.77	13.46	219.39	2.56
		10		17.167	13.476	0.353	128.58	2.74	20.07	203.90	3.45	32.04	53.26	1.76	14.52	244.07	2.59
		12		20.306	15.940	0.352	149.22	2.71	23.57	236.21	3.41	37.12	62.22	1.75	16.49	293.76	2.67
10	100	6	12	11.932	9.366	0.393	114.95	3.10	15.68	181.98	3.90	25.74	47.92	2.00	12.69	200.07	2.67
		7		13.796	10.830	0.393	131.86	3.09	18.10	208.97	3.89	29.55	54.74	1.99	14.26	233.54	2.71
		8		15.638	12.276	0.393	148.24	3.08	20.47	235.07	3.88	33.24	61.41	1.98	15.75	267.09	2.76
		9		17.462	13.708	0.392	164.12	3.07	22.79	260.30	3.86	36.81	67.95	1.97	17.18	300.73	2.80
		10		19.261	15.120	0.392	179.51	3.05	25.06	284.68	3.84	40.26	74.35	1.96	18.54	334.48	2.84
		12		22.800	17.898	0.391	208.90	3.03	29.48	330.95	3.81	46.80	86.84	1.95	21.08	402.34	2.91
		14		26.256	20.611	0.391	236.53	3.00	33.73	374.06	3.77	52.90	99.00	1.94	23.44	470.75	2.99
		16		29.627	23.257	0.390	262.53	2.98	37.82	414.16	3.74	58.57	110.89	1.94	25.63	539.80	3.06

参考数值

续表

型号	b	d	r	截面面积/cm²	理论质量/kg·m⁻¹	外表面积/m²·m⁻¹	I_x/cm⁴	i_x/cm	W_x/cm³	I_{x_0}/cm⁴	i_{x_0}/cm	W_{x_0}/cm³	I_{y_0}/cm⁴	i_{y_0}/cm	W_{y_0}/cm³	I_{x_1}/cm⁴	z_0/cm
11	110	7	12	15.196	11.928	0.433	177.16	3.41	22.05	280.94	4.30	36.12	73.38	2.20	17.51	310.64	2.96
		8		17.238	13.532	0.433	199.46	3.40	24.95	316.49	4.28	40.69	82.42	2.19	19.39	355.20	3.01
		10		21.261	16.690	0.432	242.19	3.38	30.60	384.39	4.25	49.42	99.98	2.17	22.91	444.65	3.09
		12		25.200	19.782	0.431	282.55	3.35	36.05	448.17	4.22	57.62	116.93	2.15	26.15	534.60	3.16
		14		29.056	22.809	0.431	320.71	3.32	41.31	508.01	4.18	65.31	133.40	2.14	29.14	625.16	3.24
12.5	125	8	14	19.750	15.504	0.492	297.03	3.88	32.52	470.89	4.88	53.28	123.16	2.50	25.86	521.01	3.37
		10		24.373	19.133	0.491	361.67	3.85	39.97	573.89	4.85	64.93	149.46	2.48	30.62	651.93	3.45
		12		28.912	22.696	0.491	423.16	3.83	47.17	671.44	4.82	75.96	174.88	2.46	35.03	783.42	3.53
		14		33.367	26.193	0.490	481.65	3.80	54.16	763.73	4.78	86.41	199.57	2.45	39.13	915.61	3.61
		16		37.739	29.625	0.489	537.31	3.77	60.93	850.98	4.75	96.28	223.65	2.43	42.96	1048.62	3.68
14	140	10	14	27.373	21.488	0.551	514.65	4.34	50.58	817.27	5.46	82.56	212.04	2.78	39.20	915.11	3.82
		12		32.512	25.522	0.551	603.68	4.31	59.80	958.79	5.43	96.85	248.57	2.76	45.02	1099.28	3.90
		14		37.567	29.490	0.550	688.81	4.28	68.75	1093.56	5.40	110.47	284.06	2.75	50.45	1284.22	3.98
		16		42.539	33.393	0.549	770.24	4.26	77.46	1221.81	5.36	123.42	318.67	2.74	55.55	1470.07	4.06
15	150	8	16	23.750	18.644	0.592	521.37	4.69	47.36	827.49	5.90	78.02	215.25	3.01	38.14	899.55	3.99
		10		29.372	23.058	0.591	637.50	4.66	58.35	1012.79	5.87	95.49	262.21	2.99	45.51	1125.09	4.08
		12		34.912	27.406	0.591	748.85	4.63	69.04	1189.97	5.84	112.19	307.73	2.97	52.38	1351.26	4.15
		14		40.367	31.688	0.590	855.64	4.60	79.45	1359.30	5.80	128.16	351.98	2.95	58.83	1578.25	4.23
		15		43.063	33.804	0.590	907.39	4.59	84.56	1441.09	5.78	135.87	373.69	2.95	61.90	1692.10	4.27
		16		45.739	35.905	0.589	958.08	4.58	89.59	1521.02	5.77	143.40	395.14	2.94	64.89	1806.21	4.31
16	160	10	16	31.502	24.729	0.630	779.53	4.98	66.70	1237.30	6.27	109.36	321.76	3.20	52.76	1365.33	4.31
		12		37.441	29.391	0.630	916.58	4.95	78.98	1455.68	6.24	128.67	377.49	3.18	60.74	1639.57	4.39
		14		43.296	33.987	0.629	1048.36	4.92	90.95	1665.02	6.20	147.17	431.70	3.16	68.24	1914.68	4.47
		16		49.067	38.518	0.629	1175.08	4.89	102.63	1865.57	6.17	164.89	484.59	3.14	75.31	2190.82	4.55

（截面尺寸/mm；参考数值）

续 表

型号	b	d	r	截面面积/cm²	理论质量/kg·m⁻¹	外表面积/m²·m⁻¹	I_x/cm⁴	i_x/cm	W_x/cm³	I_{x_0}/cm⁴	i_{x_0}/cm	W_{x_0}/cm³	I_{y_0}/cm⁴	i_{y_0}/cm	W_{y_0}/cm³	I_{x_1}/cm⁴	z_0/cm
							x—x			x_0—x_0			y_0—y_0			x_1—x_1	
18	180	12	16	42.241	33.159	0.710	1 321.35	5.59	100.82	2 100.10	7.05	165.00	542.61	3.58	78.41	2 332.80	4.89
		14		48.896	38.383	0.709	1 514.48	5.56	116.25	2 407.42	7.02	189.14	621.53	3.56	88.38	2 723.48	4.97
		16		55.467	43.542	0.709	1 700.99	5.54	131.13	2 703.37	6.98	212.40	698.60	3.55	97.83	3 115.29	5.05
		18		61.955	48.634	0.708	1 875.12	5.50	145.64	2 988.24	6.94	234.78	762.01	3.51	105.14	3 502.43	5.13
20	200	14	18	54.642	42.894	0.788	2 103.55	6.20	144.70	3 343.26	7.82	236.40	863.83	3.98	111.82	3 734.10	5.46
		16		62.013	48.680	0.788	2 366.15	6.18	163.65	3 760.89	7.79	265.93	971.41	3.96	123.96	4 270.39	5.54
		18		69.301	54.401	0.787	2 620.64	6.15	182.22	4 164.54	7.75	294.48	1 076.74	3.94	135.52	4 808.13	5.62
		20		76.505	60.056	0.787	2 867.30	6.12	200.42	4 554.55	7.72	322.06	1 180.04	3.93	146.55	5 347.51	5.69
		24		90.661	71.168	0.785	3 338.25	6.07	236.17	5 294.97	7.64	374.41	1 381.53	3.90	166.55	6 457.16	5.87

注：截面图中的 $r_1=d/3$ 及表中 r 的数据用于孔型设计，不作为交货条件。

表 C－2 热轧不等边角钢(摘自 GB/T 706—2008)

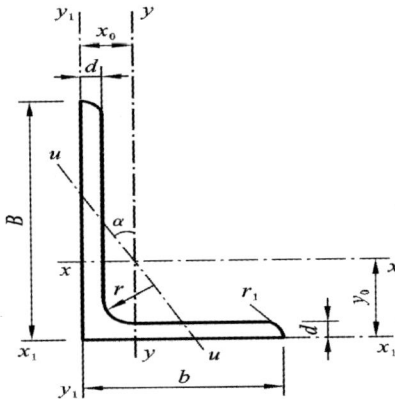

符号意义：

B—长边宽度；
b—短边宽度；
d—边厚度；
r—边端内圆弧半径；
i—惯性半径；
x_0—重心距离；

l—短边宽度；
r—内圆弧半径；
i—惯性矩；
W—抗弯截面系数；
y_0—重心距离。

参考数值

型号	截面尺寸/mm B	b	d	r	截面面积/cm²	理论质量/kg·m⁻¹	外表面积/m²·m⁻¹	x－x I_x/cm⁴	i_x/cm	W_x/cm³	y－y I_y/cm⁴	i_y/cm	W_y/cm³	x₁－x₁ I_{x_1}/cm⁴	Y_0/cm	y₁－y₁ I_{y_1}/cm⁴	x_0/cm	u－u I_u/cm⁴	i_u/cm	W_u/cm³	tanα
2.5/1.6	25	16	3	3.5	1.162	0.912	0.080	0.70	0.78	0.43	0.22	0.44	0.19	1.56	0.86	0.43	0.42	0.14	0.34	0.16	0.392
			4		1.499	1.176	0.079	0.88	0.77	0.55	0.27	0.43	0.24	2.09	0.90	0.59	0.46	0.17	0.34	0.20	0.381
3.2/2	32	20	3	3.5	1.492	1.171	0.102	1.53	1.01	0.72	0.46	0.55	0.30	3.27	1.08	0.82	0.49	0.28	0.43	0.25	0.382
			4		1.939	1.522	0.101	1.93	1.00	0.93	0.57	0.54	0.39	4.37	1.12	1.12	0.53	0.35	0.42	0.32	0.374
4/2.5	40	20	3	4	1.890	1.484	0.127	3.08	1.28	1.15	0.93	0.70	0.49	5.39	1.32	1.59	0.59	0.56	0.54	0.40	0.385
			4		2.467	1.936	0.127	3.93	1.36	1.49	1.18	0.69	0.63	8.53	1.37	2.14	0.63	0.71	0.54	0.52	0.381

续 表

型号	截面尺寸/mm				截面面积/cm²	理论质量/kg·m⁻¹	外表面积/m²·m⁻¹	参考数值														
								$x-x$			$y-y$			x_1-x_1		y_1-y_1		$u-u$			
	B	b	d	r				I_x/cm⁴	i_x/cm	W_x/cm³	I_y/cm⁴	i_y/cm	W_y/cm³	I_{x_1}/cm⁴	Y_0/cm	I_{y_1}/cm⁴	x_0/cm	I_u/cm⁴	i_u/cm	W_u/cm³	$\tan\alpha$
4.5/2.8	45	28	3	5	2.149	1.687	0.143	4.45	1.44	1.47	1.34	0.79	0.62	9.10	1.47	2.23	0.64	0.80	0.61	0.51	0.383
	45	28	4	5	2.806	2.203	0.143	5.69	1.42	1.91	1.70	0.78	0.80	12.13	1.51	3.00	0.68	1.02	0.60	0.66	0.380
5/3.2	50	32	3	5.5	2.431	1.908	0.161	6.24	1.60	1.84	2.02	0.91	0.82	12.49	1.60	3.31	0.73	1.20	0.70	0.68	0.404
	50	32	4	5.5	3.177	2.494	0.160	8.02	1.59	2.39	2.58	0.90	1.06	16.65	1.65	4.45	0.77	1.53	0.69	0.87	0.402
5.6/3.6	56	36	3	6	2.743	2.153	0.181	8.88	1.80	2.32	2.92	1.03	1.05	17.54	1.78	4.70	0.80	1.73	0.79	0.87	0.408
	56	36	4	6	3.590	2.818	0.180	11.45	1.79	3.03	3.76	1.02	1.37	23.39	1.82	6.33	0.85	2.23	0.79	1.13	0.408
	56	36	5	6	4.415	3.466	0.180	13.86	1.77	3.71	4.49	1.01	1.65	29.25	1.87	7.94	0.88	2.67	0.78	1.36	0.404
6.3/4	63	40	4	7	4.058	3.185	0.202	16.49	2.02	3.87	5.23	1.14	1.70	33.30	2.04	8.63	0.92	3.12	0.88	1.40	0.398
	63	40	5	7	4.993	3.920	0.202	20.02	2.00	4.74	6.31	1.12	2.07	41.63	2.08	10.86	0.95	3.76	0.87	1.71	0.396
	63	40	6	7	5.908	4.638	0.201	23.36	1.98	5.59	7.29	1.11	2.43	49.98	2.12	13.12	0.99	4.34	0.86	1.99	0.393
	63	40	7	7	6.802	5.339	0.201	26.53	1.96	6.40	8.24	1.10	2.78	58.07	2.15	15.47	1.03	4.97	0.86	2.29	0.389
7/4.5	70	45	4	7.5	4.547	3.570	0.226	23.17	2.26	4.86	7.55	1.29	2.17	45.92	2.24	12.26	1.02	4.40	0.98	1.77	0.410
	70	45	5	7.5	5.609	4.403	0.225	27.95	2.23	5.92	9.13	1.28	2.65	57.10	2.28	15.39	1.06	5.40	0.98	2.19	0.407
	70	45	6	7.5	6.647	5.218	0.225	32.54	2.21	6.95	10.62	1.26	3.12	68.35	2.32	18.58	1.09	6.35	0.98	2.59	0.404
	70	45	7	7.5	7.657	6.011	0.225	37.22	2.20	8.03	12.01	1.25	3.57	79.99	2.36	21.84	1.13	7.16	0.97	2.94	0.402
7.5/5	75	50	5	8	6.125	4.808	0.245	34.86	2.39	6.83	12.61	1.44	3.30	70.00	2.40	21.04	1.17	7.41	1.10	2.74	0.435
	75	50	6	8	7.260	5.699	0.245	41.12	2.38	8.12	14.70	1.42	3.88	84.30	2.44	25.37	1.21	8.54	1.08	3.19	0.435
	75	50	8	8	9.467	7.431	0.244	52.39	2.35	10.52	18.53	1.40	4.99	112.50	2.52	34.23	1.29	10.87	1.07	4.10	0.429
	75	50	10	8	11.590	9.098	0.244	62.71	2.33	12.79	21.96	1.38	6.04	140.80	2.60	43.43	1.36	13.10	1.06	4.99	0.423
8/5	80	50	5	8	6.375	5.005	0.255	41.96	2.56	7.78	12.82	1.42	3.32	85.21	2.60	21.06	1.14	7.66	1.10	2.74	0.388
	80	50	6	8	7.560	5.935	0.255	49.49	2.56	9.25	14.95	1.41	3.91	102.53	2.65	25.41	1.18	8.85	1.08	3.20	0.387
	80	50	7	8	8.724	6.848	0.255	56.16	2.54	10.58	16.96	1.39	4.48	119.33	2.69	29.82	1.21	10.18	1.08	3.70	0.384
	80	50	8	8	9.867	7.745	0.254	62.83	2.52	11.92	18.85	1.38	5.03	136.41	2.73	34.32	1.25	11.38	1.07	4.16	0.381

续 表

型号	B	b	d	r	截面面积/cm²	理论质量/kg·m⁻¹	外表面积/m²·m⁻¹	x-x I_x/cm⁴	i_x/cm	W_x/cm³	y-y I_y/cm⁴	i_y/cm	W_y/cm³	x_1-x_1 I_{x_1}/cm⁴	Y_0/cm	y_1-y_1 I_{y_1}/cm⁴	x_0/cm	u-u I_u/cm⁴	i_u/cm	W_u/cm³	$\tan\alpha$
9/5.6	90	56	5	9	7.212	5.661	0.287	60.45	2.90	9.92	18.32	1.59	4.21	121.32	2.91	29.53	1.25	10.98	1.23	3.49	0.385
			6		8.557	6.717	0.286	71.03	2.88	11.74	21.42	1.58	4.96	145.59	2.95	35.58	1.29	12.90	1.23	4.13	0.384
			7		9.880	7.756	0.286	81.01	2.86	13.49	24.36	1.57	5.70	169.60	3.00	41.71	1.33	14.67	1.22	4.72	0.382
			8		11.183	8.779	0.286	91.03	2.85	15.27	27.15	1.56	6.41	194.17	3.04	47.93	1.36	16.34	1.21	5.29	0.380
10/6.3	100	63	6	10	9.617	7.550	0.320	99.06	3.21	14.64	30.94	1.79	6.35	199.71	3.24	50.50	1.43	18.42	1.38	5.25	0.394
			7		11.111	8.722	0.320	113.45	3.20	16.88	35.26	1.78	7.29	233.00	3.28	59.14	1.47	21.00	1.38	6.02	0.394
			8		12.534	9.878	0.319	127.37	3.18	19.08	39.39	1.77	8.21	266.32	3.32	67.88	1.50	23.50	1.37	6.78	0.391
			10		15.467	12.142	0.319	153.81	3.15	23.32	47.12	1.74	9.98	333.06	3.40	85.73	1.58	28.33	1.35	8.24	0.387
10/8	100	80	6	10	10.637	8.350	0.354	107.04	3.17	15.19	61.24	2.40	10.16	199.83	2.95	102.68	1.97	31.65	1.72	8.37	0.627
			7		12.301	9.656	0.354	122.73	3.16	17.52	70.08	2.39	11.71	233.20	3.00	119.98	2.01	36.17	1.72	9.60	0.626
			8		13.944	10.946	0.353	137.92	3.14	19.81	78.58	2.37	13.21	266.61	3.04	137.37	2.05	40.58	1.71	10.80	0.625
			10		17.167	13.476	0.353	166.87	3.12	24.24	94.65	2.35	16.12	333.63	3.12	172.48	2.13	49.10	1.69	13.12	0.622
11/7	110	70	6	10	10.637	8.350	0.354	133.37	3.54	17.85	42.92	2.01	7.90	265.78	3.53	69.08	1.57	25.36	1.54	6.53	0.403
			7		12.301	9.656	0.354	153.00	3.53	20.60	49.01	2.00	9.09	310.07	3.57	80.82	1.61	28.95	1.53	7.50	0.402
			8		13.944	10.946	0.353	172.04	3.51	23.30	54.87	1.98	10.25	354.39	3.62	92.70	1.65	32.45	1.53	8.45	0.401
			10		17.167	13.476	0.353	208.39	3.48	28.54	65.88	1.96	12.48	443.13	3.70	116.83	1.72	39.20	1.51	10.29	0.397
12.5/8	125	80	7	11	14.096	11.066	0.403	277.98	4.02	26.86	74.42	2.30	12.01	454.99	4.01	120.32	1.80	43.81	1.76	9.92	0.408
			8		15.989	12.551	0.403	256.77	4.01	30.41	83.49	2.28	13.56	519.99	4.06	137.85	1.84	49.15	1.75	11.18	0.407
			10		19.712	15.474	0.402	312.04	3.98	37.33	100.67	2.26	16.56	650.09	4.14	173.40	1.92	59.45	1.74	13.64	0.404
			12		23.351	18.330	0.402	364.41	3.95	44.01	116.67	2.24	19.43	780.39	4.22	209.67	2.00	69.35	1.72	16.01	0.400

续表

型号	截面尺寸/mm B	b	d	r	截面面积/cm²	理论质量/kg·m⁻¹	外表面积/m²·m⁻¹	I_x/cm⁴	i_x/cm	W_x/cm³	I_y/cm⁴	i_y/cm	W_y/cm³	I_{x_1}/cm⁴	Y_0/cm	I_{y_1}/cm⁴	x_0/cm	I_u/cm⁴	i_u/cm	W_u/cm³	$\tan\alpha$
14/9	140	90	8	12	18.038	14.160	0.453	365.64	4.50	38.48	120.69	2.59	17.34	730.53	4.50	195.79	2.04	70.83	1.98	14.31	0.411
			10		22.261	17.475	0.452	445.50	4.47	47.31	146.03	2.56	21.22	913.20	4.58	245.92	2.12	85.82	1.96	17.48	0.409
			12		26.400	20.724	0.451	521.59	4.44	55.87	169.79	2.54	24.95	1096.09	4.66	296.89	2.19	100.21	1.95	20.54	0.406
			14	12	30.456	23.908	0.451	594.10	4.42	64.18	192.10	2.51	28.54	1279.26	4.74	348.82	2.27	114.13	1.94	23.52	0.403
15/9	150	90	8		18.839	14.788	0.473	442.05	4.84	43.86	122.80	2.55	17.47	898.35	4.92	195.96	1.97	74.14	1.98	14.48	0.364
			10		23.261	18.260	0.472	539.24	4.81	53.97	148.62	2.53	21.38	1122.85	5.01	246.26	2.05	89.86	1.97	17.69	0.362
			12		27.600	21.666	0.471	632.08	4.79	63.79	172.85	2.50	25.14	1347.50	5.09	297.46	2.12	104.95	1.95	20.80	0.359
			14		31.856	25.007	0.471	720.77	4.76	73.33	195.62	2.48	28.77	1572.38	5.17	349.74	2.20	119.53	1.94	23.84	0.356
			15		33.952	26.652	0.471	763.62	4.74	77.99	206.50	2.47	30.53	1684.93	5.21	376.33	2.24	126.67	1.93	25.33	0.354
			16	12	36.027	28.281	0.470	805.51	4.73	82.60	217.07	2.45	32.27	1797.55	5.25	403.24	2.27	133.72	1.93	26.82	0.352
16/10	160	100	10		25.315	19.872	0.512	668.69	5.14	62.13	205.03	2.85	26.56	1362.89	5.24	336.59	2.28	121.74	2.19	21.92	0.390
			12		30.054	23.592	0.511	784.91	5.11	73.49	239.06	2.82	31.28	1635.56	5.32	405.94	2.36	142.33	2.17	25.79	0.388
			14		34.709	27.247	0.510	896.30	5.08	84.56	271.20	2.80	35.83	1908.50	5.40	476.42	2.43	162.23	2.16	29.56	0.385
			16	13	39.281	30.835	0.510	1003.04	5.05	95.33	301.60	2.77	40.24	2181.79	5.48	548.22	2.51	182.57	2.16	33.44	0.382
18/11	180	110	10		28.373	22.273	0.571	956.25	5.80	78.96	278.11	3.13	32.49	1940.40	5.89	447.22	2.44	166.50	2.42	26.88	0.376
			12		33.712	26.464	0.571	1124.72	5.78	93.53	325.03	3.10	38.32	2328.38	5.98	538.94	2.52	194.87	2.40	31.66	0.374
			14		38.967	30.589	0.570	1286.91	5.75	107.76	369.55	3.08	43.97	2716.60	6.06	631.95	2.59	222.30	2.39	36.32	0.372
			16	14	44.139	34.649	0.569	1443.06	5.72	121.64	411.85	3.06	49.44	3105.15	6.14	726.46	2.67	248.94	2.38	40.87	0.369
20/12.5	200	125	12		37.912	29.761	0.641	1570.90	6.44	116.73	483.16	3.57	49.99	3193.85	6.54	787.74	2.83	285.79	2.74	41.23	0.392
			14		43.867	34.436	0.640	1800.97	6.41	134.65	550.83	3.54	57.44	3726.17	6.62	922.47	2.91	326.58	2.73	47.34	0.390
			16		49.739	39.045	0.639	2023.35	6.38	152.18	615.44	3.52	64.69	4258.86	6.70	1058.86	2.99	366.21	2.71	53.32	0.388
			18	14	55.526	43.588	0.639	2238.30	6.35	169.33	677.19	3.49	71.74	4792.00	6.78	1197.13	3.06	404.83	2.70	59.18	0.385

注：截面图中的 $r_1=d/3$ 及表中 r 的数据用于孔型设计，不作为交货条件。

表 C-3 热轧工字钢(摘自 GB/T 706—2008)

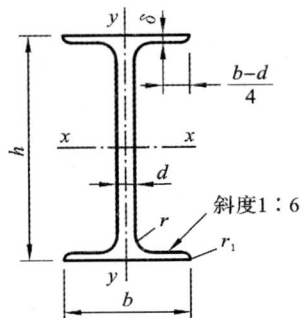

符号意义:

h—高度;
b—腿宽度;
d—腰厚度;
δ—平均腿厚度;
r—内圆弧半径;
r₁—腿端圆弧半径;
I—惯性矩;
W—抗弯截面系数;
i—惯性半径;
S—半截面的静矩。

斜度1:6

型号	截面尺寸/mm						截面面积/cm²	理论质量/kg·m⁻¹	参考数值						
									x—x				y—y		
	h	b	d	δ	r	r_1			I_x/cm^4	W_x/cm^3	i_x/cm	$I_x:S_x$	I_y/cm^4	W_y/cm^3	i_y/cm
10	100	68	4.5	7.6	6.5	3.3	14.345	11.261	245	49	4.14	8.59	33.0	9.72	1.52
12	120	74	5.0	8.4	7.0	3.5	17.818	13.987	436	72.7	4.95	10.3	46.2	12.7	1.62
12.6	126	74	5.0	8.4	7.0	3.5	18.118	14.223	488	77.5	5.20	10.8	46.9	12.7	1.61
14	140	80	5.5	9.1	7.5	3.8	21.516	16.890	712	102	5.76	12.0	64.4	16.1	1.73
16	160	88	6.0	9.9	8.0	4.0	26.131	20.513	1 130	141	6.58	13.8	93.1	21.2	1.89
18	180	94	6.5	10.7	8.5	4.3	30.756	24.143	1 660	185	7.36	15.4	122	26.0	2.00
22a	220	110	7.5	12.3	9.5	4.8	42.128	33.070	3 400	309	8.99	18.9	225	40.9	2.31
22b	220	112	9.5	12.3	9.5	4.8	46.528	36.524	3 570	325	8.78	18.7	239	42.7	2.27
24a	240	116	8.0	13.0	10.0	5.0	47.741	37.477	4 570	381	9.77	20.7	280	48.4	2.42
24b	240	118	10.0	13.0	10.0	5.0	52.541	41.245	4 800	400	9.57	20.4	297	50.4	2.38

续表

型号	截面尺寸/mm						截面面积 cm²	理论质量 kg·m⁻¹	参考数值						
									$x-x$				$y-y$		
	h	b	d	δ	r	r_1			I_x/cm⁴	W_x/cm³	i_x/cm	$I_x:S_x$	I_y/cm⁴	W_y/cm³	i_y/cm
25a	250	116	8.0	13.0	10.0	5.0	48.541	38.105	5 020	402	10.2	21.6	280	48.3	2.40
25b	250	118	10.0	13.0	10.0	5.0	53.541	42.030	5 280	423	9.94	21.3	309	52.4	2.40
27a	270	122	8.5	13.7	10.5	5.3	54.554	42.825	6 550	485	10.9	23.8	345	56.6	2.51
27b	270	124	10.5	13.7	10.5	5.3	59.954	47.064	68	509	10.7	22.9	366	58.9	2.47
28a	280	122	8.5	13.7	10.5	5.3	55.404	43.492	7 110	508	11.3	24.6	345	56.6	2.50
28b	280	124	10.5	13.7	10.5	5.3	61.004	47.888	7 480	534	11.1	24.2	379	61.2	2.49
30a	300	126	9.0	14.4	11.0	5.5	61.254	48.084	8 950	597	12.1	25.7	400	63.5	2.55
30b	300	128	11.0	14.4	11.0	5.5	67.254	52.794	9 400	627	11.8	25.4	422	65.9	2.50
30c	300	130	13.0	14.4	11.0	5.5	73.254	57.504	9 850	657	11.6	25.0	445	68.5	2.46
32a	320	130	9.5	15.0	11.5	5.8	67.156	52.717	11 100	692	12.8	27.5	460	70.8	2.62
32b	320	132	11.5	15.0	11.5	5.8	73.556	57.741	11 600	726	12.6	27.1	502	76.0	2.61
32c	320	134	13.5	15.0	11.5	5.8	79.956	62.765	12 200	760	12.3	26.8	544	81.2	2.61
36a	360	136	10.0	15.8	12.0	6.0	76.480	60.037	15 800	875	14.4	30.7	552	81.2	2.69
36b	360	138	12.0	15.8	12.0	6.0	83.680	65.689	16 500	919	14.1	30.3	582	84.3	2.64
36c	360	140	14.0	15.8	12.0	6.0	90.880	71.341	17 300	962	13.8	29.9	612	87.4	2.60
40a	400	142	10.5	16.5	12.5	6.3	86.112	67.598	21 700	1090	15.9	34.1	660	93.2	2.77
40b	400	144	12.5	16.5	12.5	6.3	94.112	73.878	22 800	1140	15.6	33.6	692	96.2	2.71
40c	400	146	14.5	16.5	12.5	6.3	102.112	80.158	23 900	1190	15.2	33.2	727	99.6	2.65
45a	450	150	11.5	18.0	13.5	6.8	102.446	80.420	32 200	1430	17.7	38.6	855	114	2.89
45b	450	152	13.5	18.0	13.5	6.8	111.446	87.485	33 800	1500	17.4	38.0	894	118	2.84
45c	450	154	15.5	18.0	13.5	6.8	120.446	94.550	35 300	1570	17.1	37.6	938	122	2.79

续 表

型号	截面尺寸/mm						截面面积/cm²	理论质量/kg·m⁻¹	参考数值						
									$x-x$				$y-y$		
	h	b	d	δ	r	r_1			I_x/cm⁴	W_x/cm³	i_x/cm	$I_x:S_x$	I_y/cm⁴	W_y/cm³	i_y/cm
50a	500	158	12.0	20.0	14.0	7.0	119.304	93.654	46 500	1 860	19.7	42.8	1 120	142	3.07
50b	500	160	14.0	20.0	14.0	7.0	129.304	101.504	48 600	1 940	19.4	42.4	1 170	146	3.01
50c	500	162	16.0	20.0	14.0	7.0	139.304	109.354	50 600	2 080	19.0	41.8	1 220	151	2.96
55a	550	166	12.5	21.0	14.5	7.3	134.185	105.335	62 900	2 290	21.6	46.9	1 370	164	3.19
55b	550	168	14.5	21.0	14.5	7.3	145.185	113.970	65 600	2 390	21.2	46.4	1 420	170	3.14
55c	550	170	16.5	21.0	14.5	7.3	156.185	122.605	68 400	2 490	20.9	45.8	1 480	175	3.08
56a	560	166	12.5	21.0	14.5	7.3	135.435	106.316	65 600	2 340	22.0	47.7	1 370	165	3.18
56b	560	168	14.5	21.0	14.5	7.3	146.635	115.108	68 500	2 450	21.6	47.2	1 490	174	3.16
56c	560	170	16.5	21.0	14.5	7.3	157.835	123.900	71 400	2 550	21.3	46.7	1 560	183	3.16
63a	630	176	13.0	22.0	15.0	7.5	154.658	121.407	93 900	2 980	24.5	54.2	1 700	193	3.31
63b	630	178	15.0	22.0	15.0	7.5	167.258	131.298	98 100	3 160	24.2	53.5	1 810	204	3.29
63c	630	180	17.0	22.0	15.0	7.5	179.858	141.189	102 000	3 300	23.8	52.9	1 920	214	3.27

注:截面图和表中标注的圆弧半径 r、r_1 的数据用于孔型设计,不作为交货条件。

表 C-4 热轧槽钢（摘自 GB/T 706—2008）

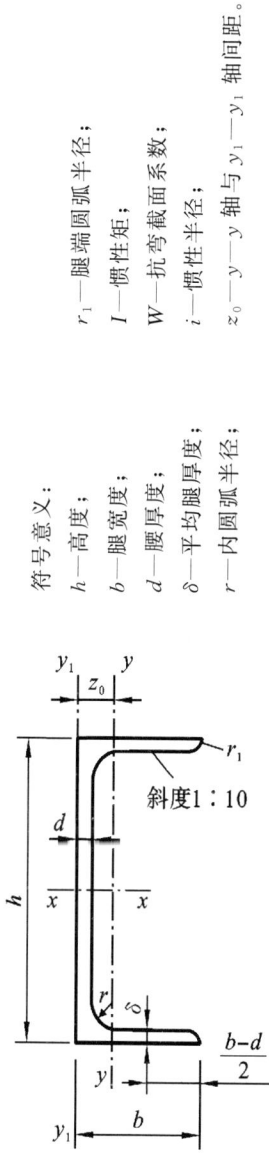

符号意义：

h—高度；
b—腿宽度；
d—腰厚度；
δ—平均腿厚度；
r—内圆弧半径；
r_1—腿端圆弧半径；
I—惯性矩；
W—抗弯截面系数；
i—惯性半径；
z_0—$y-y$ 轴与 y_1-y_1 轴间距。

斜度 1:10

型号	截面尺寸/mm						截面面积/cm²	理论质量/kg·m⁻¹	参考数值							
									$x-x$			$y-y$			y_1-y_1	z_0/cm
	h	b	d	δ	r	r_1			W_x/cm³	I_x/cm⁴	i_x/cm	W_y/cm³	I_y/cm⁴	i_y/cm	I_{y1}/cm⁴	
5	50	37	4.5	7.0	7.0	3.5	6.928	5.438	10.4	26.0	1.94	3.55	8.3	1.10	20.9	1.35
6.3	63	40	4.8	7.5	7.5	3.8	8.451	6.634	16.1	50.8	2.45	4.50	11.9	1.19	28.4	1.36
6.5	65	40	4.8	7.5	7.5	3.8	8.547	6.709	17.0	55.2	2.54	4.59	12.0	1.19	28.3	1.38
8	80	43	5.0	8.0	8.0	4.0	10.248	8.045	25.3	101	3.15	5.79	16.6	1.27	37.4	1.43
10	100	48	5.3	8.5	8.5	4.2	12.748	10.007	39.7	198	3.95	7.80	25.6	1.41	54.9	1.52
12	120	53	5.5	9.0	9.0	4.5	15.362	12.059	57.7	346	4.75	10.2	37.4	1.56	77.7	1.62
12.6	126	53	5.5	9.0	9.0	4.5	15.692	12.318	62.1	391	4.95	10.2	38.0	1.57	77.1	1.59

续表

型号	截面尺寸/mm						截面面积/cm²	理论质量/kg·m⁻¹	参考数值							
									$x-x$			$y-y$			y_1-y_1	z_0/cm
	h	b	d	δ	r	r_1			W_x/cm³	I_x/cm⁴	i_x/cm	W_y/cm³	I_y/cm⁴	i_y/cm	I_{y1}/cm⁴	
14a	140	58	6.0	9.5	9.5	4.8	18.516	14.535	80.5	564	5.52	13.0	53.2	1.70	107	1.71
14b	140	60	8.0	9.5	9.5	4.8	21.316	16.733	87.1	609	5.35	14.1	61.1	1.69	121	1.67
16a	160	63	6.5	10.0	10.0	5.0	21.962	17.240	108	866	6.28	16.3	73.3	1.83	144	1.80
16b	160	65	8.5	10.0	10.0	5.0	25.162	19.752	117	935	6.10	17.6	83.4	1.82	161	1.75
18a	180	68	7.0	10.5	10.5	5.2	25.699	20.174	141	1 270	7.04	20.0	98.6	1.96	190	1.88
18b	180	70	9.0	10.5	10.5	5.2	29.299	23.000	152	1 370	6.84	21.5	111	1.95	210	1.84
20a	200	73	7.0	11.0	11.0	5.5	28.837	22.637	178	1 780	7.86	24.2	128	2.11	244	2.01
20b	200	75	9.0	11.0	11.0	5.5	32.837	25.777	191	1 910	7.64	25.9	144	2.09	268	1.95
22a	220	77	7.0	11.5	11.5	5.8	31.846	24.999	218	2 390	8.67	28.2	158	2.23	298	2.10
22b	220	79	9.0	11.5	11.5	5.8	36.246	28.453	234	2 570	8.42	30.1	176	2.21	326	2.03
24a	240	78	7.0	12.0	12.0	6.0	34.217	26.860	254	3 050	9.45	30.5	174	2.25	325	2.10
24b	240	80	9.0	12.0	12.0	6.0	39.017	30.628	274	3 280	9.17	32.5	194	2.23	355	2.03
24c	240	82	11.0	12.0	12.0	6.0	43.817	34.396	293	3 510	8.96	34.4	213	2.21	388	2.00
25a	250	78	7.0	12.0	12.0	6.0	34.917	27.410	270	3 370	9.82	30.6	176	2.24	322	2.07
25b	250	80	9.0	12.0	12.0	6.0	39.917	31.335	282	3 530	9.51	32.7	196	2.22	353	1.98
25c	250	82	11.0	12.0	12.0	6.0	44.917	35.260	295	3 690	9.07	35.9	218	2.21	384	1.92
27a	270	82	7.5	12.5	12.5	6.2	39.284	30.838	323	4 360	10.5	35.5	216	2.34	393	2.13
27b	270	84	9.5	12.5	12.5	6.2	44.684	35.077	347	4 690	10.3	37.7	239	2.31	428	2.06
27c	270	86	11.5	12.5	12.5	6.2	50.084	39.316	372	5 020	10.1	39.8	261	2.28	467	2.03
28a	280	82	7.5	12.5	12.5	6.2	40.034	31.427	340	4 760	10.9	35.7	218	2.33	388	2.10
28b	280	84	9.5	12.5	12.5	6.2	45.634	35.823	366	5 130	10.6	37.9	242	2.30	428	2.02
28c	280	86	11.5	12.5	12.5	6.2	51.234	40.219	393	5 500	10.4	40.3	268	2.29	463	1.95

续 表

型号	截面尺寸/mm						截面面积/cm²	理论质量/kg·m⁻¹	参考数值							
	h	b	d	δ	r	r_1			$x-x$			W_y/cm^3	$y-y$		y_1-y_1	z_0/cm
									W_x/cm^3	I_x/cm^4	i_x/cm		I_y/cm^4	i_y/cm	I_{y1}/cm^4	
30a	300	85	7.5	13.5	13.5	6.8	43.902	34.463	403	6 050	11.7	41.1	260	2.43	467	2.17
30b	300	87	9.5	13.5	13.5	6.8	49.902	39.173	433	6 500	11.4	44.0	289	2.41	515	2.13
30c	300	89	11.5	13.5	13.5	6.8	55.902	43.883	463	6 950	11.2	46.4	316	2.38	560	2.09
32a	320	88	8.0	14.0	14.0	7.0	48.513	38.083	475	7 600	12.5	46.5	305	2.50	552	2.24
32b	320	90	10.0	14.0	14.0	7.0	54.913	43.107	509	8 140	12.2	49.2	336	2.47	593	2.16
32c	320	92	12.0	14.0	14.0	7.0	61.313	48.131	543	8 690	11.9	52.6	374	2.47	643	2.09
36a	360	96	9.0	16.0	16.0	8.0	60.910	47.814	660	11 900	14.0	63.5	455	2.73	818	2.44
36b	360	98	11.0	13.0	16.0	8.0	68.110	53.466	703	12 700	13.6	66.9	497	2.70	880	2.37
36c	360	100	16.0	16.0	16.0	8.0	73.310	59.118	746	13 400	13.4	70.0	536	2.67	948	2.34
40a	400	100	10.5	18.0	18.0	9.0	75.068	58.928	879	17 600	15.3	78.8	592	2.81	1 070	2.49
40b	400	102	12.5	18.0	18.0	9.0	83.068	65.208	932	18 600	15.0	82.5	640	2.78	1 140	2.44
40c	400	104	14.5	18.0	18.0	9.0	91.068	71.488	986	19 700	14.7	86.2	688	2.75	1 220	2.42

注：截面图和表中标注的圆弧半径 r、r_1 的数据用于孔型设计，不作为交货条件。

习 题 答 案

习 题 一

一、填空题

1. 静止或匀速直线运动

2. 机械 运动状态 形状尺寸

3. 二力构件 连线

4. 三力构件 交点

5. 相等 相反 共线 两

6. 约束 主动力 约束力 相反

7. 柔体 光滑面 铰链 固定端

8. 接触点 背离

9. 公法线 指向

10. 中间 固定 活动 相对移动 相对转动 确定 作用点 不确定 正交分力支撑面 指向

11. 分离体 约束力 主动力

二、单项选择题

1. B 2. C 3. A 4. A 5. C 6. B 7. B 8. C 9. D 10. D

三、解答题

1. 略。

2. 略。

3. 略。

4. 略。

5. 略。

习　题　二

一、填空题

1. $\sqrt{F_x^2 + F_y^2}$　$\arctan\left|\dfrac{F_y}{F_x}\right|$

2. 各分力　代数和　$\sum F_x$　$\sum F_y$

3. $\sqrt{\left(\sum F_x\right)^2 + \left(\sum F_y\right)^2}$　$\arctan\left|\dfrac{\sum F_y}{\sum F_x}\right|$

4. 合力为零　两　$\sum F_x = 0$　$\sum F_y = 0$　两

5. 垂直

6. 力使物体产生转动效应的量度　N・m　$M_O(\boldsymbol{F})$　逆时针

7. 代数和　$M_O(\boldsymbol{F}) = M_O(\boldsymbol{F}_x) + M_O(\boldsymbol{F}_y)$

8. 使物体产生转动效应的一对大小相等、方向相反、作用线相互平行的两个力

9. 零　力　力偶

10. 位置　作用平面

11. 任一点　力偶　原力对平移点的力矩

12. 合力偶　代数和

13. 力偶系中各分力偶矩的代数和等于零

二、单项选择题

1. A　2. C　3. B　4. B　5. D　6. C　7. D　8. C

三、作图题

1. 略。

2. 略。

3. 略。

四 计算题

1. $F_R = 54.5$ kN，$\alpha = 50°12'$。

2. $F_R = 5$ kN，$\alpha = 38°28'$。

3. (a) $M_O(\boldsymbol{F}) = 0$，(b) $M_O(\boldsymbol{F}) = Fl$，

   (c) $M_O(\boldsymbol{F}) = -Fb$，(d) $M_O(\boldsymbol{F}) = -F\sqrt{b^2 + l^2}\sin\alpha$。

4. $M_O(\boldsymbol{F}) = -78.9$ N・m。

5. $F_A = F_D = 8$ kN，$M_2 = 1.7$ kN。

6. (a) $F_A = F_B = \dfrac{M}{l}$，(b) $F_A = F_B = \dfrac{M}{l}$，(c) $F_A = F_B = \dfrac{M}{l\cos\alpha}$。

7. $F_{AB} = F_{AC} = G$。

8. $F_{BC} = -\dfrac{2\sqrt{3}}{3}G$，$F_{AB} = -\dfrac{F_{BC}}{2} = \dfrac{\sqrt{3}}{3}G$。

9. $F_Q = F \cot 15°$。

习　题　三

一、填空题

1. 各力的作用在同一个平面内,既不平行又不汇交于一点的力系

2. $\sqrt{(\sum F_x)^2 + (\sum F_y)^2}$　简化中心　$\sum M_O(\boldsymbol{F})$　力系所在的平面上

3. 无关　有关

4. 力偶系　无关

5. $F'_R = 0$　$M_O = 0$

6. 垂直　未知力

7. 二矩式方程　三矩式方程

8. 随意移动　随意转动

9. N/m　ql　中点　均布载荷

10. 中点　矩心

11. 少于或等于　求解　多余　不能求解

12. 外　内　外　内

二、单项选择题

1. A　2. D　3. D　4. B　5. C

三、计算题

1. $F_{CD} = 2\sqrt{2}F$, $F_{Ax} = -2F$, $F_{Ay} = -F$;

2. (a) $F_{Ax} = 0$, $F_{Ay} = -\dfrac{1}{3}F$, $F_B = \dfrac{2}{3}F$;

    (b) $F_{Ax} = 0$, $F_{Ay} = -F$, $F_B = 2F$;

    (c) $F_{Ax} = 0$, $F_{Ay} = F$, $F_B = 0$。

3. (a) $F_B = 13.75$ kN, $F_{Ax} = 0$, $F_{Ay} = 16.25$ kN;

    (b) $F_A = 7.5$ kN, $F_B = 22.5$ kN。

4. (a) $F_{Ax} = 0$, $F_{Ay} = 2qa$, $M_A = \dfrac{7}{2}qa^2$;

    (b) $F_{Ax} = 0$, $F_{Ay} = 3qa$, $M_A = 3qa^2$。

5. $F_{Ax} = 0$, $F_{Ay} = 9$ kN, $F_B = 5$ kN。

6. $F_{Ax} = -4$ kN, $F_{Ay} = 17$ kN, $M_A = 43$ kN · m。

7. $M = 42.43$ N · m。

8. $G_2 = \dfrac{Pl}{a}$。

9. (a) 静定, (b) 静不定, (c) 静定, (d) 静不定, (e) 静不定, (f) 静定, (g) 静不定。

10. $F_{Ax} = -20$ kN, $F_{Ay} = 100$ kN, $M_A = 130$ kN · m。

11. $x \geqslant 3.5$ m, $P_3 \leqslant 35$ kN。

习　题　四

一　选择题

1. D　2. C

二　计算题

1. 略。

2. $T_1=26$ kN, $T_2=20.9$ kN。

3. $M=\dfrac{\mu_s(1+\mu_s)GR}{1+\mu_s^2}$。

4. $s=0.456l$。

5. $x_{max}=\dfrac{b}{2\tan\varphi_m}$。

6. $\dfrac{M\sin(\theta-\varphi_m)}{l\cos\theta\cos(\beta-\varphi_m)}\leqslant F\leqslant\dfrac{M\sin(\theta+\varphi_m)}{l\cos\theta\cos(\beta+\varphi_m)}$。

7. 49.6 N・m$\leqslant M_C\leqslant$70.4 N・m。

习　题　五

一、填空题

1. 一次投影法　二次投影法　一次投影法　二次投影法

2. 垂直于　$M(\boldsymbol{F}_{yz})$

3. $F_x\neq0$　$M_x(\boldsymbol{F})=0$　$F_x=0$　$M_x(\boldsymbol{F})=0$　$F_x\neq0$　$M_x(\boldsymbol{F})\neq0$　$F_x=0$　$M_x(\boldsymbol{F})\neq0$

4. 该轴力矩

5. 六　六

6. 三　三　三

7. 三　三

二、计算题

1. $F_{1x}=447.2$ N, $F_{1y}=0$, $F_{1z}=223.6$ N, $M_x(\boldsymbol{F}_1)=0$, $M_y(\boldsymbol{F}_1)=447.2$ N・m, $M_z(\boldsymbol{F}_1)=0$; $F_{2x}=374.1$ N, $F_{2y}=561.2$ N, $F_{2z}=187.1$ N, $M_x(\boldsymbol{F}_2)=374.1$ N・m, $M_y(\boldsymbol{F}_2)=56.3$ N・m, $M_z(\boldsymbol{F}_2)=0$。

2. $M_x=303.1$ N・m, $M_y=346.4$ N・m, $M_z=251.6$ N・m。

3. $F_{DA}=F_{CA}=7.07$ kN, $F_{BA}=14.1$ kN。

4. $l=0.1$ m, $F_{Ax}=F_{Bx}=0$, $F_{Az}=300$ N, $F_{Bz}=950$ N。

5. (a) $x_C=0$, $y_C=310.6$ mm; (b) $x_C=62.5$ mm, $y_C=0$; (c) $x_C=5.12$ mm, $y_C=8.39$ mm。

6. $x_C=\dfrac{r_1r_2^2}{2(r_1^2-r_2^2)}$, $y_C=0$。

7. $S_z=\dfrac{2R^3}{3}$, $y_C=\dfrac{4R}{3\pi}$。

习 题 六

一、填空题

1. 强度　刚度　稳定性
2. 破坏　变形
3. 安全　材料　截面形状和尺寸
4. 变形体
5. 均匀连续性　各向同性　弹性小变形
6. 轴向拉伸(压缩)　剪切　扭转　弯曲
7. 轴线　伸长　缩短
8. 内力　轴力　F_N　拉力　压力
9. 截　取　代　平
10. 相等
11. 正比　正比　反比　弹性模量　E
12. 线应变　$\sigma = E\varepsilon$
13. 常数　泊松比
14. 小　强　抗拉(压)刚度
15. 弹性　屈服　强化　缩颈断裂　弹性　屈服
16. 拉力　压力
17. 强化　比例极限　塑性
18. 强度　截面尺寸　许可载荷
19. 应力集中

二、判断题

1.× 2.× 3.× 4.× 5.√ 6.× 7.√ 8.× 9.× 10.× 11.√ 12.√
13.× 14.× 15.× 16.√ 17.√ 18.× 19.× 20.× 21.×

三、选择题

1.D A B C 2.C A B 3.C A B D 4.A 5.A B CD 6.A D 7.B A
8.ABCD AB BD 9.C 10.C B A 11.D 12.B 13.B 14.C 15.C 16.B
17.A 18.B

四、计算题

1.(a)$F_{N1-1}=12$ kN,$F_{N2-2}=-8$ kN;

(b)$F_{N1-1}=8$ kN,$F_{N2-2}=-12$ kN,$F_{N3-3}=-2$ kN。

2. 略。

3.(a)$\sigma_{AB}=50$ MPa,$\sigma_{BC}=-75$ MPa;

(b)$\sigma_{AB}=-12.5$ MPa,$\sigma_{BC}=25$ MPa,$\sigma_{CD}=10$ MPa。

4. 略。

5. ①$x=1.2$ m;②$\sigma_1=30$ MPa;$\sigma_2=22.5$ MPa。

6. $\sigma_{max}=32.6$ MPa$\leqslant[\sigma]$,满足强度要求。

7. 杆 AB 的最小横截面积为 964 mm^2,杆 BC 的最小横截面积为 642 mm^2。

8. $[G]=86.6$ kN。

习 题 七

一、填空题

1. 相等 相反 相距很近 相对错动 剪切面

2. 接触面 塑性变形 压溃 相互作用

3. 平行 Q 不均匀的 均匀 $\tau=Q/A$

4. 应力 不均匀的 均匀 $\sigma_{jy}=F_{jy}/A_{jy}$

二、选择题

1. B   2. CB   3. BC

三、判断题

1. $\sqrt{}$ 2. $\sqrt{}$ 3. $\sqrt{}$

四、计算题

1. bh,bc。

2. $2F/(\pi d^2)$。

3. $\tau_{max}=15.9$ MPa$<[\tau]=60$ MPa,满足剪切强度要求。

4. $\tau=44.8$ MPa$<[\tau]$,$\sigma_{jy}=140.6$ MPa$<[\sigma_{jy}]$,剪切和挤压强度都满足要求。

5. $l=95.2$ mm。

6. $\tau=105$ MPa$<[\tau]$,$\sigma_{jy}=141.2$ MPa$<[\sigma_{jy}]$,剪切和挤压强度都满足要求。

7. $[F]=432$ N。

8. $l=113.2$ mm。

9. $d=34$ mm,$t=10.4$ mm。

习 题 八

一、填空题

1. 垂直 相反

2. 相对转动

3. 代数和

4. 突变 相等

5. 正比

6. 相等

7. 扭矩 切 线性

8. 空心轴

9. 扭矩 T 右手螺旋定则

二、选择题

1. BF 2. B 3. A 4. C 5. A 6. B 7. B 8. A 9. C

三 计算题

1. 略。

2. 略。

3. (1)略;(2)$\tau_{1max}=52\ 000$ Pa,$\tau_{2max}=27\ 259$ Pa,$\tau_{3max}=28\ 000$ Pa。

4. (1)略;(2)$\tau_{max}=80$ MPa;(3)$\varphi_{AB}=0.004$ rad,$\varphi_{BC}=-0.005$ rad,$\varphi_{AC}=-0.001$ rad。

5. $P=18.1$ kW。

6. $\tau_{max}=\dfrac{T_{max}}{W_P}=43$ MPa$\leqslant[\tau]$,满足强度要求。

7. $d=72.65$ mm。

8. $[T]=8$ N·m。

习　题　九

一、填空题

1. 横向力　变成曲线

2. 纵向对称面　平面曲线

3. 轴线　支撑　载荷　简支　悬臂　外伸

4. 平行　垂直

5. 外力　上　下　左上右下　外力　截面形心　顺时针　逆时针　左顺右逆

6. 截面坐标

7. 截面坐标　x 轴

8. 两　集中力　集中力偶

9. (1)水平线　斜直线;(2)斜直线　二次曲线　均布载荷;(3)突变　集中力　集中力折点　相同;(4)不变　突变　力偶矩　顺时针向上;(5)集中力　集中力偶　零。

10. $\mathrm{d}M(x)/\mathrm{d}x=Q(x)$,　$\mathrm{d}Q(x)/\mathrm{d}x=q(x)$

11. 剪力　零　均布载荷

12. $0\rightarrow x$ 截面剪力图　外力偶矩

13. 剪力　弯矩　剪力　弯矩

14. 中性轴　纵向纤维　纤维层　中性层　正

15. 中性层　横截面　形心

16. 中性轴　零　上、下边缘

17. 反　mm^4

18. $\pi D^4/64$　$0.1D^3$　$bh^3/12$　$bh^2/6$

19. 弯矩最大　上、下边缘

20. 静矩　面积　形心坐标

21. 惯性矩　mm^4

22. z 　惯性半径 　$d/4$ 　$\sqrt{3}h/6$

23. 形心轴 　面积 　两轴距离二次方

24. 总和

25. 最大弯矩 　抗弯截面系数

26. 中点 　最大弯矩

27. 最大弯矩

28. 对称 　不对称

29. 位移 　挠度 　中性轴 　转角 　平面曲线 　挠曲线

30. 挠度 　转角 　上 　逆时针

31. 单独 　代数和 　叠加法

32. $y_{\max} \leqslant [y]$，$\theta_{\max} \leqslant [\theta]$

33. 静定梁 　静不定梁

34. 静定基 　变形比较法

二、选择题

1. C　2. AE　CF　BD　3. D　4. DB　B　D　AC　5. CB　6. DCAB　7. BCD　8. D
9. C　B　A　D　10. D　11. BD　12. AB　13. AB

三、作图及计算

1. 图 9.58(a)：$Q_1 = -F, M_1 = 0, Q_2 = -F, M_2 = -Fl$；

图 9.58(b)：$Q_1 = F/2, M_1 = Fa/2, Q_2 = -F/2, M_2 = Fa/2$；

图 9.58(c)：$Q_1 = ql/2, M_1 = 0, Q_2 = 0, M_2 = ql^2/8$。

2～4. 略。

5. (1)$\sigma_a = 5$ MPa；(2)$\sigma_{\max} = 6.25$ MPa$< [\sigma]$，强度满足要求。

6. $q \leqslant 1.2$ N/mm$= 1.2$ kN/m，$[q] = 1.2$ kN/m。

7. 图 9.64(a)：$I_z = \pi D^3/64 - Dd^3/12, W_z = I_z/(D/2) = \pi D^3/32 - d^3/6$；

图 9.64(b)：$I_z = (b - b_1)h^3/12, W_z = (b - b_1)h^2/6$；

图 9.64(c)：$I_z = 6\,800$ cm^4，$W_z = 618$ cm^3。

8. $y_c = 26.7$ mm，$I_z = 8.7 \times 10^6$ mm^4，$W_z^{上} = (8.7 \times 10^6/46.7)$ mm$^3 = 0.19 \times 10^6$ mm^3，
$W_z^{下} = (8.7 \times 10^6/73.3)$ mm$^3 = 0.12 \times 10^6$ mm^3。

9. $W_z \geqslant 825$ cm^3，查表 C-3 确定工字钢为 36a。

10. D 移动到 AB 中点有 $M_{\max} = F(l - x)/4$，D 移动到外伸端 C 有 $M_{\max} = Fx$，所以 $x = l/5$。

11. $x \leqslant l/3 = 5$ m。

12. 图 9.69(a)：$y_{\max} = -11Fa^3/6EI$，$\theta_{\max} = \theta_B = 3Fa^2/2EI$；

图 9.69(b)：$y_{\max} = y_B = -29Fl^3/48EI$，$\theta_{\max} = \theta_B = -9Fl^2/8EI$。

13. $I \geqslant 833.3$ cm^4，查表 C-4 选取 16a 槽钢 $I = 833.3$ cm^4。

14. 图 9.71(a)：$M_A = ql^2/8, F_B = 3ql/8, F_A = 5ql/8$；

图 9.71(b)：$M_A = M/2, F_B = -3M/(2l), F_A = -F_B = 3M/(2l)$。

习 题 十

一、综合题

1. (a)$\sigma_x = 63.7$ MPa；(b) $\sigma_x = 20$ MPa，$\tau_x = 30$ MPa；(c)A 点：$\tau_x = 82.8$ MPa，B 点：$\tau_x = -50.9$ MPa；(d)$\sigma_x = 50$ MPa，$\tau_x = 52.9$ MPa。

2. 单向应力状态为 A、E 点，二向应力状态为 C（纯剪切）、B、D 点。

3. (a)$\sigma_a = 40$ MPa，$\tau_a = 10$ MPa；

(b)$\sigma_a = -38.2$ MPa，$\tau_a = 0$；

(c)$\sigma_a = 0.49$ MPa，$\tau_a = 20.5$ MPa；

(d)$\sigma_a = 35$ MPa，$\tau_a = -8.66$ MPa。

4. (a)$\sigma_1 = 52.4$ MPa，$\sigma_2 = 7.64$ MPa，$\sigma_3 = 0$，$\alpha_0 = -31.75°$；

(b)$\sigma_1 = 11.23$ MPa，$\sigma_2 = 0$，$\sigma_3 = -71.2$ MPa，$\alpha_0 = 50.2°$；

(c)$\sigma_1 = 37$ MPa，$\sigma_2 = 0$，$\sigma_3 = -27$ MPa，$\alpha_0 = 70.5°$。

5. $d = 55$ mm。

6. $\varepsilon_{45°} = 390 \times 10^{-6}$。

7. $\sigma_{r3} = 58.3$ MPa$<[\sigma]$，安全。

8. $\sigma_{max} = 38.2$ MPa$<[\sigma]$，安全。

9. (1)$\sigma_{r3} = 110$ MPa，$\sigma_{r4} = 101.5$ MPa；(2)$\sigma_{r3} = 110$ MPa，$\sigma_{r4} = 95.4$ MPa。

习 题 十 一

一、填空题

1. 杆件同时发生两种或两种以上的基本变形

2. 弯矩 危险截面

3. 正 正

4. 正 切

5. 弯矩最大 危险 上、下边缘 危险

二、选择题

1. C 2. C

三、计算题

1. $d = 122$ mm。

2. $\sigma_{max}^+ = 6.75$ MPa，$\sigma_{max}^- = 6.99$ MPa。

3. $\sigma_{max} = 160$ MPa$= [\sigma]$，强度满足要求。

4. 初选 $W_z = 120$ cm^3，选 16 号工字钢。

校核 $\sigma_{max} = 107.3$ MPa$<[\sigma]$，强度满足要求。

5. $\sigma_{r3} = 101$ MPa$>[\sigma]$，强度不满足要求。

6. $d \geqslant 59.7$ mm，取整为 $d = 60$ mm。

7. $[F]=2.17$ kN。

习 题 十 二

一、简答题

1~7. 略。

二、计算题

1. (a)$F_{cr}=4\ 087.5$ kN,(b)$F_{cr}=2\ 616$ kN,(c)$F_{cr}=1\ 907$ kN,(d)$F_{cr}=1\ 614.8$ kN。

2. (1)$F_{cr}=37.8$ kN,(2)$F_{cr}=52.6$ kN,(3)$F_{cr}=459$ kN。

3. (a)$F_{cr}=8.87$ kN,(b)$F_{cr}=35.5$ kN,(c)$F_{cr}=51.04$ kN。

4. (a)$\sigma_{cr}=135.4$ MPa,(b)$\sigma_{cr}=185$ MPa,(c)$\sigma_{cr}=182$ MPa,(d)$\sigma_{cr}=182$ MPa。

5. $F_{cr}=197$ kN,$\sigma_{cr}=55.4$ MPa。

6. $n_w=3.58$,稳定性足够。

7. $n_w=4.41$。

8. $n_w\geqslant1.94$。

9. $n_w=4.42$,AB 杆稳定。

参 考 文 献

[1] 刘鸿文.材料力学[M].北京:高等教育出版社,1983.

[2] 胡如夫.工程力学[M].杭州:浙江大学出版社,2004.

[3] 谢刚,沈冰,闫晓瑗.工程力学[M].3 版.沈阳:东北大学出版社,2007.

[4] 胡庆泉.工程力学[M].济南:山东大学出版社,2008.

[5] 杨佩兰.工程力学[M].北京:地震出版社,2002.

[6] 党锡康.工程力学[M].2 版.南京:东南大学出版社,2001.

[7] 赵春玲,尹析明.工程力学[M].成都:西南交通大学出版社,2009.

[8] 罗静,袁江,陈娜.工程力学[M].武汉:华中科技大学出版社,2016.

[9] 刘思俊.工程力学[M].3 版.北京:机械工业出版社,2014.

[10] 刘思俊.工程力学练习册[M].3 版.北京:机械工业出版社,2014.

[11] 刘静香,张春梅,李宏德.工程力学[M].郑州:河南科学技术出版社,2006.

[12] 佘建初,王茵.工程力学[M].2 版.北京:科学出版社,2007.

[13] 穆能伶.工程力学[M].2 版.北京:机械工业出版社,2011.

[14] 姜艳.工程力学[M].北京:中国水利水电出版社,2013.

[15] 陈丰,李晓玉.工程力学[M].北京:中国水利水电出版社,2011.

[16] 郑立新.工程力学[M].北京:北京理工大学出版社,2012.